# 模糊综合评价方法拓展及应用研究

张崇辉 苏为华 著

科学出版社
北京

## 内 容 简 介

本书是对作者近几年有关模糊综合评价方面的研究成果的整理与总结。全书共分为七章。其中，前两章简述了模糊综合评价的发展及基础理论，后五章分别从直觉模糊、毕达哥拉斯模糊、双层语言术语模糊、概率犹豫模糊及混合模糊等角度出发，探讨不同信息环境下的综合评价理论及应用技术。本书是一本关于模糊综合评价理论拓展与应用的学术著作，理论联系实际，内容新颖，方法具有前沿性。

本书可作为统计学、管理学和经济学等相关专业的高年级本科生、研究生的教学参考教材，也可供从事领域评估、管理决策等工作的理论工作者和实践工作者参考。

---

**图书在版编目（CIP）数据**

模糊综合评价方法拓展及应用研究/张崇辉，苏为华著. —北京：科学出版社，2023.6

ISBN 978-7-03-070739-0

Ⅰ. ①模… Ⅱ. ①张… ②苏… Ⅲ. ①模糊评价－研究 Ⅳ. ①TP273

中国版本图书馆 CIP 数据核字（2021）第 244077 号

责任编辑：魏如萍/责任校对：贾娜娜
责任印制：赵　博/封面设计：有道设计

**科学出版社** 出版
北京东黄城根北街 16 号
邮政编码：100717
http://www.sciencep.com

三河市春园印刷有限公司印刷
科学出版社发行　各地新华书店经销

\*

2023 年 6 月第 一 版　开本：720×1000　1/16
2024 年 5 月第二次印刷　印张：15 1/4
字数：310 000
**定价：178.00 元**
（如有印装质量问题，我社负责调换）

# 前　言

20世纪80年代，综合评价理论与方法开始在我国兴起。从社会经济领域（如经济效益评价、小康社会评价、可持续发展评价等）、工业工程领域（如采矿、建筑、军事、水利等），到医疗卫生、教育环境等领域，均有大量的评价方法与应用研究。模糊综合评价（fuzzy comprehensive evaluation，FCE）方法因在量化评价信息或描绘复杂对象方面的优势，得到了快速发展。本人的团队近年来充分借鉴管理科学与工程中有关模糊决策的方法论体系，结合社会经济统计中的多指标理论，开展了系列研究。本书撰写的基本思路是：基于模糊综合评价基本要素——指标（数据采集）与集成方法，对不同表达方式下（直觉模糊环境、毕达哥拉斯模糊环境、双层语言术语环境、概率犹豫模糊环境和混合模糊环境）的综合评价技术进行探讨。诚然，实践中还存在其他诸多模糊数[如三角模糊数（triangular fuzzy numbers，TFNs）、梯形模糊数（trapezoidal fuzzy numbers，TrFNs）、Q型模糊数，以及在此基础上形成的区间类模糊数]，但不同模糊数在处理流程或处理思想上大同小异。因此，本书基于当前几类模糊数研究的成熟度与关注度，选择了直觉模糊数、毕达哥拉斯模糊数（Pythagorean fuzzy numbers）、双层语义数、概率犹豫模糊数（hesitant probabilistic fuzzy numbers，HPFNs）等作为重点研究对象。

本书主要由张崇辉、苏为华撰写。另外，参与本书部分初稿撰写的有张乐、俞晨鸿、周家敏、黄梦亭、胡俏倩、付雨禾、陈俊杰等硕士研究生。骆丹丹、张娜、叶玉菁等硕士研究生参与了初稿的校对工作。

在本书付梓之际，特别感谢团队的大力支持，感谢合作者慷慨应允把一些合作成果体现在本书相关章节之中。本书相关工作得益于国内外统计学界、管理科学界、经济学界等领域的成果。本书在撰写过程中参考了大量国内外文献，受益良多，在此，对相关学者表示感谢。诚然，本书涉及的文献或观点已尽量做到应标尽标、应注尽注，但由于部分文字内容成文实践稍早，或一些观点已成为学界共识，以及部分文献难以搜集，可能会造成遗漏，在此对引用但未标注的文献作者也一并表示感谢与歉意。

感谢全国哲学社会科学工作办公室对本书的支持，感谢科学出版社在成果方面的指导帮助，还要感谢所有参与本书撰写与校对的学生所做出的贡献。

模糊综合评价理论与方法的研究是一项长期性、复杂性、多学科融合的工作，需要不断汲取统计学、模糊数学、决策科学、管理学等众多学科的新思想与新方法。基于不同学科背景开展的研究视角存在差异，研究重心也有所不同，但均可相互借鉴。本书更多的是从统计学的分支——综合评价学，以及管理科学与工程的分支——决策学的角度开展的相关探索。本书在出版过程中，已尽量把当前最新的一些工作或思想予以体现，但方法不断推陈出新，故部分观点可能需要进一步商榷。我们期待来自读者、同行的宝贵的批评意见或建设性建议。我的邮箱是：zhangch1988@zjgsu.edu.cn。

张崇辉
2022 年 11 月
于浙江工商大学

# 目　　录

第一章　绪论 ·································································· 1
　　第一节　模糊综合评价及其发展 ································· 1
　　第二节　国内外关于模糊综合评价的拓展回顾 ············· 17
　　第三节　本书研究内容与特色创新 ······························ 22

第二章　理论基础 ···························································· 28
　　第一节　模糊集理论 ················································· 28
　　第二节　算子理论 ····················································· 35
　　第三节　其他相关理论 ·············································· 37

第三章　直觉模糊环境下的综合评价方法及应用 ················· 45
　　第一节　直觉模糊数及其拓展 ···································· 45
　　第二节　基于信任网络的直觉模糊评价方法及应用 ······· 49
　　第三节　基于HLWAD的直觉语言模糊评价方法及应用 ··· 64

第四章　毕达哥拉斯模糊环境下的综合评价方法及应用 ········ 74
　　第一节　毕达哥拉斯模糊算子的拓展 ··························· 74
　　第二节　基于IOWLAD算子的毕达哥拉斯模糊评价方法及应用 ··· 82
　　第三节　基于后悔理论的毕达哥拉斯模糊评价方法及应用 ······ 92

第五章　双层语言术语环境下的模糊评价方法及在推荐领域的应用 ··· 109
　　第一节　基于双层语言术语集的协同过滤推荐方法及应用 ····· 109
　　第二节　基于双层语言术语集的深度学习推荐方法及应用 ····· 117
　　第三节　基于双层犹豫模糊语言距离的推荐方法及应用 ········ 126

第六章　概率犹豫模糊环境下的综合评价方法及应用 ············· 136
　　第一节　概率犹豫模糊数及其拓展 ······························ 136
　　第二节　基于OWLAD的概率犹豫模糊评价方法及应用 ····· 143
　　第三节　融入社会网络的概率犹豫模糊评价方法及应用 ····· 157

第七章 混合情形下的模糊综合评价方法及应用 …………………………… 177
　　第一节 混合情形下基于 MULTIMOORA 的评价方法及应用 …… 177
　　第二节 混合情形下基于 WTrFNPMSM 的评价方法及应用 ……… 190
　　第三节 混合情形下模糊动态综合评价方法及应用 ………………… 202
参考文献 ……………………………………………………………………… 212
附录 …………………………………………………………………………… 225

# 第一章 绪　　论

## 第一节　模糊综合评价及其发展

### 一、综合评价与模糊综合评价

（一）综合评价

综合评价是一种自古有之的用于认识事物、判断问题、指引决策的思想方法。通过对研究对象进行深入探讨、系统梳理，并进行定量研究，综合评价成为统计学与管理（决策）学中一种专门的方法。在我国，综合评价大约始于20世纪80年代初期，当时正值改革开放之初，对经济效果或经济效益的计划检查方法与统计分析方法备受各界关注。比如，西南财经大学庞皓等提出的"功效系数法"、国家统计局刘亮等提出的评价经济效果的综合指数法等。从实践来看，综合评价是相对于简单的评价或单项评价而言的，强调评价指标（决策学中习惯称为属性）涵盖多个方面。

经过40多年的发展，综合评价理论、方法及应用研究取得了丰硕的成果。百度上以"综合评价""综合评估"这一类关键词进行网页搜索，数量均突破2亿条，相关资讯远超100万条。在百度学术上，二者相应的文献均在150万条左右。可见，综合评价不仅已经成为热词，更是重要的学术词汇。目前对综合评价理论、方法与应用的研究，基本上围绕以下几个方面。

第一，关于综合评价方法体系的研究。不同领域、不同专业的学者从各自角度出发，不断拓展综合评价的概念体系与理论体系。比如，从功效系数法到基于各类多元统计方法（如主成分分析法、因子分析法、聚类等）的评价理论；从模糊理论与评价方法的结合到智能化评价技术（包括神经网络、遗传算法、机器学习等）；从个体行为理论到群体性的评价理论等，使得综合评价的方法越来越丰富。

第二，基于指标数据类型的综合评价技术研究。从单项指标角度看，每个指标代表了评价者的意见或看法，给出的形式可以是实数、区间数、模糊数、语义数等；从指标体系角度看，涉及混合型的数据表达形式、多层嵌套式的指标关系等。基于不同的指标数据进行拓展与应用也是综合评价领域研究的一个主要问题。

第三，关于综合评价技术应用的问题。据不完全统计，在目前发表的各类中文类文章中，基于综合评价方法进行实证研究的文章数量位居前列，不同领域、不同专业的学者从不同角度围绕综合评价进行了大量研究，但存在的问题也相对较多。因此，如何科学使用综合评价方法，明确不同方法的使用原则，是当前学界关注的焦点之一。

第四，关于综合评价工具的软件化使用问题。从使用工具角度看，简单的多指标综合评价可通过 Excel、SPSS 等软件实现。但是，随着数据量的增长，R、Matlab、Python 等工具被广泛使用；从工具开发角度看，从 20 世纪 90 年代的智能决策支持系统（intelligent decision support system，IDSS），到 21 世纪初的群决策支持系统（group decision support system，GDSS）、分布式决策支持系统（distributed decision support system，DDSS），商务数据分析领域的 POWER-BI、智能-交互-集成化决策支持系统（intelligent, interactive and integrated decision support system，3IDSS）等，已经实现了决策支持过程的集成化，初步解决了决策（或评价）行为的人机交互问题。

第五，基于学科交叉化的综合评价技术。综合评价方法与多学科交叉，且呈现越来越紧密的趋势。比如，与管理科学的结合，产生了各类基于位置信息的集成方法；与数学领域的交叉，形成了各类模糊、灰色、函数型数据的综合评价方法。又如，与行为经济学的交叉，发展了群组评价方法，从评价行为角度，结合实验经济学的理论知识，考虑群体性的评价行为，分析利益冲突、性格、合谋与博弈行为等在群组评价中的现象，有助于提升群组评价方法的科学性；与复杂网络理论的结合，产生了基于网络关系的综合评价思想；与人工智能技术的结合，产生了智能化评价方法及自组织自适应评价系统；与计算机技术的结合，产生了综合评价指标可视化呈现思想等。

（二）模糊综合评价

自加州大学自动控制专家 Zadeh 于 1965 年提出模糊集以来，模糊综合评价理论得到了快速发展。关于模糊综合评价的概念相对统一，但在具体定义上略有差异。在模糊数学界，模糊综合评价称为模糊综合评判，是基于模糊数学理论，应用模糊关系合成的原理，指从多个角度对评判事物隶属度等级状况进行综合评判的一种方法（贺仲雄，1983；邹增家，1996）。在模糊决策界，模糊综合评价称为模糊多属性决策，是指在实际决策过程中，有些属性无法用精确数值来衡量，故以模糊值的形式给出，进而指导决策者依据已有的模糊信息对有限个备选方案进行优劣排序，并最终选出最佳方案的过程（孔峰，2005；周宏安，2007；杜玉琴，2017）。此外，有学者认为模糊综合评价是根据模糊数学的隶属度理论把定性评价转化为定量评价，即用模糊数学对具有多属性或受多因素制约的事物做出一个总体评价（杨叶勇，2014；Simić et al.，2016）。

整体来看，模糊综合评价是一种能够对事物做出全面评价的多指标综合评价方法，其特点是评价结果不是绝对肯定或否定，而是以一个模糊集来表示。模糊综合评价的基本思想是应用模糊数学原理，对具有多种属性或受多种因素影响的被评价对象，在确定评价指标和评价指标权重的基础上给出相应的模糊评价结果，形成模糊判断矩阵，并通过模糊运算得到定量的综合评价结果。

## 二、模糊综合评价的发展

下面将结合文献计量知识，从期刊论文的发文量、高频词和突现词等角度对模糊综合评价领域的研究进展进行分析。

### （一）期刊论文发文量

**1. 中文期刊论文发文量**

根据中国知网（China National Knowledge Infrastructure，CNKI）数据，2011～2020年以"模糊评价"或"模糊综合评价"为主题的中文期刊论文发文量相对稳定，保持在1700篇左右。如表1-1所示，2011～2015年每年的发文量保持在较高水平，年发文量在1800篇以上；2016～2020年出现了一定幅度的波动。其中，2016年发文量为1676篇；2017年和2018年的发文量有所增长，在1800篇左右。2019年和2020年的发文量略有减少，但均在1500篇以上。

表1-1 2011～2020年中文期刊论文发表数量　　　　（单位：篇）

| 年份 | 模糊评价 | 直觉模糊 | 毕达哥拉斯模糊 | 犹豫模糊 | 语义模糊 | 混合信息 |
| --- | --- | --- | --- | --- | --- | --- |
| 2011 | 1894 | 55 |  | 3 | 35 | 9 |
| 2012 | 1838 | 89 |  | 8 | 34 | 11 |
| 2013 | 1868 | 104 |  | 6 | 29 | 10 |
| 2014 | 1845 | 109 |  | 26 | 32 | 16 |
| 2015 | 1829 | 139 | 3 | 32 | 47 | 9 |
| 2016 | 1676 | 131 | 4 | 49 | 56 | 7 |
| 2017 | 1774 | 153 | 7 | 78 | 56 | 10 |
| 2018 | 1829 | 163 | 25 | 76 | 54 | 15 |
| 2019 | 1713 | 151 | 32 | 90 | 53 | 13 |
| 2020 | 1534 | 159 | 37 | 89 | 46 | 17 |

从模糊评价的细分类别来看，2011～2020年以"直觉模糊"为主题的中文期

刊论文发文量远高于其他主题，且发文量在 2011～2018 年呈现出持续增长的趋势，在 2019～2020 年则保持相对稳定。以"毕达哥拉斯模糊"为主题的中文期刊论文从 2015 年才开始出现，此后，发文量呈逐渐增长之势，并于 2020 年达到最大值（为 37 篇）。以"语义模糊"为主题的中文期刊论文发文量在 2011～2017 年呈现较为缓慢的增长趋势，甚至在 2018～2020 年有逐年减少的迹象。以"犹豫模糊"为主题的中文期刊论文发文量增长较快，以"混合信息"为主题的中文期刊论文发文量呈现出波动增长的趋势，在 2011～2014 年缓慢增长，在 2014～2016 年缓慢减少，在 2016～2020 年又呈现缓慢增长的趋势。

2. 英文期刊论文发文量

根据 Web of Science 核心合集的数据，2011～2020 年以"模糊评价"为主题的英文期刊的发文量基本保持持续增长。表 1-2 显示，2011～2013 年，因模糊评价概念兴起不久，年均发文量相对较少，基本保持在 1000 篇以下。2014 年，关于模糊评价的发文量增长显著，达 1105 篇。此后，关于模糊评价的期刊论文发文量在总体上呈上升趋势，并于 2019 年开始年发文量突破 2500 篇，同比增速达 25.75%。

表 1-2  2011～2020 年英文期刊论文发表数量　　　　（单位：篇）

| 年份 | 模糊评价 | 直觉模糊 | 毕达哥拉斯模糊 | 犹豫模糊 | 语义模糊 | 混合信息 |
| --- | --- | --- | --- | --- | --- | --- |
| 2011 | 737 | 110 | | 3 | 146 | 29 |
| 2012 | 792 | 141 | | 5 | 134 | 31 |
| 2013 | 892 | 224 | 1 | 22 | 147 | 40 |
| 2014 | 1105 | 270 | 2 | 91 | 183 | 64 |
| 2015 | 1059 | 213 | 2 | 72 | 178 | 60 |
| 2016 | 1339 | 339 | 17 | 127 | 243 | 63 |
| 2017 | 1440 | 330 | 28 | 138 | 283 | 78 |
| 2018 | 1996 | 468 | 93 | 247 | 398 | 109 |
| 2019 | 2510 | 553 | 198 | 300 | 449 | 151 |
| 2020 | 2718 | 598 | 199 | 309 | 445 | 165 |

从模糊评价的细分类别来看，2011～2020 年各研究主题的英文期刊论文发表数量均呈现增长态势。其中，以"直觉模糊"为主题的英文期刊论文发文量（2019 年超过 550 篇）明显高于其他细分主题，这表明相较于其他问题，直觉模糊评价问题的关注度最高；以"语义模糊"为主题的模糊评价论文发表数量也较大，2019 年达到 449 篇；以"犹豫模糊"为主题的英文期刊论文发表数量自 2018 年开始增长明显，受到越来越多学者的关注。但是，以"混合信息"为主题的期刊论文发文量增长相对较慢，而毕达哥拉斯模糊集（Pythagorean fuzzy set）作为直觉模糊

集（intuitionistic fuzzy sets，IFS）的拓展形式，以其为主题的英文期刊论文始于2013年，且保持了较高的增速（特别是，2019年的增速达112.90%）。

（二）期刊论文高频词分析

1. 中文期刊论文高频词

利用CNKI数据库，通过抓取论文的关键词，整理得到2011~2020年各研究主题的中文期刊论文高频词。根据表1-3，在以"模糊评价"为主题的中文期刊论文中，出现频次最高的关键词依次为"模糊综合评价""层次分析[①]法""模糊综合评价法"等，说明模糊综合评价与层次分析法结合的研究最受学界偏爱。在其他的高频词中，除与模糊评价直接相关的词外，还包括了"绩效评价""风险评价"等，说明模糊评价比较适用于绩效评价、风险评价等领域。

表1-3 中文期刊论文高频词

| 高频词排序 | 主题 | | | | | |
| --- | --- | --- | --- | --- | --- | --- |
| | 模糊评价 | 直觉模糊 | 毕达哥拉斯模糊 | 犹豫模糊 | 语义模糊 | 混合信息 |
| 1 | 模糊综合评价（4741） | 直觉模糊集（269） | 多属性决策（28） | 多属性决策（83） | 多属性决策（145） | 混合型多属性决策（18） |
| 2 | 层次分析法（2793） | 多属性决策（207） | 毕达哥拉斯模糊集（22） | 多属性群决策（76） | 犹豫模糊集（89） | 多属性群决策（8） |
| 3 | 模糊综合评价法（2133） | 直觉模糊数（115） | 决策（12） | 群决策（67） | 多属性群决策（43） | 混合信息（8） |
| 4 | 模糊综合评判（1469） | 多属性群决策（110） | 毕达哥拉斯模糊数（12） | 二元语义（56） | 得分函数（24） | 混合数据（8） |
| 5 | 指标体系（887） | 群决策（91） | 多属性群决策（11） | 前景理论（17） | 直觉模糊集（23） | 多属性决策（6） |
| 6 | 模糊评价（803） | 区间直觉模糊集（82） | TOPSIS（9） | 犹豫模糊语言集（16） | 群决策（22） | 粗糙集（6） |
| 7 | 模糊数学（575） | 区间直觉模糊数（69） | 集成算子（9） | 语言变量（15） | 前景理论（22） | 区间数（6） |
| 8 | 综合评价（536） | 决策（60） | 勾股模糊集（8） | 多准则决策（15） | 犹豫度（21） | 前景理论（5） |
| 9 | 模糊综合评判法（489） | TOPSIS（55） | 前景理论（5） | 不确定语言变量（14） | TOPSIS（21） | 混合多属性决策（5） |
| 10 | 评价（485） | 得分函数（51） | 群决策（5） | 集成算子（14） | 犹豫模糊语言集（17） | 直觉模糊数（5） |
| 11 | 评价指标（446） | 直觉模糊（51） | 多准则决策（4） | 多粒度（13） | 多准则决策（16） | 证据推理（5） |
| 12 | 绩效评价（433） | 前景理论（44） | 毕达哥拉斯犹豫模糊集（4） | 云模型（13） | 直觉模糊数（16） | 语言评价（5） |

---

① 层次分析，指analytic hierarchy process，简称AHP。

续表

| 高频词排序 | 主题 | | | | | |
|---|---|---|---|---|---|---|
| | 模糊评价 | 直觉模糊 | 毕达哥拉斯模糊 | 犹豫模糊 | 语义模糊 | 混合信息 |
| 13 | 风险评价（394） | 直觉模糊熵（42） | Pythagorean模糊集（4） | 区间二元语义（12） | 区间犹豫模糊集（14） | 群决策（5） |
| 14 | AHP（374） | 权重（34） | 模式识别（3） | VIKOR方法（11） | 决策（13） | 属性约简（4） |
| 15 | 评价指标体系（370） | 直觉梯形模糊数（32） | 距离测度（3） | 概率语言术集（10） | 距离测度（12） | 证据理论（3） |

注：VIKOR（viekriterijumsko kompromisno rangiranje），多准则妥协解排序法

进一步，除与"模糊评价"为主题的中文期刊论文的高频词相似外，在中文期刊发文中，以"直觉模糊"为主题的中文期刊论文还较关注区间模糊数（interval fuzzy numbers，IFNs）。另外，直觉模糊数常与前景理论、TOPSIS（technique for order preference by similarity to ideal solution）方法等相结合进行分析。在以"毕达哥拉斯模糊"为主题的中文期刊论文中，主要关注毕达哥拉斯模糊集成算子的构建，该方法常与TOPSIS方法结合；在以"语义模糊"为主题的中文期刊论文中，则主要关注得分函数、犹豫度、距离测度等计算方法，同样地，语义模糊数常与TOPSIS方法、前景理论等结合；在以"犹豫模糊"为主题的中文期刊论文中，现有研究更关注二元语义问题；在以"混合信息"为主题的中文期刊论文中，评价信息为区间数和直觉模糊数的研究受到最多的关注。

2. 英文期刊论文高频词

根据Web of Science核心合集的数据，通过抓取论文的关键词，整理可以得到2011~2020年各研究主题的论文高频词。表1-4显示，在以"模糊评价"为主题的英文期刊论文中，decision making（决策）出现的频次最多，其次是MCDM（多准则决策）、fuzzy logic（模糊逻辑）和fuzzy set（模糊集），显然这四个关键词都与模糊评价直接相关；其余的高频词主要是与模糊相融合的方法，主要包括：TOPSIS、AHP等。同时，群决策评价、不确定性信息、直觉模糊信息以及关于集成算子的研究也是模糊评价领域较为关注的。

表1-4 英文期刊论文高频词

| 高频词排序 | 主题 | | | | | |
|---|---|---|---|---|---|---|
| | 模糊评价 | 直觉模糊 | 毕达哥拉斯模糊 | 犹豫模糊 | 语义模糊 | 混合信息 |
| 1 | decision making（1074） | intuitionistic fuzzy set（604） | Pythagorean fuzzy set（151） | hesitant fuzzy set（263） | MCDM（352） | MCDM（106） |
| 2 | MCDM（896） | decision making（197） | MCDM（76） | MCDM（244） | group decision making（187） | decision making（44） |

续表

| 高频词排序 | 主题 | | | | | |
| --- | --- | --- | --- | --- | --- | --- |
| | 模糊评价 | 直觉模糊 | 毕达哥拉斯模糊 | 犹豫模糊 | 语义模糊 | 混合信息 |
| 3 | fuzzy logic（801） | group decision making（174） | aggregation operator（39） | hesitant fuzzy linguistic term set（107） | decision making（131） | group decision making（35） |
| 4 | fuzzy set（597） | MCDM（168） | decision making（39） | group decision making（101） | fuzzy set（130） | fuzzy logic（28） |
| 5 | TOPSIS（574） | fuzzy set（147） | fuzzy set（28） | decision making（90） | fuzzy logic（119） | TOPSIS（25） |
| 6 | group decision making（558） | aggregation operator（142） | TOPSIS（25） | distance measure（64） | TOPSIS（115） | aggregation operator（22） |
| 7 | uncertainty（401） | similarity measure（133） | q-rung orthopair fuzzy set（24） | TOPSIS（63） | hesitant fuzzy linguistic term set（107） | hesitant fuzzy set（20） |
| 8 | intuitionistic fuzzy set（385） | interval-valued intuitionistic fuzzy set（124） | intuitionistic fuzzy set（17） | aggregation operator（57） | linguistic variable（77） | fuzzy set（18） |
| 9 | AHP（309） | TOPSIS（102） | group decision making（16） | consensus（53） | consensus（66） | intuitionistic fuzzy set（15） |
| 10 | aggregation operator（276） | distance measure（78） | distance measure（15） | fuzzy set（41） | hesitant fuzzy set（64） | DEMATEL（14） |

除与以"模糊评价"为主题的英文期刊论文高频词相似外，在英文期刊发文中，以"直觉模糊"为主题的英文期刊论文比较关注直觉模糊集的距离测度方法及其拓展形式［如 interval-valued intuitionistic fuzzy set（区间直觉模糊集）］；在以"毕达哥拉斯模糊"为主题的英文期刊论文中，比较关注毕达哥拉斯模糊的相似测度方法，以及 intuitionistic fuzzy set（直觉模糊集）和 q-rung orthopair fuzzy set（模糊集）的比较分析等；在以"犹豫模糊"为主题的英文期刊论文中，较关注与语义的结合形式——hesitant fuzzy linguistic term set（犹豫模糊语言术语集），以及 distance measure（距离测度）和 consensus（共识性）问题；在以"语义模糊"为主题的英文期刊论文中同样关注与犹豫模糊集的结合，出现 hesitant fuzzy linguistic term set（犹豫模糊语言术语集）和 consensus（共识性）这两个关键词，常用到的方法是 TOPSIS 法；在以"混合信息"为主题的英文期刊论文中，较关注的评价信息表现形式是 hesitant fuzzy set（犹豫模糊集）和 intuitionistic fuzzy set（直觉模糊集），较关注的模型有 TOPSIS 法和决策实验室分析（decision-making trial and evaluation laboratory，DEMATEL）法。

## （三）期刊论文突现词分析

### 1. 模糊评价

根据 CNKI 数据和 Web of Science 核心合集的数据，在以"模糊评价"为主题的中英文期刊论文中，选取突现强度较高的关键词，见表 1-5 和表 1-6。

表 1-5 排名靠前的"模糊评价"中文期刊论文突现词

| 关键词 | 强度 | 开始年份 | 结束年份 | 2011~2020 年 |
| --- | --- | --- | --- | --- |
| 风险分析 | 12.1408 | 2011 | 2014 | |
| 综合评判 | 13.9939 | 2011 | 2014 | |
| 教学质量 | 7.9965 | 2011 | 2012 | |
| 水质 | 6.7756 | 2011 | 2014 | |
| 风险 | 8.0144 | 2011 | 2012 | |
| 模型 | 13.1294 | 2011 | 2014 | |
| 高速公路 | 3.1466 | 2011 | 2012 | |
| 效能评估 | 7.9597 | 2011 | 2012 | |
| 模糊综合评价方法 | 7.7804 | 2012 | 2013 | |
| 模糊 | 6.4386 | 2013 | 2014 | |
| 竞争力 | 6.7752 | 2013 | 2014 | |
| 高校 | 10.6995 | 2013 | 2014 | |
| 多层次模糊综合评价 | 9.1685 | 2014 | 2015 | |
| 指标 | 8.6854 | 2014 | 2015 | |
| 指标权重 | 8.4592 | 2014 | 2016 | |
| 三角模糊数 | 3.6541 | 2015 | 2016 | |
| 安全评估 | 11.8521 | 2015 | 2017 | |
| 隶属度函数 | 7.3402 | 2016 | 2017 | |
| 水资源承载力 | 11.1690 | 2016 | 2020 | |
| 服务质量 | 6.5196 | 2016 | 2020 | |

表 1-6 以"模糊评价"为主题的英文期刊论文突现词

| 关键词 | 强度 | 开始年份 | 结束年份 | 2011~2020 年 |
| --- | --- | --- | --- | --- |
| OWA operator | 10.9019 | 2011 | 2016 | |
| membership function | 8.5863 | 2011 | 2014 | |
| data mining | 7.6057 | 2011 | 2013 | |
| neural network | 9.0300 | 2012 | 2015 | |
| fuzzy anp | 8.3265 | 2012 | 2016 | |
| fuzzy programming | 8.4426 | 2013 | 2014 | |
| fuzzy-trace theory | 8.1637 | 2013 | 2015 | |

续表

| 关键词 | 强度 | 开始年份 | 结束年份 | 2011~2020年 |
|---|---|---|---|---|
| fuzzy decision making | 8.5464 | 2014 | 2017 | |
| performance evaluation | 8.4068 | 2015 | 2017 | |
| aggregation | 8.0590 | 2015 | 2017 | |
| Pythagorean fuzzy set | 26.1136 | 2018 | 2020 | |
| z-number | 11.6452 | 2018 | 2020 | |
| medical diagnosis | 9.7537 | 2018 | 2019 | |
| single-valued neutrosophic set | 8.6627 | 2018 | 2019 | |
| green supplier selection | 7.6359 | 2018 | 2020 | |
| spherical fuzzy set | 12.2776 | 2019 | 2020 | |
| q-rung orthopair fuzzy set | 11.9505 | 2019 | 2020 | |
| MAGDM | 11.2658 | 2019 | 2020 | |
| machine learning | 9.8970 | 2019 | 2020 | |
| reliability | 7.9432 | 2019 | 2020 | |

由表 1-5 可知，突现强度最高的是"综合评判"，突现强度次高的是"模型"，说明在模糊综合评价问题中最重要的是综合评价模型或框架的构建；持续时间最长的是"水资源承载力"和"服务质量"，这表明"水资源承载力"和"服务质量"的评价问题在较长的一段时间内都是研究热点，是模糊评价领域应用的最主要内容。

根据突现词的起止年份，2011~2020 年以"模糊评价"为主题的中文期刊论文呈现以下特点：2011 年前后，有"风险分析""教学质量""水质""效能评估"等词突现，表明模糊综合评价在该阶段多被用于风险分析、教学质量、水质、效能评估等方面；2013~2014 年，高频词变为"竞争力""高校"等。而在 2016~2020 年，"水资源承载力"和"服务质量"等成为模糊综合评价领域的重点应用内容。

由表 1-6 可知，2011~2020 年突现强度最高的关键词是"Pythagorean fuzzy set（毕达哥拉斯模糊集）"，该关键词开始于 2018 年，表明毕达哥拉斯模糊集是未来模糊综合评价较为关注的研究热点。根据突现词的起止年份来看，2011~2017 年突现强度较高的关键词是 OWA（ordered weighted averaging，有序加权平均）operator，且持续时间最长，其次是神经网络、隶属度函数、模糊决策、模糊规划、特征评价、模糊网络分析等；2018~2020 年突现强度较高的关键词是 spherical 模糊集、q-rung orthopair 模糊集、z-number（z-值）、MAGDM（多属性群决策）、green supplier selection（绿色供应商选择）、medical diagnosis（医疗诊断）等，这表明当前模糊评价还在不断探索新的模糊集形式。在应用方面，未来医疗、供应链等应用领域以及群体决策评价问题的热度仍将持续。

## 2. 直觉模糊

根据 CNKI 数据和 Web of Science 核心合集的数据，从以"直觉模糊"为主题的中英文期刊论文中，选取突现强度较高的关键词列于表 1-7 和表 1-8。

表 1-7 排名靠前的"直觉模糊"中文期刊论文突现词

| 关键词 | 强度 | 开始年份 | 结束年份 | 2011～2020 年 |
| --- | --- | --- | --- | --- |
| 模糊多属性决策 | 2.8768 | 2011 | 2013 | |
| 不确定性 | 2.5070 | 2014 | 2015 | |
| 供应商选择 | 2.5029 | 2015 | 2017 | |
| 区间直觉模糊熵 | 2.8477 | 2015 | 2016 | |
| 直觉模糊 | 2.4988 | 2015 | 2020 | |
| 直觉模糊软集 | 2.6153 | 2016 | 2018 | |
| 灰色关联 | 2.4714 | 2016 | 2020 | |
| 三角模糊数 | 2.4622 | 2016 | 2017 | |
| 熵权法 | 5.5416 | 2017 | 2020 | |
| 绩效评价 | 4.2398 | 2017 | 2020 | |
| VIKOR 方法 | 2.5536 | 2017 | 2018 | |
| 直觉模糊层次分析 | 3.1084 | 2017 | 2020 | |
| 前景理论 | 4.1166 | 2017 | 2020 | |
| VIKOR | 3.0708 | 2017 | 2018 | |
| 粗糙集 | 3.3903 | 2017 | 2018 | |

表 1-8 排名靠前的"直觉模糊"英文期刊论文突现词

| 关键词 | 强度 | 开始年份 | 结束年份 | 2011～2020 年 |
| --- | --- | --- | --- | --- |
| Atanassovs intuitionistic fuzzy set | 6.7210 | 2011 | 2013 | |
| T-norm | 6.3639 | 2011 | 2016 | |
| intuitionistic fuzzy normed space | 6.2217 | 2011 | 2014 | |
| T-conorm | 4.8425 | 2011 | 2016 | |
| OWA operator | 4.6941 | 2011 | 2015 | |
| intuitionistic fuzzy value | 5.5894 | 2012 | 2013 | |
| aggregation | 4.2435 | 2013 | 2017 | |
| operational law | 5.2845 | 2014 | 2016 | |
| membership function | 3.9517 | 2014 | 2016 | |
| Pythagorean fuzzy set | 9.0082 | 2019 | 2020 | |
| divergence measure | 5.8213 | 2019 | 2020 | |
| q-rung orthopair fuzzy set | 5.3977 | 2019 | 2020 | |
| MAGDM | 5.1234 | 2019 | 2020 | |
| spherical fuzzy set | 4.8263 | 2019 | 2020 | |
| DEMATEL | 3.9052 | 2019 | 2020 | |

由表 1-7 可知，突现强度最高的是"熵权法"，突现强度次高的是"绩效评价"，这表明直觉模糊通常与熵权法结合使用，并常用于绩效评价方面；持续时间最长的是"直觉模糊"和"灰色关联"，这表明该方法得到了较长时间的关注，是推动直觉模糊评价发展的重要内容。

根据突现词的起止年份，2011~2020 年以"直觉模糊"为主题的中文期刊论文呈现以下特点：2014～2017 年，有"供应商选择""区间直觉模糊熵""灰色关联""三角模糊数"等词突现，表明直觉模糊评价多被用于供应商选择问题，并且通常与区间数、灰色关联、三角模糊数结合；2017～2020 年，"熵权法""绩效评价""VIKOR""前景理论"等词突现，表明在该阶段，直觉模糊多被用于绩效评价，且常与熵权法、VIKOR、前景理论等相结合。

由表 1-8 可知，在以"直觉模糊"为主题的英文期刊论文中，突现强度前 15 名的关键词在 2011~2020 年有明显的分割线。2011～2017 年，突现强度较高的关键词有 Atanassovs 直觉模糊集、T-norm（三角模）、operational law（运算法则）、aggregation（集成）等，这表明该时期研究者比较关注基于直觉模糊的集成理论及运算法则。2019～2020 年，突现强度较高的关键词为 Pythagorean fuzzy set（毕达哥拉斯模糊集）、divergence measure（差异测度）、MAGDM（多属性群决策）、DEMATEL（决策实验分析）等，可见直觉模糊的提出对其他模糊集的发展具有重要支撑作用，并经常被用于多属性群决策和决策实验分析等领域。

3. 毕达哥拉斯模糊

根据 CNKI 数据和 Web of Science 核心合集的数据，从以"毕达哥拉斯模糊"为主题的中英文期刊论文中，选取突现强度较高的关键词列于表 1-9 和表 1-10。整体上看，由于该领域的相关理论于 2013 年才被提出，目前尚处于萌新发展阶段，故相关文献较少，突现词也相对较少。

表 1-9　排名靠前的"毕达哥拉斯模糊"中文期刊论文突现词

| 关键词 | 强度 | 开始年份 | 结束年份 | 2011～2020 年 |
| --- | --- | --- | --- | --- |
| 多属性群决策 | 1.1199 | 2017 | 2018 | |
| 勾股模糊数 | 0.9593 | 2017 | 2018 | |
| 直觉模糊集 | 0.7437 | 2017 | 2018 | |
| 毕达哥拉斯模糊数 | 0.8980 | 2017 | 2018 | |
| VIKOR 方法 | 0.9593 | 2017 | 2018 | |
| 区间 Pythagorean 模糊数 | 0.4800 | 2018 | 2020 | |
| Pythagorean 犹豫模糊集 | 0.4800 | 2018 | 2020 | |
| 群决策 | 0.5063 | 2018 | 2020 | |

表 1-10 排名靠前的"毕达哥拉斯模糊"英文期刊论文突现词

| 关键词 | 强度 | 开始年份 | 结束年份 | 2011~2020 年 |
|---|---|---|---|---|
| Pythagorean fuzzy set | 3.8581 | 2016 | 2018 | |
| MCDM | 6.2485 | 2017 | 2018 | |

具体来看,由表 1-9 可知,突现强度最高的是"多属性群决策",表明毕达哥拉斯模糊常用于多属性决策问题;持续时间最长的是"区间 Pythagorean 模糊数""Pythagorean 犹豫模糊集""群决策",表明这些方法得到了较长时间的关注,是推动直觉模糊评价方法发展的重要内容。

根据突现词的起止年份,2011~2020 年以"毕达哥拉斯模糊"为主题的中文期刊论文呈现以下特点:因毕达哥拉斯模糊概念提出相对较晚,故到 2017~2018 年才出现"VIKOR 方法""直觉模糊集""多属性群决策"等词。但是,在 2018~2020 年,"区间 Pythagorean 模糊数""Pythagorean 犹豫模糊集""群决策"等词突现,这表明毕达哥拉斯模糊集与其他模糊集类似,常与区间数、犹豫模糊等相结合。

由表 1-10 可知,在以"毕达哥拉斯模糊"为主题的英文期刊论文中,突现强度最高的是 MCDM(多准则决策),持续时间为 2017~2018 年;次高的是 Pythagorean fuzzy set(毕达哥拉斯模糊集),持续时间为 2016~2018 年,由此可知,2017~2018 年关于毕达哥拉斯模糊集的多准则决策论文数量有明显的涨幅,毕达哥拉斯模糊集和多准则决策的联系较为密切,关于毕达哥拉斯模糊的其余研究热点还有待挖掘。

4. 语义模糊

根据 CNKI 数据和 Web of Science 核心合集的数据,从以"语义模糊"为主题的中英文期刊论文中,选取突现强度较高的关键词列于表 1-11 和表 1-12。

表 1-11 排名靠前的"语义模糊"中文期刊论文突现词

| 关键词 | 强度 | 开始年份 | 结束年份 | 2011~2020 年 |
|---|---|---|---|---|
| 三角模糊数 | 1.5932 | 2011 | 2015 | |
| 本体 | 2.5954 | 2011 | 2014 | |
| 不确定语言 | 1.9712 | 2011 | 2013 | |
| 突发事件 | 1.6659 | 2012 | 2013 | |
| 属性权重 | 1.8114 | 2012 | 2014 | |
| 语言值 | 1.4584 | 2012 | 2014 | |
| 语言标度 | 1.6010 | 2014 | 2015 | |
| 多准则决策 | 1.5009 | 2015 | 2016 | |
| 概率语言术语集 | 3.3043 | 2018 | 2020 | |
| 距离测度 | 1.5654 | 2018 | 2020 | |

续表

| 关键词 | 强度 | 开始年份 | 结束年份 | 2011~2020年 |
|---|---|---|---|---|
| 规则提取 | 1.8233 | 2018 | 2020 | |
| TOPSIS 方法 | 1.5851 | 2018 | 2020 | |

表 1-12　排名靠前的"语义模糊"英文期刊论文突现词

| 关键词 | 强度 | 开始年份 | 结束年份 | 2011~2020 年 |
|---|---|---|---|---|
| fuzzy set theory | 9.3269 | 2011 | 2013 | |
| AHP | 4.0440 | 2011 | 2013 | |
| decision support | 3.8358 | 2011 | 2015 | |
| multicriteria decision making | 3.7107 | 2011 | 2016 | |
| fuzzy AHP | 3.3017 | 2011 | 2014 | |
| fuzzy logic | 8.7119 | 2012 | 2014 | |
| OWA operator | 5.6887 | 2012 | 2014 | |
| linguistic modeling | 4.0506 | 2012 | 2014 | |
| triangular fuzzy number | 3.1701 | 2013 | 2015 | |
| linguistic information | 3.0627 | 2013 | 2017 | |
| hesitant fuzzy set | 8.2453 | 2014 | 2017 | |
| picture fuzzy set | 3.6843 | 2017 | 2020 | |
| similarity measure | 3.8269 | 2018 | 2020 | |
| possibility degree | 3.1230 | 2018 | 2020 | |
| hesitant fuzzy linguistic term set | 3.1230 | 2018 | 2020 | |

由表 1-11 可知，突现强度最高的是"概率语言术语集"，表明语义模糊常与概率语言术语集结合进行研究，其成为新热点的可能性较大。持续时间最长的是"三角模糊数"，表明三角模糊数是推动语义模糊发展的重要内容，并在此方面得到了较长时间的关注。

根据突现词的起止年份，2011~2020 年以"语义模糊"为主题的中文期刊论文呈现以下特点：2011 年前后，有"三角模糊数""不确定语言"等词突现，表明该阶段的研究热点在于语义模糊的表达形式；2012~2016 年，有"突发事件""语言标度""多准则决策"等词突现，表明语义模糊多被用于突发事件的决策；2018 年前后，有"距离测度""规则提取""TOPSIS 方法"等词突现，表明语义模糊常与 TOPSIS 方法结合，并重点研究语义模糊数间的距离测度与规则提取问题，该研究点的热度仍将持续。

在以"语义模糊"为主题的英文期刊论文中，突现强度前 15 名的关键词如表 1-12 所示。其中，fuzzy set theory（模糊集理论）这一关键词的突现强度最大，从 2011 年开始延续至 2013 年；fuzzy logic（模糊逻辑）、hesitant fuzzy set（犹豫模糊集）的突现强度次之，分别始于 2012 年和 2014 年，这表明模糊集理论是语义评价研究中的基础，犹豫模糊理论是语义评价研究中的中间支撑。突现持续时间最长的是 multicriteria decision making（多准则决策），始于 2011 年，终于 2016 年，可见多准则决策问题是语义评价研究中的重要内容。而突现时间持续到 2020 年的关键词分别有 picture fuzzy set（图像模糊集）、similarity measure（相似测度）、possibility degree（可能性程度）、hesitant fuzzy linguistic term set（犹豫模糊语言术语集），这预示着语义评价研究将会持续关注语义型模糊集的表现形式以及信息相似度和结果比较的测算问题。

5. 犹豫模糊

根据 CNKI 数据和 Web of Science 核心合集的数据，从以 "犹豫模糊" 为主题的中英文期刊论文中，选取突现强度较高的关键词列于表 1-13 和表 1-14。

表 1-13 排名靠前的 "犹豫模糊" 中文期刊论文突现词

| 关键词 | 强度 | 开始年份 | 结束年份 | 2011～2020 年 |
|---|---|---|---|---|
| 区间直觉模糊集 | 2.9388 | 2011 | 2015 | |
| 得分函数 | 2.7878 | 2011 | 2014 | |
| 决策 | 1.6439 | 2011 | 2014 | |
| 区间直觉模糊数 | 1.6627 | 2012 | 2016 | |
| 直觉模糊集 | 3.5615 | 2012 | 2015 | |
| 直觉模糊数 | 2.4957 | 2012 | 2015 | |
| 风险偏好 | 2.3731 | 2014 | 2016 | |
| 多准则决策 | 2.7450 | 2014 | 2016 | |
| 犹豫模糊软集 | 1.7713 | 2015 | 2017 | |
| 优先级 | 1.5778 | 2015 | 2016 | |
| 犹豫模糊语言术语集 | 2.2556 | 2016 | 2017 | |
| 区间犹豫模糊集 | 2.1520 | 2017 | 2018 | |
| 三角犹豫模糊集 | 1.6225 | 2018 | 2020 | |

表 1-14 排名靠前的 "犹豫模糊" 英文期刊论文突现词

| 关键词 | 强度 | 开始年份 | 结束年份 | 2011～2020 年 |
|---|---|---|---|---|
| hesitant fuzzy set | 16.7229 | 2011 | 2015 | |
| MCDM | 12.7680 | 2012 | 2014 | |
| interval-valued hesitant fuzzy set | 5.9133 | 2013 | 2017 | |
| hesitant fuzzy element | 3.3294 | 2014 | 2016 | |
| hesitant fuzzy information | 5.7558 | 2014 | 2017 | |
| aggregation operator | 4.1942 | 2016 | 2017 | |
| hesitant fuzzy preference relation | 3.0866 | 2017 | 2018 | |

由表 1-13 可知，突现强度最高的是"直觉模糊集"，突现强度次高的为"区间直觉模糊集"，表明犹豫模糊常与直觉模糊结合进行研究。持续时间最长的是"区间直觉模糊集"和"区间直觉模糊数"，表明区间直觉模糊数在此方面得到了较长时间的关注，是推动犹豫模糊发展的重要内容。

根据突现词的起止年份，2011~2020 年以"犹豫模糊"为主题的中文期刊论文呈现以下特点：2011 年前后，有"得分函数""决策"等词突现，表明该阶段的研究热点在于犹豫模糊的得分函数；2012~2013 年，有"直觉模糊集""直觉模糊数"等词突现，表明犹豫模糊常与直觉模糊结合；2014~2020 年，有"三角犹豫模糊集""犹豫模糊语言术语集""区间犹豫模糊集"等词突现，表明期间犹豫模糊常与三角模糊数、区间数结合。

由表 1-14 可知，在以"犹豫模糊"为主题的英文期刊论文中，突现词强度最高的是 hesitant fuzzy set（犹豫模糊集），持续时间是 2011~2015 年；强度次之的是 MCDM（多准则决策），持续时间是 2012~2014 年，可见将犹豫模糊集应用于多准则决策的相关论文在 2012~2014 年突然猛增，这表明犹豫模糊理论对多准则决策问题的解决受到学者的广泛关注。其余的突现词分别是 interval-valued hesitant fuzzy set（区间值犹豫模糊集）、hesitant fuzzy element（犹豫模糊元素）、hesitant fuzzy information（犹豫模糊信息）、aggregation operator（集成算子）和 hesitant fuzzy preference relation（犹豫模糊偏好关系），起止时间在 2013~2018 年，其中"区间值犹豫模糊集"的突现持续时间最长，由此可知犹豫模糊集的相关研究更关注其本身的特征与拓展形式。

6. 混合信息

根据 CNKI 数据和 Web of Science 核心合集的数据，从以"混合信息"为主题的中英文期刊论文中，选取突现强度较高的关键词列于表 1-15 和表 1-16 中。

表 1-15　排名靠前的"混合信息"中文期刊论文突现词

| 关键词 | 强度 | 开始年份 | 结束年份 | 2011~2020 年 |
| --- | --- | --- | --- | --- |
| 语言评价 | 1.6551 | 2011 | 2014 | |
| 决策 | 1.0548 | 2011 | 2012 | |
| 区间数 | 1.1078 | 2012 | 2014 | |
| 直觉模糊数 | 1.3891 | 2012 | 2014 | |
| 混合型 | 1.0474 | 2012 | 2013 | |
| 群决策 | 0.9527 | 2012 | 2015 | |
| 混合型多属性决策 | 1.3488 | 2013 | 2014 | |
| 多属性决策 | 1.4769 | 2014 | 2017 | |
| 优势度 | 1.0032 | 2014 | 2015 | |

续表

| 关键词 | 强度 | 开始年份 | 结束年份 | 2011～2020 年 |
|---|---|---|---|---|
| 前景理论 | 1.1231 | 2014 | 2015 | |
| 证据理论 | 0.9320 | 2015 | 2016 | |
| 决策方法 | 1.0843 | 2015 | 2016 | |
| 多属性群决策 | 1.2595 | 2017 | 2018 | |
| 供应商选择 | 1.0069 | 2017 | 2018 | |
| 异构信息 | 1.0069 | 2017 | 2018 | |
| 混合信息 | 1.9676 | 2017 | 2018 | |

表 1-16  排名靠前的"混合信息"英文期刊论文突现词

| 关键词 | 强度 | 开始年份 | 结束年份 | 2011～2020 年 |
|---|---|---|---|---|
| decision making | 2.4415 | 2011 | 2012 | |
| supplier selection | 1.8158 | 2011 | 2013 | |
| ANP | 2.1333 | 2012 | 2016 | |
| MCGDM | 4.4383 | 2013 | 2016 | |
| interval-valued intuitionistic fuzzy set | 2.1343 | 2013 | 2015 | |
| fuzzy TOPSIS | 1.7726 | 2013 | 2016 | |
| hesitant fuzzy set | 2.0348 | 2014 | 2016 | |
| intuitionistic fuzzy set | 1.6293 | 2015 | 2017 | |
| sensitivity analysis | 2.0066 | 2016 | 2017 | |
| optimization | 1.4604 | 2018 | 2020 | |

由表 1-15 可知，突现强度最高的是"混合信息"，突现强度次高的为"语言评价"，表明语义数是混合信息中的重要内容。持续时间最长的是"语言评价""群决策""多属性决策"，表明混合信息多用于决策领域，且此方面得到了较长时间的关注，是推动混合信息模糊评价发展的重要内容。

根据突现词的起止年份，2011~2020 年以"混合信息"为主题的中文期刊论文呈现以下特点：2011 年前后，有"语言评价""决策"等词突现，表明混合信息多用于决策领域；2012～2015 年，有"区间数""直觉模糊数""群决策"等词突现，表明混合信息通常由区间数、直觉模糊数等组成；2014～2018 年，有"前景理论""证据理论""供应商选择"等词突现，表明混合信息常用于供应商选择问题，且与前景理论、证据理论相结合进行研究。

由表 1-16 可知，在以"混合信息"为主题的英文期刊论文中，突现词强度最高的是 MCGDM（多准则群决策），可见，混合信息模糊评价常用于多准则群决策问题的解决；突现时间持续最长的是 ANP（网络分析过程），这表明混合信息模糊评价研究常伴随网络分析法。此外，2013～2017 年关于 interval-valued intuitionistic fuzzy set（区间直觉模糊集）、hesitant fuzzy set（犹豫模糊集）、intuitionistic fuzzy set（直觉模糊集）的混合信息模糊评价论文发表量突增，2018~2020 年关于 optimization（优化）的混合信息模糊评价研究兴起。

### 三、本书研究意义

基于不同数据信息或者不同表述方式对模糊综合评价问题进行探讨，不仅是综合评价理论的研究范畴，也是统计学、管理学、运筹学等多种学科的交叉研究。因此，本书具有丰富的理论意义和现实意义。

第一，经过 30 多年的发展，多指标（属性）模糊综合评价方法经历了从简单到复杂，从单一到多元的发展过程。众多不同学科领域的定量分析方法被源源不断引入综合评价实践中，极大地推动了综合评价技术的进步，丰富了综合评价思想，但却催生了一种误区：过于注重评价方法的复杂性，轻视方法的简明性，忽视方法的适用性与实质性含义。因此，本书在阐述理论体系时，辅以大量社会经济领域的实际案例来说明本书提出的模糊综合评价方法的有效性。与现有研究相比，既保证了理论性，又兼具实际应用价值。

第二，来自其他学科领域的分析方法本身在不断发展，引入模糊综合评价过程中，必须关注这种发展。但遗憾的是，当前不少模糊综合评价应用文献中并没有及时更新相应的思想，依然采用已经被学界认为不太合适的技术细节。本书引入了大量相关学科的研究方法，同时在分析时注重模糊综合评价学本身的问题，既对综合评价理论体系进行了完善，又提升了应用的科学性。

第三，数据来源、数据结构、数据信息采集手段等多样化，传统的模糊综合评价技术已不适应于现实需求。因此，本书从数据信息的角度，探讨了几类典型的模糊数以及由此形成的模糊数集成方式，以期通过相关探讨提升模糊综合评价技术的科学性，拓展综合评价技术的应用广泛性。

## 第二节 国内外关于模糊综合评价的拓展回顾

### 一、模糊数的相关拓展回顾

#### （一）直觉模糊数

随着社会经济的不断发展，人们在各领域面临的问题越来越复杂，加之实际生活中人们接触更多的是模糊、不确定的信息而非准确的数字，因此评价指标、评价方法、评价数据、处理过程等都存在很多主观或客观上的不确定因素。如何在复杂不确定的情况下实现合理准确的评价也成为众多学者的研究课题。因此，多指标评价也从实数的形式逐渐发展出模糊数的形式，以适应越来越复杂的评价环境。1965年，Zadeh首先提出模糊集理论，使原本只能表达"1"或"0"（"支持"或"反对"）的评价者可以利用取值在区间之间的隶属度函数来表达自己的评价信息。研究过程中发现伴随着模糊性，评价者还表现出在"支持"、"反对"和"犹豫"之间的犹豫性，这是传统的模糊集无法刻画的。因此，Atanassov（1986）对其进行了扩展，提出了直觉模糊集理论，分别用隶属度和非隶属度来描述评价者的支持与反对程度，同时还给出了犹豫度的定义，又在1989年拓展为区间直觉模糊集（Atanassov and Gargov，1989）。

此后，有部分学者针对直觉模糊集的概念，进行了一些拓展。比如，Bustince和Burillo（1996）在实数域的基础上提出了直觉模糊数的概念，Xu和Yager（2006）从直觉模糊信息的多属性决策角度提出了直觉模糊数的概念。前者可视为是普通直觉模糊数的推广，是动态直觉模糊数，后者可视为一种特殊的二元数组，是一种静态的直觉模糊数。基于模糊数的概念，在决策学领域有大量的理论延伸和应用研究。比如，区间直觉模糊数（卫贵武，2008）、基于Choque积分的直觉模糊数（陶长琪和凌和良，2012）等。

（二）毕达哥拉斯模糊数

毕达哥拉斯模糊数产生于评价问题及相应解决方法的不断演进中。自模糊集提出以来，为适应各种形式的评价问题，广大学者提出了不同形式的模糊数，这为解决实际问题、促进评价理论发展做出了重要贡献。其中，毕达哥拉斯模糊数与直觉模糊数有着密切的联系。虽然直觉模糊数能通过支持、中立和反对等三个方面的态度，有效帮助评价者全面地描述或测度被评价对象的某方面特征。但是，在实际评价过程中，评价者给出的信息会存在隶属度与非隶属度之和大于1的情况。此时，直觉模糊数便不能客观地反映评价者的信息，需要对评价信息进行调整处理。基于此，Yager（2014）创造性地提出了隶属度与非隶属度之和可以大于1，但二者平方和又不超过1的想法，并提出了毕达哥拉斯模糊集的概念。因此评价者可以无须修改直觉模糊评价值而直接进行后续评价工作。此后，毕达哥拉斯模糊凭借其灵活性、实用性得到了越来越多的学者的研究和关注。

毕达哥拉斯模糊集的概念提出后，国内外学者对此也做了大量的研究。Zhang和Xu（2014）给出了毕达哥拉斯模糊数的概念，介绍了其运算法则、大小比较方法和毕达哥拉斯模糊汉明距离测度，为后续许多研究奠定了理论基础。Gou等（2016）提出了毕达哥拉斯模糊函数，研究了其基本性质，如连续性、可导性和可微性等。刘卫锋和何霞（2016）将犹豫模糊集与毕达哥拉斯模糊集相结合，提出了毕达哥拉斯犹豫模糊集，并给出了其运算规则和得分函数以实现大小比较。

Ma 和 Xu（2016）针对毕达哥拉斯模糊数提出了新的得分函数，给出了毕达哥拉斯模糊对称算子的定义，并用于解决毕达哥拉斯模糊环境下的决策问题。Peng 和 Dai（2017）指出现有的许多排序方法忽略了犹豫度，提出了一个新的得分函数来改进毕达哥拉斯模糊数的排序机制。

### （三）双层语言术语集

由于客观世界的复杂性及认知的局限性，人们在对某些事物的偏好信息进行描述时往往倾向于使用自然语言或是可以定性描述的语言术语。因此，Zadeh 于 1975 年最早提出了模糊语言方法，将专家的语言信息转换成可进行数学计算的语言变量。然而，模糊语言方法在表达语言信息时不够全面，往往造成信息缺失，无法全面反映评价信息。因此，为解决这一问题，众多语言表达模型也被相继提出。例如，Herrera 和 Martinez（2000）提出了二元模糊语言表达模型，上述语言模型虽然能够全面表征语言术语的语义，却不能在描述复杂的语言信息时使用多个术语来体现评估者的犹豫状态，且只能使用单一数字或数字与语言术语的组合。

另外，传统的犹豫模糊语言术语集虽能全面地描述语言信息，但依然无法进一步准确地表达决策者想表述的评价的程度。往往这些程度副词是评价信息的必要补充，如"非常""有点""远非"等。为了能更精确地描述此类精确的复杂语言信息，Gou 等（2017）提出了双层语言术语集的概念，即同时包含两层语言术语集，以更准确地描述副词程度上的语言信息和偏好评价。考虑到人的认知局限性以及在多个术语间犹豫不决的状况，非平衡双层语言术语集、双层犹豫模糊语言术语集、概率双层语言术语集等概念也相继被提出（Fu and Liao，2019；张文宇等，2019；Gou et al.，2020）。

### （四）概率犹豫模糊数

在现实的评价问题当中，因评价对象的复杂性、不确定性等特征，评价者往往难以快速做出准确、客观的评价，表现出犹豫不决或模棱两可的态度。为解决这一问题，犹豫模糊信息逐渐得到了应用和发展。Torra（2010）首先提出了犹豫模糊集的概念，其指在一组可能的值下对被评价对象的某些方面进行评价。因为允许评价者对同一指标给出多个可能的值，所以能有效避免评价者难以给出一个准确评价值时的犹豫心态。犹豫模糊集自提出以来，在评价领域越来越得到重视。但是，这一概念并未考虑各个可能的值对应的可能性大小，而是将评价者所给出的多个可能值做等权处理。

在此基础上，Xu 和 Xia（2011）引入了犹豫模糊元（hesitant fuzzy elements，HFEs）的概念，但在犹豫模糊元中各个可能的评价值概率仍然是相等的。因此，Xu 和 Zhou（2017）赋予各个可能的评价值不同的概率，并提出了概率犹豫模糊集（hesitant probabilistic fuzzy sets，HPFSs）的概念。概率犹豫模糊集包括不同的隶属度及相应的概率，其仅不仅考虑了评价者在评价过程中的模糊性，还通过多个不同的隶属度来表征评价者在评价过程中的犹豫状态，可以更准确地捕捉专家的评价信息，从而一定程度上解决了多指标群体评价中评价者难以准确给出评价信息的问题。

作为一种处理评价过程中模糊信息和评价者犹豫心态的有效工具，概率犹豫模糊集目前在多指标评价问题中取得了广泛应用与拓展。比如，基于概率犹豫模糊集的距离测度、评价信息集成、群组共识调整等理论研究方面均有相应的创新，应用领域涵盖了项目评估、产品选择、人事选用等（Li and Wang，2018；Li et al.，2019；Ding et al.，2017；He and Xu，2018；Song et al.，2019）。

### （五）混合模糊信息集成与融合

随着综合评价实践的不断发展和社会的进步，现实中的评价问题也正朝着复杂化、多样化、群体化等方向发展。在评价过程中，评价者的数量不断增加，评价者的背景领域也逐渐扩大。不同来源、不同领域的评价者在面对同一评价问题时，受知识体系、认知、个人习惯等的影响，往往难以给出同一形式的评价信息，即实践中不同评价者可能会给出不同类型、不同形式的评价数据。此时，围绕单一形式的模糊信息已经无法满足实际要求。为解决这一问题，混合模糊信息（由直觉模糊数、犹豫模糊数、三角模糊数等多种不同形式的模糊信息组成）评价问题逐渐受到关注。在该类情形下，评价者可以根据自身喜好、习惯等选择自己需要的模糊信息形式来表达自身的评价信息。

在混合模糊信息情形下，评价信息的集成是核心问题，也是学者关注的主要问题。原因在于，不同形式的模糊信息往往不具有直接可加性，无法直接进行评价信息的集成。因此，如何对混合模糊信息进行转换调整或同质化处理，进而能够实现信息集成，是目前混合模糊信息研究的重要方向。目前解决此类问题的主要方法是设置转换函数，将不同类型的模糊数转换成统一形式的模糊信息。例如，李伟伟等（2014）将混合模糊信息通过随机化的处理方式转换为带概率特征的随机数；赵萌等（2013）提出了区间数与直觉模糊数之间的转换方法等。但是，现有研究仍以特定形式的模糊数之间的转换为主，脱离特定的转换形式之后，现有转换方法往往难以继续推广。因此，研究如何有效构造一种针对不同模糊信息的广义转换方式，解决目前转换方法的局限性，有利于进一步拓展混合模糊信息的应用。

## 二、其他相关理论的拓展回顾

### （一）社会网络理论

在现实的评价过程中，评价者之间往往存在不同程度的关系，这种关系会在一定程度上影响各评价者的评价信息，特别是当评价者中存在较有威望的"意见领袖"或不同程度的利益关系时，前者往往会使评价信息呈现出同质化的特征，后者会迫使评价者"趋利避害"而做出不客观的评价。上述两类情形均会对综合评价的结果产生影响。

为此，如何测度、衡量和避免评价者之间网络关系对评价结果的影响，已成为评价领域内的一个重要问题。社会网络的引入为解决此类问题提供了一个有效工具。社会网络的概念最初由德国社会学家 Simmel 于 1908 年提出。该学者认为在互相信任关系的基础和前提下，个体之间逐渐形成一种固定的、牢靠的关系方式。随后，社会网络的概念也不断得到新的发展。Wu 和 Chiclana（2014）进一步对社会网络的定义进行概括和发展，认为社会网络应能够体现、反映和刻画网络内个体之间的联系，并指出一个基本的社会网络包括个体、个体的权重及个体间的关系。一般来说，社会网络中的个体作为社会网络中的节点，可以是个人、组织或国家。关系纽带间接或直接地把网络成员连接在一起（李梦楠和贾振全，2014）。将社会网络理论引入综合评价，为处理评价者之间的复杂社会网络关系提供了有力手段，并在多指标群组评价问题中得到广泛应用（陈晓红等，2020）。

总体而言，在综合评价领域，学者通过研究评价者之间的社会网络关系，进一步确定了各评价者在网络中的地位，以及网络中信任关系的传递机制。目前，国内外关于社会网络在评价领域的运用，可以概括为以下几个方面：研究群组评价者之间信任关系的传递、影响及变化情况，如 Wu 等（2016）基于统一模构建了信任传递算子。同时，三角模、三角余模在信任传递算子的构建中也得到了广泛运用（Liang et al.，2021；Zheng and Xu，2018；Wu et al.，2015）。关于群组评价者之间如何达成评价意见上的一致性，徐选华和张前辉（2020a）对群组评价过程中存在非合作型评价者时的一致性问题进行了研究；Dong 等（2017）提出了一种基于评价者权重、评价者信息两方面的双层调整机制。关于社会网络关系表现形式的研究，直觉模糊数、区间直觉模糊数、语义数等多种形式的模糊数已被运用于描述评价者之间的社会网络关系（Chen et al.，2020b；Zheng and Xu，2018；Xu et al.，2016；Ren et al.，2020）。此外，在社会网络环境下，部分学者还对评价信息缺失时的补全、异质社会网络下的评价框架构建等问题进行了研究（Wu et al.，2015，2019）。

## （二）后悔理论

自 20 世纪 70 年代以来，不确定条件下的评价理论研究取得了较快的发展，其中比较有代表性的就是后悔理论。面对日趋复杂的评价问题，评价者不仅关注过程中的利益变化，也注重评价结果产生后所带来的影响。以往单因素效用函数难以解释个体的非理性决策行为，是后悔理论产生的重要背景。为了能够更客观地反映评价过程中评价者的这种心态变化，Loomes 和 Sugden（1982）、Bell（1982）将后悔和欣喜因素纳入效用函数，提出了后悔理论。该理论的基本思想是：决策者在实际操作过程中不仅只考虑所选择的方案获得的收益，还关注其他没有被选中的方案可能获得的收益。当自己选中的方案收益低于其他方案可以获得的收益时，其内心就会产生后悔情绪，反之会产生欣喜情绪。因此，在评价过程中会对可能产生的后悔或欣喜情绪有所预期，对可能会产生后悔情绪的方案尽量避免，即力求后悔规避。后悔理论的提出为决策理论提供了新的工具。

根据后悔理论的性质，其在综合评价领域的运用目前主要包含以下几个方面。第一，用以解决风险型多指标评价问题。例如，张晓等（2014）基于指标值的效用值和后悔值构建了多指标评价模型，谭春桥和张晓丹（2019）基于后悔理论提出了用于多指标评价的 VIKOR 方法等。第二，在模糊综合评价中，部分学者将模糊数与后悔理论相结合，提出兼具二者优势的评价方法。例如，将区间直觉梯形模糊数（章恒全和涂俊玮，2018）、直觉语言信息（汪新凡和王坚强，2016）、犹豫模糊数（刘小弟等，2017）、三参数区间数（陈志旺等，2016）等模糊数形式与后悔理论相结合，分别构建了多指标评价框架。第三，后悔理论也被用于大群体下的多指标评价问题等领域（徐选华等，2018；张笛等，2019）。

## 第三节　本书研究内容与特色创新

### 一、本书主要内容与框架

本书撰写的基本思路是，基于模糊综合评价基本要素——指标（数据采集）与集成方法，对不同表达方式下（直觉模糊环境、毕达哥拉斯模糊环境、双层语言术语环境、概率犹豫模糊环境和混合环境）的综合评价技术进行探讨。研究框架详见图 1-1。

本书共有七章，主要研究内容如下。

第一章对模糊综合评价的概念及其发展进行了介绍，包括综合评价与模糊综合评价的概念、国内外关于模糊综合评价的拓展回顾，以及本书撰写的主要内容、基本框架与特色创新。

图 1-1 研究框架

第二章介绍了本书的理论基础，包括模糊集理论、算子理论及其他相关理论。其中，模糊集理论对国内外几种前沿的模糊集拓展形式进行了介绍，相关模糊集拓展形式是后续章节研究的基本要素；算子是指将多个模糊指标汇总成最终评价结果的集成方式，该章内容主要介绍了 OWA 算子的几种拓展；其他相关理论主要涉及本书后续章节所使用的社会网络理论、后悔理论、深度学习理论、协同过滤算法等。

第三章从直觉模糊环境对综合评价方法进行了拓展。直觉模糊集作为模糊集最为经典的一种拓展方法，是目前学界的研究热点。首先提出了直觉模糊环境下的几类拓展集成算子（包括直觉模糊混合平均几何算子及拓展、基于直觉语言模糊数的集成算子拓展等）。其次，为体现直觉模糊理论的应用广泛性，以工业工程中的混凝土材料评价为例，从能源的可持续性、经济性、舒适度和安全性等维度，提出了基于直觉语言混合加权对数平均距离（intuitionistic linguistic hybrid weighted logarithmic averaging distance，ILHWLAD）算子和基于直觉语言有序加权对数平均距离（intuitionistic linguistic ordered weighted logarithmic averaging distance，ILOWLAD）算子的评价框架，并进行了应用研究。最后，以我国制造业的数字化改革成效评估为例，从企业的管理、生产、营销角度构造了包含十个标准的评价指标体系，并考虑到专家之间的信任关系会影响专家决策结果，引入专家信任网络来获得专家的权重，形成了基于直觉模糊混合平均几何（intuitionistic fuzzy hybrid average and geometry，IFHAG）算子的多准则评估框架，对制造业企业在数字化改革中的问题进行了分析。

第四章从毕达哥拉斯模糊集角度对综合评价方法进行了拓展。首先，对传统的毕达哥拉斯模糊集进行了拓展，提出了毕达哥拉斯模糊有序加权对数平均距离（Pythagorean fuzzy ordered weighted logarithmic averaging distance，PFOWLAD）算子和毕达哥拉斯模糊诱导有序加权对数平均距离（Pythagorean fuzzy induced ordered weighted logarithmic averaging distance，PFIOWLAD）算子。其次，以垃圾处理厂选址问题为例，分别从成本、交通、对居民的影响以及与现有垃圾场的关系等角度，建立了基于 PFIOWLAD 算子的多指标评价框架。最后，为考虑决策者之间存在的社会联系以及因决策失误而产生的后悔情绪，分别引入了社会网络分析与后悔理论，给出了基于后悔理论与置信平方毕达哥拉斯模糊加权算术几何混合算子（squared-confidence Pythagorean fuzzy hybrid weighted arithmetic and geometric aggregation，SCPFHWAGA）的多准则评估框架，并将其应用于盐深仪设备的多指标综合评价问题，为进一步推进海洋实时在线监测工作，建立在线监测技术体系提供支撑。

第五章以综合推荐为研究对象，从双层语言术语集的角度进行了拓展与应用。首先，阐述了利用双层语言术语集表述用户评价信息的优势，给出了数据转化规则。其次，提出了基于双层语言术语集的协同过滤推荐算法，将该算法应用于亚马逊平台的用户对美食的评论数据，通过目标用户及其相似用户群体的过往历史评论信息的测度，给出相应的推荐意见。然后，利用不同双层语言术语元素之间的距离公式来构造损失函数，形成了基于双层语义术语集的深度神经网络推荐算法。将该算法应用于电影评论数据集，计算了模型的召回率、准确率和 F1 值与推荐电影数的关系，实现了目标用户的推荐。最后，提出了双层犹豫模糊语言有序加权平均距离测度，构建了基于模式识别的双层犹豫模糊语言推荐方法。借助用于新型冠状病毒感染（以下简称新冠病毒感染）的中药治疗方案，验证了方法的有效性。

第六章为概率犹豫模糊环境下的综合评价方法及应用。首先，对概率犹豫模糊数进行了拓展，提出了概率犹豫模糊加权对数距离算子。其次，引入社会网络理论，给出了概率犹豫模糊环境下的信任网络计算思路。然后，以城市土地整合选址为应用背景，构建了经济、社会和环境的多指标评价体系，给出了一种基于概率犹豫模糊多属性群决策的城市土地整合选址框架，并以杭州市为例进行了应用分析。最后，考虑可再生能源是发挥地区资源优势、优化能源消费结构的关键，借鉴"条件概率"思想，将评价者的信任关系与评价过程相结合，提出了融入社会网络的概率犹豫模糊评价模型，对风能、潮汐能、生物能、水能和太阳能等综合评价问题进行了探讨。

第七章研究了混合情形下的模糊综合评价问题。本章首先考虑到不同形式的模糊数各有特点，且在数据收集以及专家评价时可能存在多种形式共存的情况，提出了不同模糊数的融合机制。然后，考虑到传统的全乘比例分析多目标优化（multi-objective optimization by ratio analysis plus the full multiplicative form，MULTIMOORA）法忽略了属性权重的作用，且结论易受集成方法的影响，故从集成视角将其切割成比率法（代表补偿集成）、参照点法（代表非补偿集成）和全乘法形式（代表不同集成技术），并运用效用函数进行综合排序，提出了基于多目标优化的乘法型比率分析（multi-objective optimization based on the ratio analysis with the full multiplicative form-intuitionistic fuzzy number，MULTIMOORA-IFN）方法，并从能源存储技术的可达性（技术的可靠性与安全性）、经济性（考虑能源价格和相关技术安装成本等）和环境友好性（技术的可持续发展）等角度重构了能源存储技术的评估框架，对机械储能、化学储能、电化学储能、热储能、电储能等五类储能技术进行了应用实践。最后，考虑到风暴潮的发生特点、应急方案的行动要求及其社会属性，从方案的可行性、经济性和社会性三大维度，构建了针对风暴潮应急方案的综合评价指标体系，并基于梯形模糊数幂麦克劳林对称平均集成（trapezoidal fuzzy number power Maclaurin symmetric mean operator，TrFNPMSM）算子，分别在静态和动态环境下进行了综合评价。

## 二、本书研究方法

本书按照"模糊表达的问题—模糊数的理论拓展—模糊数的性质分析—应用研究—政策分析"的研究程式开展研究,涉及的研究方法因研究内容不同存在差异。

其中,在模糊表达的问题研究中,主要针对已有成果开展回顾分析,对现实评价活动开展的问题进行总结等,提炼出当前各类模糊表达存在的问题。因此,涉及的研究方法包括文献研究法、定性分析法和经验总结法。在模糊数的理论拓展研究中,为解决现有模糊数的问题,结合了其他领域的知识(如社会学中的社会网络分析、经济学中的后悔理论等),综合运用了数学、计算机等工具,对模糊数的各种改进进行了尝试。因此,涉及的研究方法包括跨学科研究法、探索性研究法和定量分析法。在模糊数的性质分析中,主要证明不同模糊数的单调性、可交换性、传递性等特性,故涉及的研究方法有数学方法和个案研究法。在应用研究中,本书以实际案例为背景,通过构建指标体系对提出的方法论进行应用,同时,为验证方法的有效性,还对不同方法的结果进行了比较分析。因此,涉及的研究方法有比较分析法和实证研究法。在政策分析中,对不同的研究结论下的政策研究结果进行总结,并给出对策分析和政策建议。因此,涉及的研究方法包括文献研究法、个案研究法和政策分析法。

## 三、本书特色与创新点

### (一)本书的特色

本书结合管理学、社会学、计算机等领域的相关概念,对传统模糊综合评价技术进行了拓展,具有跨学科交叉融合的特点。本书主要依据数据信息表现形式差异,提出了系列模糊数及其综合评价方法,相关基本思想源于管理科学与工程领域。此外,引入了社会网络理论(社会学)、深度学习理论(计算机)等,进一步完善了模糊综合评价理论体系。因此,本书相关内容具有多学科交叉融合的特色,对于丰富综合评价理论体系具有重要的作用。

本书在理论创新的基础上,突出强调方法的应用价值。为增强本书的可读性与应用价值,在重视理论创新的基础上,选取了大量社会、经济、环境以及重大突发事件等实际案例。通过构建相应的评价指标体系,以及采用专家咨询等方式多维度剖析应用案例,使得理论方法体系的应用价值得到显著提升。

### (二)本书的创新点

第一,从模糊数角度提出了系列集成算子,是关于指标集成理论的基础创新研究。数据信息形式及专家表达具有多样性，为更充分地融合不同形式的信息，本书在模糊集理论的基础上对 OWA 算子进行拓展，提出了 PFIOWLAD 算子、IFHAG 算子、SCPFHWAGA 算子等，并在此基础上形成了相应的多指标集成技术，是关于指标集成理论的基础创新性研究。

第二，将社会网络、后悔理论等引入多指标评价方法，是完善综合评价理论体系的基础创新性研究。考虑到评价过程中专家之间的关系（包括信任关系及其传递过程）、给出评价值后产生的后悔情绪、评价要素区域大规模等，引入了社会网络理论、后悔理论、深度学习理论等，对提升多指标评价方法的科学性和完善综合评价理论体系具有重要的创新意义。

第三，将多指标理论与决策方法融合，提出了系列综合评价框架，是关于经济统计理论的应用创新研究。本书以实际评价案例为背景，构建了涵盖指标体系设计、指标数据（各类不同形式的模糊数）、指标集成、结果稳健性检验等过程的一体化综合评价框架，对提升经济统计学的研究广度具有重要作用，相关内容是关于经济统计理论的应用创新研究。

# 第二章 理论基础

从综合评价的构成内容角度,基本要素包括了评价主体(包括主体权重、主体因素)、评价内容(指标)、集成方法和评估检验。本书主要从评价主体的信息表述或者指标的数据信息(对应的是模糊集理论及其拓展)角度和集成角度展开,故本章将对模糊集理论、算子理论以及在拓展中涉及的其他相关理论进行阐述。

## 第一节 模糊集理论

### 一、直觉模糊数

**定义 2-1** 设 $X=\{x_1,x_2,\cdots,x_n\}$ 是一个固定集合,则集合 $X$ 上的一个直觉模糊集 $A$ 为

$$A=\{\langle x,\mu_A(x),\nu_A(x)\rangle | x\in X\} \tag{2-1}$$

其中,$\mu_A(x)$ 和 $\nu_A(x)$ 分别为 $X$ 中元素 $x$ 属于 $A$ 的隶属度和非隶属度,$\mu_A(x)\in[0,1]$,$\nu_A(x)\in[0,1]$,且对 $\forall x\in X$ 满足条件 $0\leqslant \mu_A(x)+\nu_A(x)\leqslant 1$。

称 $\pi_A(x)=1-\mu_A(x)-\nu_A(x)$ 为集合 $X$ 中元素 $x$ 属于 $A$ 的犹豫度。显然,对于 $\forall x\in X$,$\pi_A(x)\in[0,1]$,可以将 $X$ 上的直觉模糊集 $A$ 看作全体直觉模糊数的集合,记为 IFS($X$)。为了方便起见,直觉模糊数通常表示为 $\alpha=(\mu_\alpha,\nu_\alpha)$。满足 $\mu_\alpha\in[0,1]$,$\nu_\alpha\in[0,1]$,$\mu_\alpha+\nu_\alpha\in[0,1]$,$\mu_\alpha(x)+\nu_\alpha(x)+\pi_\alpha(x)=1$。

**定义 2-2** 令 $\alpha_1=(\mu_{\alpha_1},\nu_{\alpha_1})$ 和 $\alpha_2=(\mu_{\alpha_2},\nu_{\alpha_2})$ 为两个直觉模糊数,有

(1)若 $s(\alpha_1)>s(\alpha_2)$,则 $\alpha_1>\alpha_2$。

(2)若 $s(\alpha_1)=s(\alpha_2)$,且 $h(\alpha_1)>h(\alpha_2)$,则 $\alpha_1>\alpha_2$。

(3)若 $s(\alpha_1)=s(\alpha_2)$,且 $h(\alpha_1)=h(\alpha_2)$,则 $\alpha_1=\alpha_2$。

其中,$s(\alpha)=\mu_\alpha-\nu_\alpha$ 为 $\alpha$ 的得分函数,$h(\alpha)=\mu_\alpha+\nu_\alpha$ 为 $\alpha$ 的精度函数,$s(\alpha)\in[-1,1]$。

**定义 2-3** 设直觉模糊数 $\alpha=(\mu_\alpha,\nu_\alpha)$,$\beta=(\mu_\beta,\nu_\beta)$,定义 $\alpha$ 和 $\beta$ 之间的直觉模糊距离为

$$\mathrm{dis}(\alpha,\beta)=\frac{|\mu_\alpha-\mu_\beta|+|\nu_\alpha-\nu_\beta|}{2} \tag{2-2}$$

**定义 2-4** 设直觉模糊数 $\alpha=(\mu_\alpha,\nu_\alpha)$，$\beta=(\mu_\beta,\nu_\beta)$，定义 $\alpha$ 和 $\beta$ 之间的汉明距离为（Szmidt and Kacprzyk，2001）

$$\mathrm{dis}(\alpha,\beta)=\frac{1}{2}\left(|\mu_\alpha-\mu_\beta|+|\nu_\alpha-\nu_\beta|+|\pi_\alpha-\pi_\beta|\right) \tag{2-3}$$

**定义 2-5** 设直觉模糊数 $\alpha=(\mu_\alpha,\nu_\alpha)$，$\beta=(\mu_\beta,\nu_\beta)$，定义 $\alpha$ 大于等于 $\beta$ 的可能度为

$$p(\alpha\geqslant\beta)=\max\left\{1-\max\left\{\frac{1-\nu_\beta-\mu_\alpha}{\pi_\alpha+\pi_\beta},0\right\},0\right\} \tag{2-4}$$

## 二、直觉语言模糊数

### （一）语言数

语言型数据是指在评价某一特征时以自然语言短语的形式表达。设 $S=\{S_\alpha\mid\alpha=0,1,2,\cdots,k-1\}$ 为有序语言项集合。其中，$k$ 为奇数，$S_\alpha$ 表示集合 $S$ 的第 $\alpha$ 个语言变量。例如，取 $k=7$，集合 $S$ 可以表示为 $S=\{S_0, S_1, S_2, S_3, S_4, S_5, S_6\}=\{$非常差，比较差，差，中等，好，比较好，非常好$\}$。

一般情况下，任何语言变量 $S_\alpha$ 都要满足以下运算规则。

（1）可逆性。存在逆算子，即满足：$\mathrm{neg}(S_i)=S_{k-1-i}$。

（2）有序性。当且仅当 $i\geqslant j$，$S_i\geqslant S_j$。

（3）最大算子。若 $i\geqslant j$，那么 $\max(S_i,S_j)=S_i$。

（4）最小算子。若 $i\geqslant j$，那么 $\min(S_i,S_j)=S_j$。

### （二）直觉语言模糊集

**定义 2-6** 设 $X$ 为一个非空集合，在 $X$ 上的直觉语言模糊集（intuitionistic linguistic fuzzy sets，ILFSs）$A$ 表示为

$$A=\left\{\left\langle x\left[S_{\theta(x)},(\mu_A(x),\nu_A(x))\right]\right\rangle\mid x\in X\right\} \tag{2-5}$$

其中，$S_{\theta(x)}$ 为语言集 $S$ 的一个语言变量，表示元素 $x$ 的语言评价值。$\mu_A(x)$ 和 $\nu_A(x)$ 分别为元素 $x$ 属于语言变量 $S_{\theta(x)}$ 的隶属度和非隶属度，且满足 $\mu_A(x)\in[0,1]$，$\nu_A(x)\in[0,1]$ 和 $0\leqslant\mu_A(x)+\nu_A(x)\leqslant 1$。为便于理解，直觉语言模糊集通常表示为 $\left\langle S_{\theta(x)},(\mu_A(x),\nu_A(x))\right\rangle$。

特别地，对任何在集合 $X$ 上的直觉语言模糊集 $A$，有
$$\pi_A(x) = 1 - \mu_A(x) - v_A(x) \tag{2-6}$$
式（2-6）说明了元素 $x$ 属于语言变量 $S_{\theta(x)}$ 的犹豫度。

### （三）直觉二元语义模糊数

**定义 2-7** 设 $S = \{S_0, \cdots, S_g\}$ 为语言集，$\beta \in [0, g]$ 是多个语言变量经过集合运算后得到的最终语言变量的下标值，则通过 $\Delta$ 函数得到与 $\beta$ 等价的二元语义信息（two-tuple linguistic，2TLs）为
$$\Delta : [0, g] \to S \times [-0.5, 0.5)$$
$$\Delta(\beta) = (S_i, \alpha) = \begin{cases} S_i, & i = \text{round}(\beta) \\ \alpha = \beta - i, & \alpha \in [-0.5, 05) \end{cases} \tag{2-7}$$
其中，round(·) 通常为四舍五入取整运算。$S_i$ 为最接近于 $\beta$ 的语言术语，符号转换值 $\alpha$ 为语言术语 $S_i$ 和集合运算后的语言评价值 $\beta$ 之间的误差。

**例 2-1** 假设 $S = \{S_0, S_1, S_2, S_3, S_4, S_5, S_6\}$ 为一个语言集，并且其中的语言术语值经过集合运算后得到 $\beta = 3.6$。进一步确定其二元语义信息。

此时，可利用式（2-7）得到 $i = \text{round}(3.6) = 4$，即对应的语言集为 $S_4$。进一步，$\alpha = 3.6 - 4 = -0.4$，故通过 $\Delta$ 函数得到与 $\beta$ 等价的二元语义信息为 $\Delta(3.6) = (S_4, -0.4)$。

**定义 2-8** 设 $S = \{S_0, \cdots, S_g\}$ 为语言集，$(S_i, \alpha)$ 是一个二元语义。总是存在 $\Delta^{-1}$ 函数，使得二元语义返回到对应的数值 $\beta \in [0, g] \subset R$，即
$$\Delta^{-1} : S \times [-0.5, 0.5) \to [0, g]$$
$$\Delta^{-1}(S_i, \alpha) = \alpha + i = \beta \tag{2-8}$$

从定义 2-7 和定义 2-8 可以看出，语言集中的某一个语言术语转换成一个二元语义术语，即在原语言术语基础上添加一个 0 作为符号转移值，满足：$S_i \in S \Rightarrow (S_i, 0)$。

假设 $(S_i, \alpha_i)$ 和 $(S_j, \alpha_j)$ 分别为两个二元语义，则满足以下运算规则。

（1）有序性。若 $i < j$，那么 $(S_i, \alpha_i) < (S_j, \alpha_j)$；若 $i = j$，且 $\alpha_i = \alpha_j$，则 $(S_i, \alpha_i)$ 和 $(S_j, \alpha_j)$ 所代表的语言信息是相等的；若 $i = j$，且 $\alpha_i < \alpha_j$，则 $(S_i, \alpha_i) < (S_j, \alpha_j)$；若 $i = j$，且 $\alpha_i > \alpha_j$，则 $(S_i, \alpha_i) > (S_j, \alpha_j)$。

（2）可逆性。存在逆算子，满足：$\text{Neg}((S_i, \alpha)) = \Delta\left(g - \left(\Delta^{-1}(S_i, \alpha)\right)\right)$。

## 三、双层语言数与双层犹豫模糊语言数

### （一）双层语言数

语言术语集通常用于表示评价的评估信息，如"低"、"中"或"高"。但是，其对评价信息的概括并不准确，信息损失明显，如"只有一点低"或"非常高"。因此，Gou 等（2017）提出了双层语言术语集。第一层语言术语集给出了简单而基本的评价结果，第二层语言术语集对每个语言术语进行了详细的补充。

**定义 2-9** 设 $S=\{s_\alpha|\alpha=-\varepsilon,\cdots,-1,0,1,\cdots,\varepsilon\}$ 为第一层语言术语集，$O=\{o_\beta|\beta=-\delta,\cdots,-1,0,1,\cdots,\delta\}$ 为第二层语言术语集，且两者完全独立，则双层语言术语集（double linguistic term sets，DLTSs）定义为

$$S_O=\{s_{\alpha\langle o_\beta\rangle}|\alpha=-\varepsilon,\cdots,-1,0,1,\cdots,\varepsilon;\beta=-\delta,\cdots,-1,0,1,\cdots,\delta\} \tag{2-9}$$

其中，称 $s_{\alpha\langle o_\beta\rangle}$ 为双层语言术语。$s_\alpha$ 和 $o_\beta$ 分别为第一层和第二层语言术语。

例如，假设 $\varepsilon=3$ 且 $\delta=2$，则第一层语言术语集为 $S=\{s_{-3}$=极低，$s_{-2}$=很低，$s_{-1}$=低，$s_0$=中等，$s_1$=高，$s_2$=很高，$s_3$=极高$\}$，第二层语言术语集为 $O=\{o_{-2}$=远非，$o_{-1}$=有点，$o_0$=正好，$o_1$=非常，$o_2$=完全$\}$。通过双层语言术语集，可以描述"有点高"、"非常高"和"介于有点低和正好中等之间"等语言数。

### （二）双层犹豫模糊语言术语集

在此基础上，在犹豫模糊环境下定义了双层犹豫模糊语言术语集（Gou et al.，2017）。

**定义 2-10** 设 $S_O=\{s_{\alpha\langle o_\beta\rangle}|\alpha=-\varepsilon,\cdots,-1,0,1,\cdots,\varepsilon;\beta=-\delta,\cdots,-1,0,1,\cdots,\delta\}$ 是一个双层语言术语集，$Z$ 是一个给定的集合，则双层犹豫模糊语言术语集是从 $Z$ 到 $S_O$ 的一个子集的映射函数，其数学表达式为

$$H_{S_O}=\{\langle z_i,h_{S_O}(z_i)\rangle|z_i\in Z\} \tag{2-10}$$

其中，$h_{S_O}(z_i)$ 为语言变量 $z_i$ 到 $S_O$ 的可能程度，是双层犹豫模糊语言元素（double hierarchy hesitate fuzzy linguistic elements，DHHFLEs），在一个双层犹豫模糊语言元素中，双层语言术语按照递增顺序排列，满足：$h_{S_O}(z_i)=\{s_{\mu_m\langle o_{vm}\rangle}(z_m)|s_{\mu_m\langle o_{vm}\rangle}\in S_O\}$（$m=1,2,\cdots,M$，$\mu_m=-\varepsilon,\cdots,0,\cdots,\varepsilon$，$v_m=-\delta,\cdots,0,\cdots,\delta$）。$s_{\mu_m\langle o_{vm}\rangle}(z_m)$（$m=1,2,\cdots,M$）是 $S_O$ 里的连续术语且 $M$ 是双层语言术语的个数。

**定义 2-11** 设 $\overline{S}_O=\{s_{\alpha\langle o_\beta\rangle}|\alpha\in[-\varepsilon,\varepsilon];\beta\in[-\delta,\delta]\}$ 为连续的双层语言术语集，

$h_{S_O} = \{s_{\mu_m \langle o_{vm} \rangle} | s_{\mu_m \langle o_{vm} \rangle} \in \overline{S}_O\}$ 为双层犹豫模糊语言元素，$h_\eta = \{\eta_m | \eta_m \in [0,1];$ $m = 1, 2, \cdots, M\}$ 表示一个犹豫模糊集。通过单调函数 $f$，下标 $(\mu_m, v_m)$ 可以转换为具有等价信息的数值标度 $\eta_m$（Gou et al.，2017；Fu and Liao，2019）：

$$f : [-\varepsilon, \varepsilon] \times [-\delta, \delta] \to [0,1]$$
$$f(\mu_m, v_m) = \frac{\mu_m + (\varepsilon + v_m)\delta}{2\varepsilon\delta} = \eta_m \tag{2-11}$$

基于 $f$、$h_{S_O}$ 和数值标度集合 $\eta_m$ 的单调函数 $F$ 为 $F : U \times V \to \Pi$

$$F(h_{S_O}) = F\left(\{s_{\mu_m \langle o_{vm} \rangle} | s_{\mu_m \langle o_{vm} \rangle} \in \overline{S}_O; m = 1, 2, \cdots, M; \mu_m \in [-\varepsilon, \varepsilon]; v_m \in [-\delta, \delta]\}\right)$$
$$= \{\eta_m | \eta_m = f(\mu_m, v_m); m = 1, 2, \cdots, M\} = h_\eta \tag{2-12}$$

其中，$U \times V$ 和 $\Pi$ 分别为所有双层犹豫模糊语言元素的集合和数值标度，特别地，当双层犹豫模糊语言元素 $h_{S_O}$ 仅含有一个双层语言术语时，函数 $F$ 退化为函数 $F'$：

$$F' : \overline{S}_O \to [0,1], \ F'(h_{S_O}) = f(\mu, v) = \eta \tag{2-13}$$

**定义 2-12** 令 $\#h_{S_O}^1$ 和 $\#h_{S_O}^2$ 分别表示 $h_{S_O}^1$ 和 $h_{S_O}^2$ 的双层犹豫语言术语集个数，满足 $\#h_{S_O}^1 = \#h_{S_O}^2 = M$。若设 $h_{S_O}^i = \{s_{\mu_m \langle o_{vm} \rangle}^i | s_{\mu_m \langle o_{vm} \rangle}^i \in S_O; m = 1, 2, \cdots, \#h_{S_O}^i\}$ $(i = 1, 2)$ 为两个双层犹豫模糊语言元素，则 $h_{S_O}^1$ 和 $h_{S_O}^2$ 的广义距离为

$$d_{\text{DHHFL}}\left(h_{S_O}^1, h_{S_O}^2\right) = \left(\frac{1}{M}\sum_{m=1}^{M}\left|F'\left(s_{\mu_m \langle o_{vm} \rangle}^1\right) - F'\left(s_{\mu_m \langle o_{vm} \rangle}^2\right)\right|^\lambda\right)^{\frac{1}{\lambda}} \tag{2-14}$$

其中，$\lambda > 0$；$F'$ 为一个单调函数；$s_{\mu_m \langle o_{vm} \rangle}^1$ 和 $s_{\mu_m \langle o_{vm} \rangle}^2$ 分别为 $h_{S_O}^1$ 和 $h_{S_O}^2$ 中第 $m$ 大的值。

特别地，令 $\lambda = 2$，则 $h_{S_O}^1$ 和 $h_{S_O}^2$ 间的距离即为欧氏距离：

$$d_{\text{DHHFL}}\left(h_{S_O}^1, h_{S_O}^2\right) = \left(\frac{1}{M}\sum_{m=1}^{M}\left|F'\left(s_{\mu_m \langle o_{vm} \rangle}^1\right) - F'\left(s_{\mu_m \langle o_{vm} \rangle}^2\right)\right|^2\right)^{\frac{1}{2}} \tag{2-15}$$

### 四、概率犹豫模糊数

自 Torra（2010）提出犹豫模糊集概念以来，已被广泛应用于社会经济各领域的评价问题中（武文颖等，2017）。在犹豫模糊的基础上，犹豫模糊元的概念被提出（Xu and Xia，2011）。但是，犹豫模糊元中各可能值的概率是相等的。为此，Xu 和 Zhou（2017）提出了对可能值使用不同概率的概率犹豫模糊集的概念。

**定义 2-13**  令 $X$ 表示 $x_i$ 的一个集合，概率犹豫模糊集 $H_p$ 的定义为

$$H_p = \{\langle x_i, h(p_x) \rangle | x_i \in X\} \tag{2-16}$$

其中，$h(p_x) = \{\gamma^\lambda(p^\lambda); \lambda = 1, 2, \cdots, l\}$ 为由一组概率犹豫模糊元所构成的集合；$l$ 为 $h(p_x)$ 中元素的数量；$\gamma^\lambda$ 为隶属度的不同取值，$\gamma^\lambda \in [0,1]$。$p^\lambda$ 为不同的隶属度 $\gamma^\lambda$ 所对应的概率，且 $p^\lambda \in [0,1]$，$\sum_{\lambda=1}^{l} p^\lambda = 1$。

## 五、梯形模糊数

**定义 2-14**  若 $0 < a < b < c < d$，则 $A = [a,b,c,d]$ 为一个梯形模糊数，其特征函数（隶属函数）可表示为

$$\mu_A(x) = \begin{cases} 0, & x \leq a \\ (x-a)/(b-a), & a < x \leq b \\ 1, & b < x \leq c \\ (x-d)/(c-d), & c < x \leq d \\ 0, & x > d \end{cases} \tag{2-17}$$

显然，当 $a = b = c = d$ 时，梯形模糊数 $A$ 即为实数；当 $a = b$ 且 $c = d$ 时，梯形模糊数 $A$ 即为区间模糊数；当 $b = c$ 时，梯形模糊数 $A$ 即为三角模糊数。

**定义 2-15**  设 $A_1 = [a_1, b_1, c_1, d_1]$ 和 $A_2 = [a_2, b_2, c_2, d_2]$ 是两个梯形模糊数，$k$ 是一个实数，则有

（1）模糊加法：$A_1 + A_2 = [a_1 + a_2, b_1 + b_2, c_1 + c_2, d_1 + d_2]$。

（2）模糊减法：$A_1 - A_2 = [a_1 - a_2, b_1 - b_2, c_1 - c_2, d_1 - d_2]$。

（3）模糊乘法：$A_1 \times A_2 = [a_1 \times a_2, b_1 \times b_2, c_1 \times c_2, d_1 \times d_2]$。

（4）模糊数乘：$kA_1 = [ka_1, kb_1, kc_1, kd_1]$。

**定义 2-16**  给定 $n \in \mathbb{N}$，设梯形模糊数 $A = [a,b,c,d]$，其中，$0 < a < b < c < d$，梯形模糊集的横向和纵向中心坐标公式 $(\bar{x}_A(n), \bar{y}_A(n))$ 为（王钦和李贵春，2017）

$$\begin{cases} \bar{x}_A(n) = \dfrac{a+d}{2} + \dfrac{1}{6}(b+c-(a+d))\left(2 + \dfrac{1}{n}\right) \\ \bar{y}_A(n) = \dfrac{1}{3n}\left[\sum_{i=1}^{n-1}\left(1 + \dfrac{(d-a) - \dfrac{i}{n}(b+d-(a+c))}{2(d-a) - \dfrac{2i-1}{n}(b+d-(a+c))}\right) + \left(1 + \dfrac{n(c-b)}{d-a+(2n-1)(c-b)}\right)\right] \end{cases}$$

$$\tag{2-18}$$

若令 $K_n(A)$ 为 $A$ 的 $n$-级中心平均排序指标，则有

$$K_n(A) = \frac{1}{2}\text{sgn}(\bar{x}_A(n))\left(\sqrt{\bar{x}_A^2(n) + \bar{y}_A^2(n)} + |\bar{x}_A(n)\bar{y}_A(n)|\right) \quad (2\text{-}19)$$

其中，sgn(·)类似于符号函数，满足 sgn(0)=1。若对梯形模糊数进行排序或比较，则在实际应用中选取的 $n$ 值越小越好。令 $n=1$，得到的中心坐标 $(\bar{x}_A(n), \bar{y}_A(n))$ 为

$$\begin{cases} \bar{x}_A(1) = \dfrac{a+d}{2} + \dfrac{1}{2}(b+c-(a+d)) \\ \bar{y}_A(1) = \dfrac{1}{3}\left(1 + \dfrac{(c-b)}{d-a+(c-b)}\right) \end{cases} \quad (2\text{-}20)$$

此时，式（2-19）转化为

$$K_1(A) = \frac{1}{2}\text{sgn}(\bar{x}_A(1))\left(\sqrt{\bar{x}_A^2(1) + \bar{y}_A^2(1)} + |\bar{x}_A(1)\bar{y}_A(1)|\right) \quad (2\text{-}21)$$

**定义 2-17** 设 $A_1 = [a_1, b_1, c_1, d_1]$ 和 $A_2 = [a_2, b_2, c_2, d_2]$ 是两个梯形模糊数，且存在最小 $n \in \mathbb{N}$，使 $K_n(A_1) \neq K_n(A_2)$，则梯形模糊数的指标排序准则为：若 $K_n(A_1) < K_n(A_2)$，则 $A_1 < A_2$；若 $K_n(A_1) > K_n(A_2)$，则 $A_1 > A_2$；若 $\forall n \in \mathbb{N}$，恒有 $K_n(A_1) = K_n(A_2)$，则不能排序，记为 $A_1 \sim A_2$。

**定义 2-18** 设 $A_1 = [a_1, b_1, c_1, d_1]$ 和 $A_2 = [a_2, b_2, c_2, d_2]$ 是两个梯形模糊数，则两者之间的距离为

$$d(A_1, A_2) = E(|A_1 - A_2|) = \frac{1}{4}(|a_1 - d_2| + |b_1 - c_2| + |c_1 - b_2| + |d_1 - a_2|) \quad (2\text{-}22)$$

### 六、三角模糊数

**定义 2-19** 若 $0 < a^L < a^M < a^U$，称 $a = [a^L, a^M, a^U]$ 为一个三角模糊数。其特征函数（隶属函数）可表示为

$$\mu_a(x) = \begin{cases} x - a^L / a^M - a^L, & a^L \leqslant x \leqslant a^M \\ x - a^U / a^M - a^U, & a^M \leqslant x \leqslant a^U \\ 0, & \text{其他} \end{cases} \quad (2\text{-}23)$$

显然，当 $a^L = a^M = a^U$ 时，三角模糊数 $a$ 即为实数；两个三角模糊数 $a = [a^L, a^M, a^U]$ 和 $b = [b^L, b^M, b^U]$ 称为相等的，当且仅当 $a^L = b^L$，$a^M = b^M$，$a^U = b^U$，记为 $a = b$。

若将三角模糊数转换成梯形模糊数，则其转换公式为

$$\ddot{x} = (x_a, x_b, x_c, x_d) = (a^L, a^M, a^M, a^U) \quad (2\text{-}24)$$

其中，梯形模糊数取值范围的下界为 $a^L$，上界为 $a^U$，闭区间 $[a^{ML}, a^{MU}]$ 为 $\ddot{x}$ 的

最可能取值区间。

## 第二节 算子理论

### 一、有序加权平均距离算子

OWA 算子提出以来，在社会经济各领域得到了广泛应用。在该算子的激发下，Merigó 和 Gil-Lafuente（2010）提出了有序加权平均距离（ordered weighted averaging distance，OWAD）算子。

**定义 2-20** 令 $A=(a_1,a_2,\cdots,a_n)$ 和 $B=(b_1,b_2,\cdots,b_n)$ 为两个明确集，$d_i=|a_i-b_i|$ 为 $a_i$ 和 $b_i$ 之间的距离，则 OWAD 算子的定义如下：

$$\text{OWAD}(A,B)=\text{OWAD}(d_1,d_2,\cdots,d_n)=\sum_{j=1}^{n}w_j d_{\sigma(j)} \quad (2\text{-}25)$$

其中，$d_{\sigma(j)}(j=1,2,\cdots,n)$ 表示所有距离 $d_j(j=1,2,\cdots,n)$ 中第 $j$ 大的值。$d_{\sigma(j)}$ 对应的权重为 $w_j$，满足条件 $0\leqslant w_j \leqslant 1$ 且 $\sum_{j=1}^{n}w_j=1$。

### 二、加权对数平均距离算子

**定义 2-21** 设 $n$ 维加权对数平均距离（weighted logarithmic averaging distance，WLAD）算子：$R^n\times R^n\to R$，$x=\{x_1,x_2,\cdots,x_n\}$ 和 $y=\{y_1,y_2,\cdots,y_n\}$ 为两组变量集合，对应的权重向量为 $W=\{w_1,w_2,\cdots,w_n\}$，并且满足 $\sum_{i=1}^{n}w_i=1$ 和 $w_i\in[0,1]$，那么 WLAD 算子为

$$\text{WLAD}(x_1,x_2,\cdots,x_n;y_1,y_2,\cdots,y_n)=\exp\left\{\sum_{i=1}^{n}w_i\ln(d_i)\right\} \quad (2\text{-}26)$$

其中，$d_i=|x_i-y_i|$ 为 $x_i$ 和 $y_i$ 之间的距离。

### 三、有序加权对数平均距离算子

在 OWAD 算子的概念提出之后不久，Zhou 等（2012）提出了一种广义对数比例平均算子。结合 OWAD 算子，有序加权对数平均距离（ordered weighted logarithmic averaging distance，OWLAD）算子进一步被提出（Alfaro-García et al.，2018），其定义如下。

**定义 2-22** 令 $A=(a_1,a_2,\cdots,a_n)$ 和 $B=(b_1,b_2,\cdots,b_n)$ 为两个明确集，$d_i=$

$|a_i - b_i|$ 为 $a_i$ 和 $b_i$ 之间的距离。则 OWLAD 算子计算方法为

$$\text{OWLAD}(A,B) = \text{OWLAD}(d_1, d_2, \cdots, d_n) = \exp\left(\sum_{j=1}^{n} w_j \ln(d_{\sigma(j)})\right) \quad (2\text{-}27)$$

其中，$d_{\sigma(j)}(j=1,2,\cdots,n)$ 和 $w_j$ 与定义 2-20 中的参数具有相同的含义。

OWLAD 算子具有诸多数理性质，如有界性、交换性、幂等性和单调性等（Wu et al.，2017），本节不再具体解释。虽然目前 OWLAD 算子被广泛运用于多指标群评价问题中，但是这一算子聚焦于集成明确集，尚不能用来处理和解决直觉模糊等信息。

### 四、诱导有序加权对数平均距离算子

基于诱导有序加权平均（induced ordered weighted averaging，IOWA）算子的复杂排序机制，Alfaro-García 等（2019）提出了诱导有序加权对数平均距离（induced ordered weighted logarithmic averaging distance，IOWLAD）算子。

**定义 2-23** 令 $P = \{p_1, p_2, \cdots, p_n\}$ 和 $Q = \{q_1, q_2, \cdots, q_n\}$ 为两个变量集合，$d_j = |p_j - q_j|$ $(j=1,2,\cdots,n)$ 为 $p_j$ 和 $q_j$ 之间的距离，诱导权重向量为 $U = \{u_1, u_2, \cdots, u_n\}$，则 IOWLAD 算子可定义为

$$\begin{aligned}\text{IOWLAD}(P,Q) &= \text{IOWLAD}(\langle u_1, p_1, q_1\rangle, \langle u_2, p_2, q_2\rangle, \cdots, \langle u_n, p_n, q_n\rangle) \\ &= \exp\left(\sum_{j=1}^{n} w_j \ln\left(d_{\varsigma(j)}\right)\right)\end{aligned} \quad (2\text{-}28)$$

其中，算子的相对权重为 $w = \left\{w_j \middle| \sum_{j=1}^{n} w_j = 1, 0 \leqslant w_j \leqslant 1\right\}$；$d_{\varsigma(j)}$ 为 $d_j$ 按诱导权重向量 $U = \{u_1, u_2, \cdots, u_n\}$ 的降序顺序重新排列的值。

### 五、幂平均和麦克劳林对称平均集成算子

#### （一）幂平均算子

幂平均（power average，PA）算子由 Yager（2001）提出，可以通过输入变量之间的相互作用来消除负效应。

**定义 2-24** 对于实数集合 $(b_1, b_2, \cdots, b_n)(b_j \geqslant 0, j=1,2,\cdots,n)$，称为 PA，则需满足：

$$\mathrm{PA}(b_1, b_2, \cdots, b_n) = \frac{\sum_{j=1}^{n}(1+T(b_j))b_j}{\sum_{j=1}^{n}(1+T(b_j))} \quad (2\text{-}29)$$

其中，$T(b_j) = \sum_{\substack{k=1 \\ k \neq j}}^{n} \mathrm{Sup}(b_j, b_k)$，$\mathrm{Sup}(b_j, b_k) = 1 - D(b_j, b_k)$，$D(b_j, b_k)$ 为 $b_j$ 和 $b_k$ 的距离。这里，$\mathrm{Sup}(b_j, b_k)$ 和 $\mathrm{Sup}(b_k, b_j)$ 是 $b_k$ 对 $b_j$ 的支持度，具有以下性质。

（1）$\mathrm{Sup}(b_j, b_k) = \mathrm{Sup}(b_k, b_j)$。

（2）$0 \leqslant \mathrm{Sup}(b_j, b_k) \leqslant 1$。

（3）若 $|b_i - b_l| > |b_j - b_k|$，则 $\mathrm{Sup}(b_j, b_k) < \mathrm{Sup}(b_k, b_j)$。

（二）麦克劳林对称平均算子

麦克劳林于 1729 年最先提出了麦克劳林对称平均（Maclaurin symmetric mean，MSM）算子，它是一种用来模拟评价中的相互关系现象的有效工具。

**定义 2-25** 对于实数集合 $(b_1, b_2, \cdots, b_m)(b_j \geqslant 0, j = 1, 2, \cdots, m)$，且 $k$ 为非负整数。MSM 算子满足：

$$\mathrm{MSM}^{(k)}(b_1, b_2, \cdots, b_m) = \left( \frac{\sum_{1 \leqslant i_1 < \cdots < i_k \leqslant m} \prod_{l=1}^{k} b_{i_l}}{C_m^k} \right)^{\frac{1}{k}} \quad (2\text{-}30)$$

其中，$C_m^k$ 为一个二次项系数；$(i_1, i_2, \cdots, i_k)$ 为 $(1, 2, \cdots, m)$ 任意一个 $k$ 字节的组合。不难理解，MSM 算子具有以下性质。

（1）$\mathrm{MSM}^{(k)}(0, 0, \cdots, 0) = 0$，$\mathrm{MSM}^{(k)}(b, b, \cdots, b) = b$。

（2）对任何 $j$，若 $b_j \leqslant c_j$，则 $\mathrm{MSM}^{(k)}(b_1, b_2, \cdots, b_m) \leqslant \mathrm{MSM}^{(k)}(c_1, c_2, \cdots, c_m)$。

（3）$\mathrm{MSM}^{(k)}(b_1, b_2, \cdots, b_m) \in \left[ \min(b_j), \max(b_j) \right]$。

## 第三节 其他相关理论

### 一、社会网络理论

社会网络能够体现各单位之间的联系。一个基本的社会网络由各单位、各单位的权重及单位间的关系组成（Wu and Chiclana，2014；Wu et al.，2017）。社会网络有三种常见的表示形式：网络关系图、代数式、社会关系矩阵。图 2-1 描述了社会网络的三种表现形式。

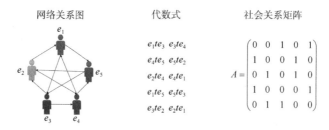

图 2-1　社会网络的表现形式

（1）网络关系图：网络被认为是一个图，由线连接的节点组成。

（2）代数式：允许区分几个不同的关系，并表示关系的组合。

（3）社会关系矩阵：关系数据通常以称为社会矩阵的双向矩阵呈现。

后续章节采用其中的网络关系图表示形式，即社会网络是由一组节点 $E$ 和一组边 $L$ 组成的社会结构，其中节点 $i$ 代表个体或组织。此处，节点即代表评价者 $E=\{e_1,e_2,\cdots,e_m\}$ 中的 $e_i$，有向边代表节点之间的信任关系。被箭头所指的点，表示被信任的专家。比如，由 $e_1$ 出发到 $e_5$ 的有向边，表示专家 $e_1$ 与 $e_5$ 有联系且专家 $e_1$ 信任 $e_5$。

**定义 2-26**　信任函数表示为 $\lambda=\langle t,d\rangle$，其中 $0\leqslant t\leqslant 1$，$0\leqslant d\leqslant 1$，$t^2+d^2\leqslant 1$。其中，$t$ 为信任程度；$d$ 为不信任程度。

**定义 2-27**　信任得分可计算如下：

$$\mathrm{TS}(\lambda)=t^2-d^2 \tag{2-31}$$

TS 值越大，表示信任程度越高。

社会网络中专家之间的信任信息通常是不完整的，任何两个专家之间的未知信任关系都需要通过已知信任关系来获得。例如，如果 $e_1$ 和 $e_3$ 之间的信任函数是已知的，而 $e_3$ 和 $e_4$ 之间的信任函数是已知的，那么 $e_1$ 和 $e_4$ 之间的信任函数就很容易得到。因此，定义了如下信任传递方程。

**定义 2-28**　若 $e_1$ 与 $e_2$ 的信任关系为 $\lambda_1=\langle t_1,d_1\rangle$，$e_2$ 与 $e_3$ 的信任关系为 $\lambda_2=\langle t_2,d_2\rangle$，那么，$e_1$ 与 $e_3$ 的信任关系满足：

$$\mathrm{TP}(\lambda_1,\lambda_2)=\left\langle\frac{t_1\times t_2}{1+(1-t_1)(1-t_2)},\frac{d_1+d_2}{1+d_1\times d_2}\right\rangle \tag{2-32}$$

其中，$t_1,d_1,t_2,d_2\in[0,1]$。

## 二、后悔理论

Loomes 和 Sugden（1982）、Bell（1982）分别提出了后悔理论，它是继前景理论之后的一种行为评价理论。后悔理论的基本思想为：评价者在实际操作过程中不仅考虑其所选择的方案最终获得的结果收益，还关注其他没有被选中的方案最终可能获得的结果收益。如果自己选中的方案收益低于其他方案可以获得的结果收益，那么评价者内心就会产生后悔情绪，反之会产生欣喜情绪。因此，评价者在评价时会对可能产生的后悔或欣喜有所预期，对可能会产生后悔情绪的方案尽量避免，即力求后悔规避。

**定义 2-29** 令 $x$ 为变量，效益指标的效用函数 $v(x)$ 满足：

$$v(x) = \frac{1 - e^{-\alpha x}}{\alpha} \tag{2-33}$$

其中，$\alpha$ 为评价者的风险规避系数，$0 < \alpha < 1$。$\alpha$ 越大，评价者的风险规避程度越高。

**定义 2-30** 令 $x$ 为变量，损失指标的效用函数 $v(x)$ 满足：

$$v(x) = \frac{1 - e^{\beta x}}{\beta} \tag{2-34}$$

其中，$\beta$ 为评价者的风险规避系数，$0 < \beta < 1$。$\beta$ 越大，评价者的风险规避程度越高。

显然，效用函数 $v(x)$ 是一个单调递增的凹函数，且满足一阶导数小于 0，二阶导数也小于 0。

**定义 2-31** 设 $X = [X^-, X^+]$ 为某一标准的取值，则 $X$ 的效用值如下：

$$V = \int_{X^-}^{X^+} v(x) f(x) dx \tag{2-35}$$

其中，$f(x)$ 为概率密度函数，采用正态分布形式。

当 $x$ 服从 $N(\mu, \sigma^2)$ 时，根据概率论中的 $3\sigma$ 准则，$x$ 在区间 $[X^-, X^+]$ 内的概率为 99.73%，即 $\mu = \frac{X^- + X^+}{2}$，$\sigma = \frac{X^+ - X^-}{6}$。$x$ 的概率密度函数为

$$f(x) = \frac{1}{\sqrt{2\pi}\sigma} e^{-\frac{(x-\mu)^2}{2\sigma^2}} \tag{2-36}$$

**定义 2-32** 后悔-欣喜函数 $R(\Delta v)$ 定义如下：

$$R(\Delta v) = 1 - e^{-\gamma \Delta v} \tag{2-37}$$

其中，$\gamma$ 为评价者的后悔规避系数，其越大表示规避程度越高。$\Delta v = v_1 - v_2$ 为两个方案的效用值之差。当 $R(\Delta v) > 0$ 时，$R(\Delta v)$ 表示欣喜值；当 $R(\Delta v) < 0$ 时，$R(\Delta v)$

表示后悔值。

## 三、深度学习理论

深度学习是通过大量的数据训练构建出深层的非线性映射结构,由于优秀的抽取底层数据特征的能力,其在有监督和无监督的学习任务中都能获得良好效果,对数据的稀疏性的适应能力也很强。

### (一) 神经元

深度学习的基础是由仿生学启发而来的神经网络,它的运作方式模拟了人体神经元的方式:人体神经元的细胞体负责处理信号,树突负责传递信号,轴突负责接收信号。人工神经网络的核心思想就是根据复杂程度来调整内部神经元节点的连接关系。感知机是首次应用于实践的神经网络(焦李成等,2016),是由特征向量作为输入、输出对应类别的一个二分类线性人工神经元。虽然它在一些逻辑运算上的功能已经基本实现,但还远远没有达到可以在排除人为干预的条件下自发响应外部刺激,自动调整神经元的权重和阈值,这就需要一种能对偏移量或权重的微小变动做出响应,在输出上也产生细微变化的人工神经元。S 型神经元实现了这一目的,它的结构如图 2-2 所示。

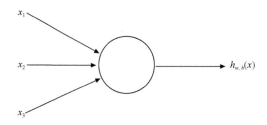

图 2-2　S 型神经元结构图

**定义 2-33**　假设训练集的训练样本为 $(x^{(i)}, y^{(i)})$,神经网络使用非线性模型输出函数 $h_{w,b}(x) = f(w \cdot x + b)$ 对训练集的数据进行拟合,其中,$w$ 和 $b$ 分别为权重和偏移量,$f(\cdot)$ 称为激活函数,其定义为

$$\text{Sigmoid}(x) = \frac{1}{e^{-x} + 1} \tag{2-38}$$

该函数称为 Sigmoid 函数,是常用的激活函数之一,其图像大致如图 2-3 所示。

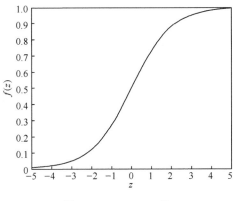

图 2-3 Sigmoid 函数

此外，常见的激活函数还有双曲正切函数（Tanh）：

$$\text{Tanh}(x) = \frac{e^x - e^{-x}}{e^x + e^{-x}} \tag{2-39}$$

及线性修正单元（ReLU）：

$$\text{ReLU}(x) = \max(x, 0) \tag{2-40}$$

Tanh 和 ReLU 函数的大致图像分别如图 2-4 和图 2-5 所示。

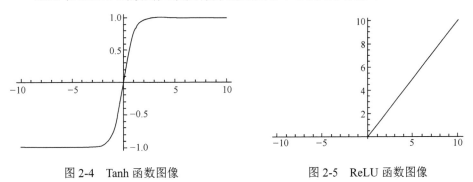

图 2-4 Tanh 函数图像　　　　图 2-5 ReLU 函数图像

（二）神经网络架构

**定义 2-34**　一个构造复杂的神经网络是由许多个神经元通过各种连接构成的。神经网络的第一层为输入层，最后一层为输出层，输入层与输出层之间为隐藏层。$a_i^{(l)}$ 为第 $l$ 层的第 $i$ 个神经元的输出值，又称为激活值；$w_{ij}^{(l)}$ 为第 $l$ 层的第 $j$ 个神经元的权重；$b_j^{(l)}$ 为第 $l$ 层的第 $j$ 个神经元的偏移量。其计算过程如下所示（焦李成等，2016）：

$$a_1^{(2)} = f\left(w_{11}^{(1)}x_1 + w_{12}^{(1)}x_2 + w_{13}^{(1)}x_3 + b_1^{(1)}\right)$$
$$a_2^{(2)} = f\left(w_{21}^{(1)}x_1 + w_{22}^{(1)}x_2 + w_{23}^{(1)}x_3 + b_2^{(1)}\right)$$
$$a_3^{(2)} = f\left(w_{31}^{(1)}x_1 + w_{32}^{(1)}x_2 + w_{33}^{(1)}x_3 + b_3^{(1)}\right)$$
$$h_{w,b}(x) = a_1^{(3)} = f\left(w_{11}^{(2)}x_1 + w_{12}^{(2)}x_2 + w_{13}^{(2)}x_3 + b_1^{(2)}\right)$$
（2-41）

在这一过程中，前一层的输出值也是后一层的输入值，从输入层开始逐层计算激活值，一直到输出层。该过程被称为前向传导，前向传导的一般表达形式为

$$a^{(l+1)} = f\left(w^{(l)}x + b^{(l)}\right) \tag{2-42}$$

（三）反向传播算法

神经网络采用梯度下降算法来进行优化训练，将通过神经网络得到的输出结果与期望输出对比的偏差来反方向调整网络的权重，目标是使计算得到的值尽可能地靠近期望值，找到能够使代价函数最小化的权重和偏移量。

**定义 2-35** 反向传播就是计算梯度的重要方法，核心思想即为将数据通过前向传播得到输出层的结果与期望结果比较，将计算得到的损失误差从输出层反向一层层向着输入层传播。损失误差在这一过程中就被分配到各神经元，使之得到误差信号，通过对误差信号求梯度来校正神经元的权重，整个过程不断进行，直到整个神经网络训练到收敛。

一个单独训练样本的代价函数可表示为

$$C = \frac{1}{2}\left\|h_{w,b}(x) - y\right\|^2 \tag{2-43}$$

参数 $w$ 和 $b$ 的更新规则为

$$\begin{cases} w_{ij}^{(l+1)} = w_{ij}^{(l)} - \alpha \dfrac{\partial}{\partial w_{ij}^{(l)}}C \\ b_i^{(l+1)} = b_i^{(l)} - \alpha \dfrac{\partial}{\partial b_i^{(l)}}C \end{cases} \tag{2-44}$$

其中，$\alpha$ 为迭代步长，也称为学习率。反向传播就是从输出层开始，利用了复合函数的链式法则，逐层向前对每层参数求偏导。神经网络的反向传播算法过程可以总结为：通过前向传播得到每层的输出值；计算最后的输出值与真实值的残差；由反向传导计算所有参数的偏导数并对参数值进行更新，直到损失函数值收敛。

## 四、协同过滤算法

协同过滤算法作为工业界应用范围最广的一项推荐技术，分为基于近邻的方

法和基于模型的方法两类。基于近邻的方法依赖于用户或项目间的相似度,针对相似偏好的用户或项目进行推荐,是在协同过滤算法中被最早应用的模型。它又包含基于用户的协同过滤算法和基于物品的协同过滤算法,其都是推荐领域中经常被使用的算法。

（一）基于用户的协同过滤算法

**定义 2-36** 基于用户的协同过滤算法（尤海浪等，2014）主要根据用户平时的兴趣偏好对他们可能感兴趣的项目进行推荐,找出与目标用户具有相似偏好的用户,推荐他们所选择的物品。在该方法中,用户与物品的基本属性信息不是需要重点考虑的因素,在此主要考虑用户对各个项目的偏好信息。因此,该算法分为以下步骤完成。

第一步,找出与目标用户的历史行为相似的用户群体。

第二步,将该用户群体集合中被选择次数最高的或评分最高的前 $N$ 个物品对目标用户进行推荐。

第一步中对用户相似度的计算是决定协同过滤算法能否取得良好效果的关键,计算相似度的方法有许多,如欧氏距离、余弦相似度、皮尔逊相关系数等。

若给定两个用户向量 $A$ 和 $B$,其余弦相似度可以由向量乘积和两向量的长度求得

$$\text{sim}_1(A,B) = \cos\theta = \frac{A \cdot B}{\|A\|\|B\|} = \frac{\sum_{i=1}^{n}(A_i \times B_i)}{\sqrt{\sum_{i=1}^{n}(A_i)^2} \times \sqrt{\sum_{i=1}^{n}(B_i)^2}} \quad (2\text{-}45)$$

其结果与向量的长度无关,只与两个向量所指方向有关。当两向量的指向完全相同时,余弦相似度取值为 1;当两向量的指向完全相反时,余弦相似度取值为–1。绝对值越接近 1 就表明夹角越接近 0,也就表明两个向量越相似。

此外,还有一种去除了打分尺度上的差异造成偏差影响的皮尔逊相似度计算,设用户 $A$ 和 $B$ 的共同评分集合为 $R_{AB}$,则 $A$ 和 $B$ 之间的相似度计算公式为

$$\text{sim}_2(A,B) = \text{PC}(A,B) = \frac{\sum_{m \in R_{AB}}(r_{Am} - \overline{r}_A)(r_{Bm} - \overline{r}_B)}{\sqrt{\sum_{m \in R_{AB}}(r_{Am} - \overline{r}_A)^2 \sum_{m \in R_{AB}}(r_{Bm} - \overline{r}_B)^2}} \quad (2\text{-}46)$$

其中,$\overline{r}_A$ 和 $\overline{r}_B$ 分别为用户 $A$ 和 $B$ 的平均评分;$r_{Am}$ 和 $r_{Bm}$ 分别为用户 $A$ 和 $B$ 对项目 $m$ 的评分。

基于皮尔逊相似度的思路,还可以引入项目所获得的平均分,以尽可能减少评分上的偏差对结果造成的影响。其数学表达式为

$$\text{sim}_3(A,B) = \frac{\sum_{m \in R_{AB}} (r_{Am} - \bar{r}_m)(r_{Bm} - \bar{r}_m)}{\sqrt{\sum_{m \in R_{AB}} (r_{Am} - \bar{r}_m)^2 \sum_{m \in R_{AB}} (r_{Bm} - \bar{r}_m)^2}} \quad (2\text{-}47)$$

其中，$\bar{r}_m$ 为项目 $m$ 所获得的所有评分的平均分。

对于相似用户的计算过程而言，理论上，相似用户计算的方式可以是任何合理的相似度定义。研究人员往往也是通过对相似度计算方法的改进来完善传统的协同过滤算法，从而解决传统协同过滤算法中存在的一些缺陷和问题。

（二）基于物品的协同过滤算法

**定义 2-37**　基于物品的协同过滤就是为目标用户推荐其喜欢的相似物品，因为这里的相似是根据用户历史行为数据得出的，所以物品的属性信息并不是必需的因素。

该算法的步骤可以总结如下。

第一步，找出与目标用户评分高的物品相似的物品集合。

第二步，筛选该物品集合中预测评分高的前 $N$ 个对目标用户进行推荐。

与基于用户的协同过滤相似，该算法的核心也在于对物品相似度的计算上，通过计算相似度来预测未被评分的物品评分，再按照评分从高到低的顺序筛选出可以推荐给目标用户的物品。

基于用户的协同过滤算法与基于物品的协同过滤算法除了技术实现上有所区分外，在具体的应用场景上也不尽相同。前者有着更强的社交特性，使用户可以通过兴趣相似的用户快速得知之前有哪些兴趣点自己不曾了解，适用于发现热点并及时跟踪热点的新闻推荐场景；后者更适用于兴趣变化不大、用户倾向于在一段时间内寻找同一类产品的应用场景，例如，对于视频网站的用户而言，其所感兴趣的视频往往风格和类型比较稳定，因此适合使用基于物品的协同过滤算法向用户推荐电视剧或电影。

# 第三章 直觉模糊环境下的综合评价方法及应用

直觉模糊集是由 Atanassov 教授于 1983 年提出的。根据第二章的介绍,直觉模糊数把只考虑隶属度的经典模糊数推广为同时考虑隶属度、非隶属度和犹豫度这三方面信息的直觉模糊集。相比于其他模糊数,直觉模糊数能更真实地刻画评价者对复杂信息的感受。因此,本章将以直觉模糊数作为基本研究对象,探讨该情形下的综合评价理论与方法,并以数字化改革、建筑材料等社会经济领域的问题作为背景进行应用。

## 第一节 直觉模糊数及其拓展

### 一、基于直觉模糊数的算子及拓展

(一)直觉模糊混合加权平均几何集成算子

如何集成直觉模糊信息是多指标综合评价理论的一个基本问题。Xu(2013)提出了一些直觉模糊值(intuitionistic fuzzy values,IFVs)的集成算子,包括直觉模糊加权几何平均(intuitionistic fuzzy weighted geometric averaging,IFWGA)算子和直觉模糊加权算术平均(intuitionistic fuzzy weighted arithmetic averaging,IFWAA)算子。

**定义 3-1** 假设 $\alpha_j = \langle \mu_j, \nu_j \rangle$($j=1,2,\cdots,n$)是 IFVs 的集合,IFWAA 算子和 IFWGA 算子的定义如下:

$$\text{IFWAA}(\alpha_1, \alpha_2, \cdots, \alpha_n) = \sum_{j=1}^{n} w_j \alpha_j = \left\langle 1 - \prod_{j=1}^{n}(1-\mu_j)^{w_j}, \prod_{j=1}^{n}(\nu_j)^{w_j} \right\rangle \quad (3\text{-}1)$$

$$\text{IFWGA}(\alpha_1, \alpha_2, \cdots, \alpha_n) = \prod_{j=1}^{n} \alpha_j^{w_j} = \left\langle \prod_{j=1}^{n}(\mu_j)^{w_j}, 1 - \prod_{j=1}^{n}(1-\nu_j)^{w_j} \right\rangle \quad (3\text{-}2)$$

其中，$w_j$ $(j=1,2,\cdots,n)$ 为 $\alpha_j$ 的权重，$w_j \in [0,1]$，$\sum_{j=1}^{n} w_j = 1$。

但是，IFWAA 算子和 IFWGA 算子存在一些缺陷。当某些值趋向于最大参数或最大权重值时，集成值可能会产生不合理的结果。因此，这两个算子有必要进行改进。基于此，本节提出混合集成算子。

**定义 3-2** 令 $\alpha_j = \langle \mu_j, \nu_j \rangle (j=1,2,\cdots,n)$ 为 IFVs 的集合，直觉模糊混合加权平均几何集成（intuitionistic fuzzy hybrid weighted algorithm and geometric aggregation, IFHWAGA）算子的定义如下：

$$\text{IFHWAGA}(\alpha_1, \alpha_2, \cdots, \alpha_n)$$

$$= \left( \sum_{j=1}^{n} w_j \alpha_j \right)^{\lambda} \left( \prod_{j=1}^{n} \alpha_j^{w_j} \right)^{(1-\lambda)}$$

$$= \left\langle \left( 1 - \prod_{j=1}^{n}(1-\mu_j)^{w_j} \right)^{\lambda} \left( \prod_{j=1}^{n} \mu_j^{w_j} \right)^{(1-\lambda)}, 1 - \left( 1 - \prod_{j=1}^{n} \nu_j^{w_j} \right)^{\lambda} \left( \prod_{j=1}^{n} (1-\nu_j)^{w_j} \right)^{(1-\lambda)} \right\rangle$$

（3-3）

其中，$w_j$ $(j=1,2,\cdots,n)$ 为 $\alpha_j$ 的权重，$w_j \in [0,1]$，$\sum_{j=1}^{n} w_j = 1$。$\lambda$ 为区间[0,1]中的任意实数。如果 $\lambda = 1$，则 IFHWAGA 算子变为 IFWAA 算子；如果 $\lambda = 0$，则 IFHWAGA 算子变为 IFWGA 算子；如果 $\lambda = 0.5$，则 IFHWAGA 算子是 IFWAA 算子和 IFWAGA 算子的平均值。

假设当专家进行评价时，备选方案为 $P = \{p_1, p_2, \cdots, p_t\}$，对应的指标为 $Q = \{q_1, q_2, \cdots, q_t\}$。每个指标 $q_i$ 在备选方案 $p_i$ 上的值由专家给出。不失一般性，评价值可以表示为 $\alpha_{ij} = \langle \mu_{ij}, \nu_{ij} \rangle$（$\mu_{ij} \geq 0, \nu_{ij} \geq 0$ 且 $0 \leq \mu_{ij} + \nu_{ij} \leq 1$，$j=1,2,\cdots,n$；$i=1,2,\cdots,t$）。$\mu_{ij}$ 为备选方案 $p_i$ 在指标 $q_i$ 上的适应程度，$\nu_{ij}$ 为备选方案 $p_i$ 在指标 $q_i$ 上的不适应程度，对于所有的评价值，本节建立了一个专家评价矩阵：$M = (\alpha_{ij})_{t \times n}$。

用 IFHWAGA 算子计算每个备选方案 $p_i$ ($i=1,2,\cdots,t$) 的集成值 $\alpha_i$，有

$$\alpha_i = \text{IFHWAGA}(\alpha_{i1}, \alpha_{i2}, \cdots, \alpha_{in}) = \left( \sum_{j=1}^{n} w_j \alpha_{ij} \right)^{\lambda} \left( \prod_{j=1}^{n} \alpha_{ij}^{w_j} \right)^{(1-\lambda)}$$

$$= \left\langle \left( 1 - \prod_{j=1}^{n}(1-\mu_{ij})^{w_j} \right)^{\lambda} \left( \prod_{j=1}^{n} \mu_{ij}^{w_j} \right)^{(1-\lambda)}, 1 - \left( 1 - \prod_{j=1}^{n} \nu_{ij}^{w_j} \right)^{\lambda} \left( \prod_{j=1}^{n} (1-\nu_{ij})^{w_j} \right)^{(1-\lambda)} \right\rangle \quad (3-4)$$

在此基础上，最终分值可以根据得分函数 $s(\alpha)$ 算出。分值越高，相应的方案

排名越靠前，得分最高的方案是该评价活动的最优选择。

（二）基于直觉模糊混合平均几何算子

随着直觉模糊集受到越来越多的关注，Xu（2013）提出了直觉模糊混合集成（intuitionistic fuzzy hybrid averaging，IFHA）算子和直觉模糊混合几何（intuitionistic fuzzy hybrid geometric，IFHG）算子。IFHA 算子和 IFHG 算子既考虑了评价者对评价结果的肯定、否定以及不确定性等多种因素，又考虑了位置权重信息，能更加真实地描述和刻画模糊性。为了避免集成结果趋向于最大参数和最大权重，IFHAG 算子对 IFHA 算子和 IFHG 算子进行中和处理。

**定义 3-3** 令 $\alpha_j = \langle \mu_j, v_j \rangle (j=1,2,\cdots,n)$ 为 IFVs 的集合，$(\sigma(1),\sigma(2),\cdots,\sigma(n))$ 是 $(1,2,\cdots,n)$ 的任一置换，使得对任意 $j$，有 $\sigma(j-1) \geqslant \sigma(j)$。IFHA 算子的定义如下：

$$\text{IFHA}(\alpha_1,\alpha_2,\cdots,\alpha_n) = \sum_{j=1}^{n} \omega_j \hat{\alpha}_j = \left\langle 1 - \prod_{j=1}^{n}(1-\hat{\mu}_{\sigma(j)})^{\omega_j}, \prod_{j=1}^{n}(\hat{v}_{\sigma(j)})^{\omega_j} \right\rangle \quad (3\text{-}5)$$

其中，$\omega = (\omega_1, \omega_2, \cdots, \omega_n)^T$ 为 IFHA 算子相应的权向量，$\hat{\alpha}_j = nw_j\alpha_j$，$w_j(j=1,2,\cdots,n)$ 为 $\alpha_j$ 的权重，$w_j \in [0,1]$，$\sum_{j=1}^{n} w_j = 1$。$n$ 为平衡系数。

**定义 3-4** 令 $\alpha_j = \langle \mu_j, v_j \rangle (j=1,2,\cdots,n)$ 为 IFVs 的集合，$(\sigma(1),\sigma(2),\cdots,\sigma(n))$ 是 $(1,2,\cdots,n)$ 的任一置换，使得对任意 $j$，有 $\sigma(j-1) \geqslant \sigma(j)$。IFHG 算子的定义如下：

$$\text{IFHG}(\alpha_1,\alpha_2,\cdots,\alpha_n) = \prod_{j=1}^{n} \hat{\alpha}_j^{\omega_j} = \left\langle \prod_{j=1}^{n}(\hat{\mu}_{\sigma(j)})^{\omega_j}, 1 - \prod_{j=1}^{n}(1-\hat{v}_{\sigma(j)})^{\omega_j} \right\rangle \quad (3\text{-}6)$$

其中，$\omega = (\omega_1, \omega_2, \cdots, \omega_n)^T$ 为 IFHG 算子相应的权向量，$\hat{\alpha}_j = \alpha_j^{nw_j}$，$w_j(j=1,2,\cdots,n)$ 为 $\alpha_j$ 的权重，$w_j \in [0,1]$，$\sum_{j=1}^{n} w_j = 1$。$n$ 为平衡系数。

**例 3-1** 令 $\alpha_1 = \langle 0.1, 0 \rangle$，$\alpha_2 = \langle 0.9, 0 \rangle$ 为两个 IFVs，不失一般性，$\omega_1 = 0.5$、$\omega_2 = 0.5$ 为 IFHA 算子和 IFHG 算子相应的权向量，$w_1 = 0.5$、$w_2 = 0.5$ 为 $\alpha_j$ 的权重。

根据式（3-5），可得
$$\text{IFHA}(\alpha_1,\alpha_2) = \left\langle 1-(1-(2\times 0.5\times 0.9)^{0.5})\times(1-(2\times 0.5\times 0.1)^{0.5}), 0 \right\rangle = \langle 0.96, 0 \rangle$$

根据式（3-6），可得
$$\text{IFHG}(\alpha_1,\alpha_2) = \left\langle 0.1^{(2\times 0.5)\times 0.5} \times 0.9^{(2\times 0.5)\times 0.5}, 0 \right\rangle = \langle 0.3, 0 \rangle$$

**例 3-2** 令 $\alpha_1 = \langle 0.1, 0 \rangle$，$\alpha_2 = \langle 0.9, 0 \rangle$ 为两个 IFVs。$\omega_1 = 0.1$、$\omega_2 = 0.9$ 为 IFHA 算子和 IFHG 算子相应的权向量，$w_1 = 0.5$、$w_2 = 0.5$ 为 $\alpha_j$ 的权重。

根据式（3-5），可得

$$\text{IFHA}(\alpha_1,\alpha_2) = \langle 1-(1-(2\times0.5\times0.9))^{0.1})\times(1-(2\times0.5\times0.1))^{0.9},0\rangle = \langle 0.99,0\rangle$$

根据式（3-6），可得

$$\text{IFHG}(\alpha_1,\alpha_2) = \langle 0.9^{(2\times0.5)\times0.1}\times 0.1^{(2\times0.5)\times0.9},0\rangle = \langle 0.12,0\rangle$$

从例 3-1 和例 3-2 获得的 IFHA 算子和 IFHG 算子集成的结果并不理想。

**定义 3-5** 令 $\alpha_j = \langle \mu_j, v_j \rangle$ $(j=1,2,\cdots,n)$ 为 IFVs 的集合，$(\sigma(1),\sigma(2),\cdots,\sigma(n))$ 是 $(1,2,\cdots,n)$ 的任一置换，使得对任意 $j$，有 $\sigma(j-1)\geq\sigma(j)$。IFHAG 算子定义如下：

$$\begin{aligned}
&\text{IFHAG}(\alpha_1,\alpha_2,\cdots,\alpha_n) \\
&= \left(\sum_{j=1}^{n} w_j {}^1\hat{\alpha}_j\right)^{\lambda} \left(\prod_{j=1}^{n} {}^2\hat{\alpha}_j^{\omega_j}\right)^{(1-\lambda)} \\
&= \left\langle \left(1-\prod_{j=1}^{n}(1-{}^1\hat{\mu}_{\sigma(j)})^{\omega_j}\right)^{\lambda}\left(\prod_{j=1}^{n}{}^2\hat{\mu}_{\sigma(j)}^{\omega_j}\right)^{(1-\lambda)}, 1-\left(1-\prod_{j=1}^{n}{}^1\hat{v}_{\sigma(j)}^{\omega_j}\right)^{\lambda}\left(\prod_{j=1}^{n}(1-{}^2\hat{v}_{\sigma(j)})^{\omega_j}\right)^{(1-\lambda)} \right\rangle
\end{aligned}$$

（3-7）

其中，$\omega=(\omega_1,\omega_2,\cdots,\omega_n)^{\text{T}}$ 为 IFHAG 算子相应的权向量，${}^1\hat{\alpha}_j = nw_j\alpha_j$，${}^2\hat{\alpha}_j = \alpha_j^{nw_j}$。$w_j(j=1,2,\cdots,n)$ 为 $\alpha_j$ 的权重，$w_j \in [0,1]$，$\sum_{j=1}^{n} w_j = 1$。$n$ 为平衡系数；$\lambda$ 为区间[0,1]中的任意实数。

**例 3-3** 使得 $\alpha_1 = \langle 0.6,0.2\rangle$，$\alpha_2 = \langle 0.7,0.2\rangle$，$\alpha_3 = \langle 0.6,0.3\rangle$，$\alpha_4 = \langle 0.7,0.3\rangle$ 成为 IFVs，令 $\omega = (0.45,0.25,0.1,0.2)^{\text{T}}$ 为 IFHAG 算子相应的权向量，$w_1$=0.4、$w_2$=0.3、$w_3$=0.1、$w_4$=0.2 是 $\alpha_j$ 的权重，$\lambda = 0.5$。

根据式（3-7），可得

$(1-(1-4\times0.4\times0.6)^{0.45}\times(1-4\times0.3\times0.7)^{0.25}\times(1-4\times0.2\times0.7)^{0.1}$
$\quad\times(1-4\times0.1\times0.6)^{0.2})^{0.5} = 1$

$((0.7^{4\times0.3})^{0.45}\times(0.7^{4\times0.2})^{0.25}\times(0.6^{4\times0.4})^{0.1}\times(0.6^{4\times0.1})^{0.2})^{0.5} = 0.82$

$(1-(4\times0.4\times0.2)^{0.45}\times(4\times0.3\times0.2)^{0.25}\times(4\times0.2\times0.3)^{0.1}$
$\quad\times(4\times0.1\times0.3)^{0.2})^{0.5} = 0.87$

$((1-0.2^{4\times0.3})^{0.45}\times(1-0.3^{4\times0.2})^{0.25}\times(1-0.2^{4\times0.4})^{0.1}\times(1-0.3^{4\times0.1})^{0.2})^{0.5} = 0.82$

因此，$\text{IFHAG}(\alpha_1,\alpha_2,\alpha_3,\alpha_4) = \langle 1\times0.82, 1-0.87\times0.82\rangle = \langle 0.82,0.29\rangle$。

## 二、基于直觉语言模糊数的算子及拓展

### （一）ILHWLAD 算子

**定义 3-6** 设 $\tilde{a}_i = \langle k_{\theta(a_i)}, (\mu(a_i), v(a_i)) \rangle$（$i=1,2,\cdots,n$）和 $\tilde{b}_i = \langle k_{\theta(b_i)}, (\mu(b_i), v(b_i)) \rangle$（$i=1,2,\cdots,n$）是两个直觉语言集。设 $n$ 维 ILHWLAD 算子：$R^n \times R^n \to R$，ILHWLAD 算子如下所示：

$$\text{ILHWLAD}((\tilde{a}_1,\tilde{b}_1),(\tilde{a}_2,\tilde{b}_2),\cdots,(\tilde{a}_n,\tilde{b}_n)) = \exp\left\{\sum_{j=1}^{n} w_j \ln(\overline{D}_{\sigma(j)})\right\} \quad (3-8)$$

其中，$\overline{D}_{\sigma(j)}$ 为 $\overline{D}_j$ 中第 $j$ 个最大值，$\overline{D}_j = n w_j D_j$（$j=1,2,\cdots,n$）。$w_j = \{w_1, w_2, \cdots, w_n\}$ 为 $\overline{D}_{\sigma(j)}$ 对应的权重向量，$\omega_i$ 则为无序值 $D_i$ 的关联权重，满足 $\sum_{i=1}^{n} \omega_i = 1$，$\omega_i \in [0,1]$。参数 $n$ 作为平衡因子来补偿双重加权。

### （二）直觉语言有序加权对数平均距离算子

**定义 3-7** 设 $\tilde{a}_i = \langle k_{\theta(a_i)}, (\mu(a_i), v(a_i)) \rangle$ 和 $\tilde{b}_i = \langle k_{\theta(b_i)}, (\mu(b_i), v(b_i)) \rangle$ 是两个直觉语言集。设 $n$ 维 ILOWLAD 算子：$R^n \times R^n \to R$，ILOWLAD 算子如下所示：

$$\text{ILOWLAD}((\tilde{a}_1,\tilde{b}_1),(\tilde{a}_2,\tilde{b}_2),\cdots,(\tilde{a}_n,\tilde{b}_n)) = \exp\left\{\sum_{j=1}^{n} w_j \ln(d_{\sigma(j)})\right\} \quad (3-9)$$

其中，$d_{\sigma(j)}$ 为所有直觉语言集的距离 $d_{\text{ILN}}(\tilde{a}_j, \tilde{b}_j)$ 中第 $j$ 个最大值，$j=1,2,\cdots,n$。

## 第二节 基于信任网络的直觉模糊评价方法及应用

### 一、问题提出

随着经济增速放缓，行业竞争不断加剧，消费者需求越来越趋向于个性化，中国于 2021 年开始全面实施数字化改革。为了推动信息化和工业化深度融合，中国政府部门正在应用工业 4.0、5G 等新一代信息技术，加速向个性化定制和服务型制造转变。比如，2017 年，阿里巴巴基于 2013 年提出的用户直连制造（customer-to-manufacturer，C2M）理论，建造了智能工厂，截止到 2020 年，已打造了 1000 个年销过亿的超级工厂；拼多多上市后，参与了"新品牌计划"（帮助企业更有效地接触消费者，以最低的成本培育品牌），帮助 1500 余家企业参与定制化生产，已经生产了 4000 多款定制化产品；京东 2020 年推出 C2M 智能工厂计划，工厂能够根据消费者需求，提前预测市场变化。

数字化改革不仅可以提高产值，还可以反映数字化场景在产业发展中的渗透程度，以及生产方式、生活方式和治理方式的改变程度。例如，评估数字化平台的搭建成效。由于平台的信息共享和交互能力由数字技术支撑，平台的数据运行效率、运行速度和信息存储规模可以用科学数据进行衡量，但用户体验质量无法准确量化。再如，信息技术的发展使得产品开发能够满足消费者的个性化需求，可以在虚拟环境中优化设计，创新材质，缩短周期。但在结构、材料性能等定量因素之外，产品受欢迎程度可能会受到外观、设计等抽象概念的影响，这些定性因素在虚拟环境中的优化效果难以准确量化。

Zadeh（1965）提出了模糊集，目前这个概念已经被发展成多种变体，如直觉模糊集、犹豫模糊集、毕达哥拉斯模糊集等。模糊集只能关注模糊情况的隶属度，不能成功地处理模糊条件下的非隶属度，Atanassov（1986）提出的直觉模糊集使评价成员能够从隶属度和非隶属度的角度了解被评估对象的状态，是描述不确定性和模糊性的有用工具。鉴于制造业数字化改革评估具有直觉模糊特征，本节选择用直觉模糊数表达评价成员的偏好信息，提出一种基于 IFHAG 算子的指标评价方法，用于评估中国通信设备制造业企业的数字化改革成效。

## 二、数字化改革成效评估指标体系

通过评估数字化改革对制造业的影响，可以提高数字化改革的效率。显然，这涉及许多因素。其中，数据是一个关键因素。强化数据对企业管理、生产、运营的驱动作用有助于优化盈利模式、提升用户体验。在企业数字化过程的背景下，本节确定了下述指标体系，详见图 3-1。

### （一）数字化管理

数字化管理是指企业利用计算机、通信、网络等技术，通过统计技术量化管理对象与管理行为，实现研发、计划、组织、生产、协调、销售、服务、创新等职能的管理活动和方法。包括数字化中台搭建成效、供应链管理信息化建设成效、信息安全和质量管理成效。

1. 数字化中台搭建成效（$q_1$）

企业将所有信息整合在一个数据平台并实时共享，跨部门、跨区域的人员能够实现无缝沟通。数字化中台的搭建起到减员增效的作用，有利于企业管理者快速做出评价。

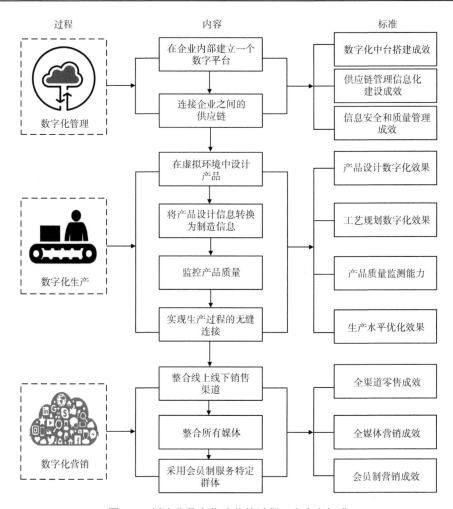

图 3-1　制造业数字化改革的过程、内容和标准

**2. 供应链管理信息化建设成效（$q_2$）**

企业通过云计算、物联网、大数据等新技术全面连接供应链上下游，以此优化业务环节，并与供应链中合作伙伴的活动保持同步，降低供应链的管理成本。

**3. 信息安全和质量管理成效（$q_3$）**

企业通过信息安全管理建设来加强安全资源储备。企业搭建测试验证环境，强化安全检测评估；对信息采取识别、检测、度量、预警及处理等管理活动，提高信息的使用价值，赢得经济效益。

## （二）数字化生产

数字化生产是指在数字化技术和制造技术融合的背景下，并在计算机网络、数据库和多媒体等支撑技术的支持下，根据用户的需求，对产品信息进行分析、规划和重组，实现对产品设计和功能的仿真以及原型制造，进而快速生产出达到用户要求性能的产品的整个生产过程。包括产品设计数字化效果、工艺规划数字化效果、产品质量监测能力和生产水平优化效果。

### 1. 产品设计数字化效果（$q_4$）

在产品设计阶段，企业可以通过数字技术在虚拟世界中对产品进行设计、仿真和验证，并在三维模型上分析产品的物理特征。产品设计数字化避免了设计端浪费现象的出现并能够节省成本，缩短新产品的上市时间。

### 2. 工艺规划数字化效果（$q_5$）

工艺规划是指企业把产品设计信息转化为产品制造信息。企业可在集成化的环境中实施一体化的产品制造过程设计，利用仿真技术来分析和优化产品制造。工艺规划数字化能加快产品的上市速度，提升产品质量。

### 3. 产品质量监测能力（$q_6$）

如果产品在测试环节被发现存在质量问题，在制造过程中可以及时发出质量预警。企业通过大数据分析等人工智能技术的使用，提升质检效率和良品率。

### 4. 生产水平优化效果（$q_7$）

企业应用物联网、云计算和自动化控制等技术，实现设备、生产线、车间的无缝对接，优化排产、可视化、模拟库存推演、生产评价等方面的智能控制。

## （三）数字化营销

数字化营销是指企业借助互联网络、计算机通信技术和交互式数字媒体来实现营销目标的一种方法。包括全渠道零售成效、全媒体营销成效和会员制营销成效。

### 1. 全渠道零售成效（$q_8$）

企业整合实体渠道、电子商务渠道和移动电子商务渠道来销售商品或服务，提供给用户无差异化的购买体验。企业可以零距离接触用户，与用户及时互动，给予个性化建议。

## 2. 全媒体营销成效（$q_9$）

全媒体营销是指企业实现广告市场的信息化，突破媒体间孤岛式局限，实现同源跨屏信息的开放和整合。企业将电视和户外媒体数字化，并将其与互联网媒体融合，为用户打造适合消费的场景和条件，进一步提高产品的销售效率。

## 3. 会员制营销成效（$q_{10}$）

通过会员数字化运营，企业可以根据相关数据来区分各个等级的会员权益。这不仅可以为高等级会员提供更好的体验，还能有效提升低等级会员的消费活跃度。企业能够制订具有针对性的营销计划，更好地服务不同的会员群体，建立客户画像，实现精准营销。

### 三、基于信任网络的权重确定

#### （一）直觉模糊信任网络中心性分析

社会网络分析研究的是一个群体中的成员彼此之间的社会关系，通过对这些关系的定量分析，可以揭示成员之间的内部联系。在一个关系网络中，识别成员的重要性需要分析其在整个网络中所处中心的程度。

**定义 3-8** 根据第二章的相关定义，令 $d(e_h)$ 的值是专家 $e_h(h=1,2,\cdots,s)$ 与他人之间的信任关系的和，则 $c(e_h)$ 被定义为直觉模糊度中心性（intuitionistic fuzzy degree of centricity，IFDC）：

$$c(e_h) = \frac{d(e_h)}{s-1} \tag{3-10}$$

专家的度中心性主要用来衡量该专家在整个网络中的重要性和影响力。度中心性越大，表示与该专家相连接的节点越多，说明该专家在网络中的重要性越大。

**定义 3-9** 令专家的数量为 $s$，$c(g)$ 被定义为群体直觉模糊度中心性（group intuitionistic fuzzy degree of centricity，GIFDC），满足：

$$c(g) = \sum_{h=1}^{s} c(e_h)/s \tag{3-11}$$

#### （二）信任传递模型

信任网络中很重要的一个特性就是信任的传递。在实际的社会网络中，并不是所有的成员之间都存在直接的关系。当无法获取其他成员的代表性水平等信息时，个体间的间接信任关系可以通过信任传递推导出。不难理解，随着传递链条的增长，这种信任会减少，而不信任会增加。为了描述这一现象，本节构造了一个间接信任传递算子。在图 3-2 中，可以看到 $e_1$ 到 $e_5$、$e_2$ 到 $e_1$、$e_3$ 到 $e_4$ 之间存在直接信任关系。在这里，$e_1$ 不熟悉，甚至不了解 $e_4$，但 $e_1$ 和 $e_4$ 之间还是存在信任关系。从 $e_1$ 到 $e_4$ 存在的可能路径为 $\rho_1 = (e_1, e_3, e_4)$。

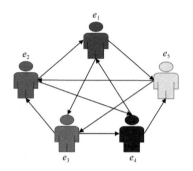

图 3-2　专家信任网络说明

**定义 3-10**　扩展到多人的信任关系可以定义为

$$A((\mu_{12}, v_{12}), \cdots, (\mu_{(s-1)s}, v_{(s-1)s})) = (T(\mu_{12}, \cdots, \mu_{(s-1)s}), T(\mu_{12}, \cdots, \mu_{(s-2)(s-1)}) v_{(s-1)s}) \quad (3-12)$$

式（3-12）可以具体计算为

$$A((\mu_{12}, v_{12}), \cdots, (\mu_{(s-1)s}, v_{(s-1)s})) = \left( \prod_{h=1}^{s-1} \mu_{h(h+1)}, \left( \prod_{h=1}^{s-2} \mu_{h(h+1)} \right) v_{(s-1)s} \right) \quad (3-13)$$

在大型社会网络图中，可能不止一条路径能从 $e_i$ 通向 $e_j$，而且并不是每一条路径都是有效的，因此，本节规定，任何涉及六个以上中间人的两个人之间的任何路径都是无效的。随着信息在多人间传递，会出现信息失真情况，只有最短路径被保留。

但是，一般的信任传递模型只描述了信任度的一个维度，整合所有满足信任阈值的路径生成的信任会有一定的缺陷。简单地采用均值方法对信任路径求和会丢失有价值的信息，从而无法反映信任的真实情况。信任集成如果只考虑路径长度的影响，会忽略路径的信任质量。由于给定路径的中间实体的信任质量可能比较低，本节可以考虑结合信任质量和路径长度来构建多维信任传递模型。

**定义 3-11**　社会网络中专家 $e_h (h=1,2,\cdots,s)$ 的可信度定义如下：

$$\mathrm{TD}^h = \frac{1}{s-1} \sum_{i=1 \& i \neq h}^{s} p(c'(e_h) \geq c'(e_i)) \quad (3-14)$$

其中，$p(c'(e_h) \geq c'(e_i))$ 为 $c'(e_h) \geq c'(e_i)$ 的概率可能度，计算方法为 $p(\alpha_1 \geq \alpha_2) = \max \left\{ 1 - \max \left\{ \frac{1 - v_{\alpha_2} - \mu_{\alpha_1}}{\pi_{\alpha_1} + \pi_{\alpha_2}}, 0 \right\}, 0 \right\}$。$c'(e_h)$ 为与专家 $e_h$ 直接接触的成员之间的信任关系总和的平均值。

**定义 3-12** 令 $l_1, l_2, \cdots, l_m$ 为从 $e_i$ 到 $e_j$ 的所有 $m$ 条路径；$E_{l_k} = \{e_i, el_1, el_2, \cdots, el_t, e_j\}$（$el_t \in E$）为第 $k$ 条路径 $l_k (k=1,2,\cdots,m)$ 所包含的节点集；$el_t (t=1,2,\cdots,y)$ 为中间节点。经过 $y$ 个实体传递，专家 $e_i$ 与专家 $e_j$ 之间的信任关系能够建立起来。然后将路径 $l_k$ 的信任质量定义为

$$Q_{l_k} = \sqrt[y]{\prod_{t=1}^{y} TD^{el_t}} \tag{3-15}$$

其中，$TD^{el_t}$ 为中间实体 $el_t$ 的可信度。

令路径 $l_k$ 的信任质量权重为 $w'_k = Q_{l_k} / \sum_{k=1}^{m} Q_{l_k}$，$e_i$ 和 $e_j$ 之间的信任关系满足：

$$A(\mu_{ij}, v_{ij}) = \left( \sum_{k=1}^{m} w'_k \mu_{ij}^k, \sum_{k=1}^{m} w'_k v_{ij}^k \right) \tag{3-16}$$

其中，$m$ 为信任路径的数量；$\mu_{ij}^k$ 和 $v_{ij}^k$ 分别为 $e_i$ 和 $e_j$ 之间的信任度和非信任度。

（三）专家权重的确定

专家权重反映了多指标评价过程中的个人评价的重要性。每个专家的权重通过计算 IFDC 和 GIFDC 之间的紧密程度来获得。

**定义 3-13** 在给定的群体信任关系网络中，专家 $e_h (h=1,2,\cdots,s)$ 和整个专家集 $E$ 之间的接近系数定义为

$$\delta_h = 1 - \text{dis}(c(e_h), c(g)) \tag{3-17}$$

其中，$\text{dis}(c(e_h), c(g))$ 为 $c(e_h)$ 和 $c(g)$ 之间的距离，$\delta_h \in [0,1]$。$\delta_h$ 越大，说明专家 $e_h$ 越接近群中心，重要程度就越大。专家权重的定义如下：

$$w_{e_h} = \frac{\delta_h}{\sum_{h=1}^{s} \delta_h} \tag{3-18}$$

（四）标准权重的确定

本节采用层次分析法进行标准赋权，通过主观方法获得。

第一步，用于比较各标准间重要性的比例判断矩阵通过两两比较确定，记为 $H$，即

$$H = \begin{bmatrix} 1 & h_{12} & h_{13} & \cdots & h_{1n} \\ h_{21} & 1 & h_{23} & \cdots & h_{2n} \\ h_{31} & h_{32} & 1 & \cdots & h_{3n} \\ \vdots & \vdots & \vdots & & \vdots \\ h_{n1} & h_{n2} & h_{n3} & \cdots & 1 \end{bmatrix} \tag{3-19}$$

判断矩阵中的值满足 $h_{ij}=1/h_{ji}$，$h_{ii}=1$；$i,j=1,2,\cdots,n$。

第二步，根据 $H$ 矩阵求解权值，记 $w=(w_1,w_2,\cdots,w_n)^{\mathrm{T}}$，满足：

$$Hw=\eta_{\max}w \tag{3-20}$$

其中，$\eta_{\max}$ 为判断矩阵 $H$ 的最大特征根，权向量即为相应的特征向量。

第三步，为了检验判断矩阵的一致性，以下公式被引入：

$$\mathrm{CI}=\frac{\eta_{\max}-n}{n-1} \tag{3-21}$$

$$\mathrm{CR}=\frac{\mathrm{CI}}{\mathrm{RI}} \tag{3-22}$$

其中，RI 为随机一致性指标，如果一个判断矩阵的 CR 不大于 10%，则其不一致程度是可以接受的；否则，不一致性过高，判断矩阵需要重新构造或进行调整。

### 四、基于信任网络的直觉模糊评价方法

（一）共识调整过程

群体共识是指群体评价意见的一致性。本节通过距离函数判定成员与群体中心的接近关系，并利用基于上下文的直觉模糊集距离测度分析成员和群体的相似程度，从而确保成员之间达到一致性。

第一步，获得群体集成矩阵（根据分配给每个专家的权重将所有专家对备选方案 $p_i$ 的指标 $q_j$ 的打分相加）。

第二步，获得专家 $e_h(h=1,2,\cdots,s)$ 和群体 $e$ 集成矩阵的加权欧氏距离，满足：

$$d_2(e_h,e)=\sqrt{\sum_{j=1}^n w_j\left(\frac{1}{t}\sum_{i=1}^t \Delta_\mu^2+\frac{1}{t}\sum_{i=1}^t \Delta_v^2\right)} \tag{3-23}$$

其中，$\Delta_\mu=\mu_{e_h}(i)-\mu_e(i)$，$\Delta_v=v_{e_h}(i)-v_e(i)$。$w_j(j=1,2,\cdots,n)$ 为相应指标的权重。$t$ 指的是备选品的数量。

在将评价信息进行汇总时，指标之间的关系可能会影响专家 $e_h$ 和群体 $e$ 集成矩阵的加权欧氏距离。传统的距离测度是孤立地处理各指标的直觉模糊信息，忽略了指标中存在的上下文信息，即使是精确的欧氏距离也不足以解决实际问题。为了计算多个属性基于上下文的距离信息，构造了主导方向参数和无差异方向参数，在平面上无差异方向与主导方向正交，沿着无差异方向受到属性上下文距离信息的影响最小。

第三步，利用基于上下文的直觉模糊集距离测度来度量专家 $e_h$ 与群体 $e$ 的距离，满足：

$$d(e_h,e)=\sqrt{\frac{1}{2nw_d}\times(k^{-1}d_2(e_h,e))'\times A_w\times(k^{-1}d_2(e_h,e))} \tag{3-24}$$

其中，将 $\psi$ 设为主导方向的主导向量，$\zeta$ 为无差异方向的无差异向量，$\psi \perp \zeta$。无差异方向表示选项之间的信息交换，描述了专家为了从一个指标切换到另一个指标而选择放弃多少个单位。为了根据做出这些改变所付出的代价来量化这些交换比率，将每个指标与任意指标（如第一个指标）进行比较，可以在不丢失任何信息的情况下减少无差异向量的大小。假设一共有 $n$ 个指标，当每个指标和第一个指标进行比较时，产生了 $n(n-1)$ 个无差异向量 $\zeta = (\zeta_1, \zeta_2, \cdots, \zeta_n)'$，其中，$\zeta_j$ 满足：

$$\zeta_j = \begin{cases} -\dfrac{w_{j+1}}{w_1}, & i=1 \\ 1, & i=j+1 \ (j=1,2,\cdots,n-1) \\ 0, & \text{其他} \end{cases} \quad (3\text{-}25)$$

主导向量可以导出为

$$\psi = (\psi_1, \psi_2, \cdots, \psi_n) = \left(\dfrac{w_1}{w_1}, \dfrac{w_2}{w_1}, \cdots, \dfrac{w_n}{w_1}\right) \quad (3\text{-}26)$$

上下文信息可以根据这两个向量进行量化，为了实现这一点，先构造一个属性空间的标准化基础，表示为

$$K = \left[\dfrac{\zeta_1}{\|\zeta_1\|_2}, \dfrac{\zeta_2}{\|\zeta_2\|_2}, \cdots, \dfrac{\zeta_{n-1}}{\|\zeta_{n-1}\|_2}, \dfrac{\psi}{\|\psi\|_2}\right] \quad (3\text{-}27)$$

其中，$K$ 中每个向量都需要进行标准化处理，分母是向量的欧几里得长度。

由于沿主导方向的距离将比沿无差异方向的距离受到更多的关注（Huber et al., 1982），沿主导方向的距离应该受到重视。在转换过程中引入一个矩阵 $A_w$，表示为

$$A_w = \begin{bmatrix} 1 & & & \\ & 1 & & \\ & & \ddots & \\ & & & w_d \end{bmatrix} \quad (3\text{-}28)$$

该矩阵为 $n \times n$ 的对角矩阵，$w_d$ 参数决定主导向量相对于无差异向量的权重信息，较大的 $w_d$ 值将使主导向量具有比无差异向量更多的权重。一般来说，$w_d > 1$。

第四步，获得每位专家 $e_h$ ($h=1,2,\cdots,s$) 与群体之间的相似性得分：

$$\mathrm{sim}_{e_h, e} = \mathrm{e}^{-(2 \times n \times w_d) \times \varphi \times D^2} \quad (3\text{-}29)$$

其中，$\varphi$ 参数的设置取决于实际情况。如果备选集中的集合很相似，$\varphi$ 值可以设置得较大；对于可区分的备选集，$\varphi$ 值可以设置得较小。本节建议 $\varphi$ 值大于 1。$D$ 为基于上下文的距离。如果每位成员和群体的相似程度都很高，那么所有成员都达到了共识一致性，对评价信息的集成和排序可以继续下去。设置阈值 $\phi = 0.8$，

如果有成员的相似性得分达不到设定的阈值，该成员的评价信息需要被修改。目前，修改的方法有两大类：一类是通过一定的机制直接修改评价专家的意见，即当识别出不满足阈值的成员时，不考虑该成员的意愿，对其评价元素进行直接调整；另一类是专家自主调整评价意见，即专家根据组织者提供的评价信息，修正自身评价意见，使给出的意见趋向于群体意见。

（二）模型实施的基本步骤

假设数字化改革的评价由中国通信设备制造业数字化改革成效评估委员会组织进行，相应的专家有能力对改革成效进行资助判断。不失一般性，$w_{e_h}$ 为专家的加权向量，满足 $w_{e_h} \in (0,1)$。专家在 $n$ 个标准下评估 $t$ 个备选方案，评估信息表示为 $\alpha_{ij} = \langle \mu_{ij}, v_{ij} \rangle$，其中 $\mu_{ij} \geq 0$，$v_{ij} \geq 0, 0 \leq \mu_{ij} + v_{ij} \leq 1 (j=1,2,\cdots,n; i=1,2,\cdots,t)$。为了完全记录评价结果，反映专家主观评价的不确定性，本节使用直觉模糊集来表示专家的偏好。图3-3显示了基于IFHAG算子和信任网络的模型实施流程。

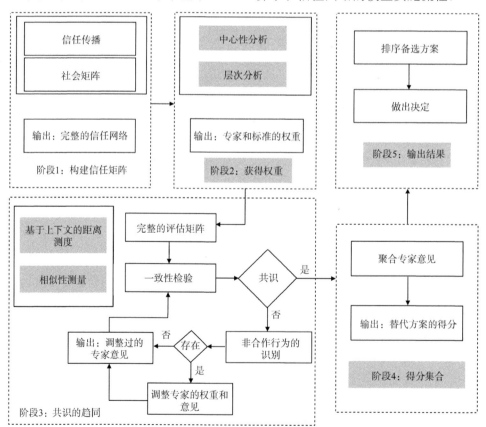

图 3-3　基于 IFHAG 算子和信任网络的模型实施流程

第一步，通过专家之间的直接联系构建初始信任矩阵，然后利用 $A(\mu_{ij},v_{ij})$ 获得专家之间的间接信任，构造完整的信任矩阵 $A$。

第二步，通过式（3-10）和式（3-11）获得成员中心性 $c(e_h)$、群体中心性 $c(g)$，利用式（3-17）获得专家集 $E$ 中每位专家接近中心的接近系数 $\delta_h$，通过接近系数可以确定专家的重要程度，并以此获得专家权重 $w_{e_h}$。使用层次分析法构建标准对比矩阵 $H=(\eta_{ij})_{n\times n}$，其中，$\eta_{ij}$ 为指标 $p_i$ 对指标 $p_j$ 的相对重要性，根据式（3-20）进一步计算指标权重，记为 $w=\{w_1,w_2,\cdots,w_n\}$。

第三步，根据专家的权重将每位专家的评价矩阵聚合成整体评价矩阵，然后根据式（3-23）计算每位专家与群体基于上下文之间的直觉模糊集距离测度 $d(e_h,e)$。通过式（3-29）获得专家与群体之间的相似性得分 $\text{sim}_{e_h,e}$，判断其相似性得分是否达到阈值。如果没有，调整专家的共识度。

第四步，专家达到共识一致性后，利用式（3-7）中的 IFHAG 算子集成备选方案 $p_i(i=1,2,\cdots,t)$ 的评估信息。

第五步，以 $s(\alpha_i)$ 下降顺序依次排列备选方案 $p_i(i=1,2,\cdots,t)$。得分越高，该备选方案就越好。

第六步，结束。

## 五、应用研究

### （一）研究背景与研究对象

随着数字化时代的到来，数字经济已成为全球经济增长的核心动力。同时，制造业正在利用新一代的工业技术提高其竞争优势，调整不平衡的产业结构，占据国际制造业的制高点。虽然中国一直在积极推动"数字经济和实体经济融合"，但数字化改革还是面临了一些难点问题。企业缺乏清晰的战略目标与实践规划，对于数据的应用还处于感知阶段而不是行动阶段，无法构建全生命周期的数据链；大中小企业间数字鸿沟很明显，产业协同水平较低；中小企业数字化基础薄弱，受到人力、资金的限制和约束。因此，数字化改革仍需深入进行。为了对通信设备制造业的数字化改革进行评估，本节选取了具有代表性的四家企业：华为、联想、小米和TCL集团。这四家企业走在数字化改革的前列，将大量的数字化产品引入市场，而多年的实践经验使其洞察数字化改革过程中出现的问题。本节通过对这四家企业进行评估，为其他企业的数字化改革提供建议。

1. 华为（$p_1$）

华为的业务产品包括手机、移动宽带终端和终端云。华为为运营商、企业和消费者提供了一系列全面的信息和通信技术（information and communication technology，ICT）解决方案、产品和服务。在 5G、人工智能和云等技术上，华为具有明显的协同优势，能为客户提供高质量的一致性服务。华为将贡献其多年来在信息和通信技术行业积累的经验、技术和人才培养标准，打造一个开放、合作共赢的良性 ICT 生态环境。

2. 联想（$p_2$）

联想主要生产计算机、服务器、主板和电视等产品。联想在超级计算机和边缘计算方面具有技术优势，并推出了 LeapHD 大数据平台以及数据智能核心平台，帮助企业实现每个环节的数字化。联想致力于推动各行业跨越式发展，为中国企业创造更适合的本土化解决方案。

3. 小米（$p_3$）

小米专注于手机、智能硬件和物联网（Internet of things，IoT）平台的发展。在企业内循环建设中，小米打造了具有高敏捷性和高稳定性的数字化运营平台，实现了互联网、新零售业务和硬件精准交付的数字化纽带建设。在外循环生态建设上，小米通过互通互联的数字化生态管理，实现与生态链企业的多场景、多业态融合，建立了独特而繁荣的小米生态。

4. TCL 集团（$p_4$）

TCL 集团的主营业务是半导体、电子产品、通信设备和新型光电等。TCL 集团早期就启动了"智能+互联网""产品+服务"的"双+"战略转型。然后，TCL 集团应用了"五个在线"策略（在线员工、在线产品、在线客户、在线管理和在线用户）来构建一个针对整个用户生命周期的管理系统。其中，数字化协同办公是 TCL 集团数字化转型规划的一个关键环节。

为了评估数字化效果，组织成立了一个由五位专家（$e_1, e_2, e_3, e_4, e_5$）组成的数字化评估委员会。参与评估的专家的意见相对独立，并来自各个专业领域。

（二）评估过程

本节利用 IFHAG-MCDM 模型，对华为、联想、小米、TCL 集团四家企业的数字化改革成效进行评估。

第一步，假设一个专家小组由具有信任关系的五位专家组成，如图 3-2 所示。专家之间的信任关系构造了信任矩阵 $A$：

$$A = \begin{pmatrix} & & (0.6, 0.2) & & (0.4, 0.5) \\ (0.5, 0.4) & & & (0.6, 0.1) & \\ & (0.9, 0.1) & & (0.5, 0.3) & \\ (0.6, 0.1) & & & & (0.7, 0.2) \\ & (0.8, 0.1) & (0.7, 0.3) & & \end{pmatrix} \quad (3\text{-}30)$$

这是一个不完整的信任矩阵，并不是所有节点都有直接路径，因此要构建间接路径来补充信任矩阵中空缺的部分。例如，$e_3$ 到 $e_1$ 一共有两条最短路径，$e_3 \to e_2 \to e_1$，$e_3 \to e_4 \to e_1$。根据式（3-13）可知，$A_1(\mu_{31}, v_{31}) = (0.45, 0.36)$，$A_2(\mu_{31}, v_{31}) = (0.3, 0.05)$。根据式（3-14）~式（3-16）可得 $A(\mu_{31}, v_{31}) = (0.41, 0.27)$，以此类推，得到其他空缺内容。完整的信任矩阵如下所示：

$$A = \begin{pmatrix} - & (0.49, 0.06) & (0.6, 0.2) & (0.3, 0.18) & (0.4, 0.5) \\ (0.5, 0.4) & - & (0.3, 0.1) & (0.6, 0.1) & (0.32, 0.18) \\ (0.41, 0.27) & (0.9, 0.1) & - & (0.5, 0.3) & (0.35, 0.1) \\ (0.6, 0.1) & (0.56, 0.07) & (0.4, 0.15) & - & (0.7, 0.2) \\ (0.4, 0.32) & (0.8, 0.1) & (0.7, 0.3) & (0.43, 0.13) & - \end{pmatrix}$$

第二步，根据式（3-10）获得：$c(e_1) = (0.48, 0.27)$，$c(e_2) = (0.69, 0.08)$，$c(e_3) = (0.5, 0.19)$，$c(e_4) = (0.46, 0.18)$，$c(e_5) = (0.44, 0.25)$。根据式（3-11）获得：$c(g) = (0.51, 0.19)$。根据式（3-17）、式（3-18）获得每位专家的权重：$w_e = \{0.201, 0.182, 0.212, 0.206, 0.199\}$。根据层次分析法获得判断矩阵，如表 3-1 所示（结果保留两位小数）。

表 3-1 两两配对比较矩阵

| | $q_1$ | $q_2$ | $q_3$ | $q_4$ | $q_5$ | $q_6$ | $q_7$ | $q_8$ | $q_9$ | $q_{10}$ |
|---|---|---|---|---|---|---|---|---|---|---|
| $q_1$ | 1.00 | 1.22 | 1.50 | 2.33 | 2.33 | 2.33 | 1.50 | 1.50 | 1.50 | 2.33 |
| $q_2$ | 0.82 | 1.00 | 1.50 | 2.33 | 2.33 | 2.33 | 1.50 | 1.22 | 1.22 | 2.33 |
| $q_3$ | 0.67 | 0.67 | 1.00 | 1.22 | 1.22 | 1.00 | 0.67 | 0.67 | 0.67 | 0.82 |
| $q_4$ | 0.43 | 0.43 | 0.82 | 1.00 | 0.82 | 0.67 | 0.43 | 0.67 | 0.67 | 0.82 |
| $q_5$ | 0.43 | 0.43 | 0.82 | 1.22 | 1.00 | 0.67 | 0.43 | 0.67 | 0.67 | 1.00 |
| $q_6$ | 0.43 | 0.43 | 1.00 | 1.50 | 1.50 | 1.00 | 0.67 | 0.67 | 0.67 | 1.00 |
| $q_7$ | 0.67 | 0.67 | 1.50 | 2.33 | 2.33 | 1.50 | 1.00 | 1.50 | 1.50 | 2.33 |
| $q_8$ | 0.67 | 0.82 | 1.50 | 1.50 | 1.50 | 1.50 | 0.67 | 1.00 | 1.22 | 2.33 |
| $q_9$ | 0.67 | 0.82 | 1.50 | 1.50 | 1.50 | 1.50 | 0.67 | 0.82 | 1.00 | 1.50 |
| $q_{10}$ | 0.43 | 0.43 | 1.22 | 1.22 | 1.00 | 1.00 | 0.43 | 0.43 | 0.67 | 1.00 |

根据式（3-21）、式（3-22）计算可得 CI=0.01，CR = 0.009 < 0.1，通过一致

性检验。指标权重为{0.155, 0.147, 0.076, 0.060, 0.065, 0.078, 0.136, 0.112, 0.102, 0.069}。

第三步，令 $w_d = 5$，$\varphi = 4$。根据专家的权重对四家企业的评估矩阵的每一项进行加权求和，得到了集成矩阵。根据式（3-23）、式（3-24）和式（3-29）可知 $d_2(e_1, e) = 0.021$，$d_2(e_2, e) = 0.020$，$d_2(e_3, e) = 0.021$，$d_2(e_4, e) = 0.023$，$d_2(e_5, e) = 0.025$，每位专家和群体之间的相似性得分为{0.837, 0.852, 0.844, 0.808, 0.776}，意味着 $e_5$ 没有达到阈值（$\phi = 0.8$）。

经过专家同意后，$e_5$ 调整他的评价信息为（0.57, 0.24）（方案 $p_1$ 上的指标 $q_1$）。根据式（3-29）可知目前每位专家和群体之间的相似性得分为{0.842, 0.856, 0.842, 0.809, 0.805}，意，味着所有专家的共识达成一致。调整过的群体的集成矩阵如表 3-2 所示（结果保留两位小数）。

表 3-2　群体的集成矩阵

| | $p_1$ | $p_2$ | $p_3$ | $p_4$ |
| --- | --- | --- | --- | --- |
| $q_1$ | (0.65, 0.17) | (0.68, 0.16) | (0.72, 0.20) | (0.58, 0.40) |
| $q_2$ | (0.68, 0.22) | (0.72, 0.18) | (0.72, 0.12) | (0.62, 0.28) |
| $q_3$ | (0.76, 0.20) | (0.66, 0.14) | (0.78, 0.16) | (0.64, 0.28) |
| $q_4$ | (0.71, 0.20) | (0.72, 0.22) | (0.70, 0.22) | (0.64, 0.24) |
| $q_5$ | (0.68, 0.20) | (0.64, 0.20) | (0.70, 0.20) | (0.66, 0.24) |
| $q_6$ | (0.70, 0.20) | (0.66, 0.26) | (0.78, 0.18) | (0.58, 0.30) |
| $q_7$ | (0.68, 0.20) | (0.70, 0.24) | (0.74, 0.24) | (0.60, 0.30) |
| $q_8$ | (0.72, 0.16) | (0.70, 0.16) | (0.72, 0.20) | (0.62, 0.28) |
| $q_9$ | (0.72, 0.18) | (0.66, 0.22) | (0.78, 0.20) | (0.64, 0.26) |
| $q_{10}$ | (0.76, 0.12) | (0.78, 0.18) | (0.76, 0.22) | (0.60, 0.20) |

第四步，令 $\lambda = 0.5$，与 IFHAG 算子相关的权重向量是
$\omega = (0.044, 0.072, 0.103, 0.132, 0.149, 0.149, 0.132, 0.103, 0.072, 0.044)^T$
对每家企业的总体评估结果为
$\alpha_1 = \langle 0.756, 0.185 \rangle$，$\alpha_2 = \langle 0.70011, 0.200 \rangle$，$\alpha_3 = \langle 0.763, 0.195 \rangle$，$\alpha_4 = \langle 0.648, 0.275 \rangle$
每家企业的得分函数为
$$s(\alpha_1) = 0.571, \quad s(\alpha_2) = 0.511, \quad s(\alpha_3) = 0.568, \quad s(\alpha_4) = 0.373$$

因此，四家企业的排名为：$p_1 \succ p_3 \succ p_2 \succ p_4$，说明最佳制造企业是华为，之后依次为小米、联想和 TCL 集团。

（三）比较分析

为了验证 IFHAG 算子的合理性和优越性，下面对 IFHAG 算子、IFHA 算子、

IFHWAGA 算子和 IFWAA 算子的计算结果进行比较分析。表 3-3 列出了不同算子下的排名结果。

表 3-3　不同算子下的排名结果

| 算子 | 排名结果 |
| --- | --- |
| IFHAG | $p_1 \succ p_3 \succ p_2 \succ p_4$ |
| IFHA | $p_1 \succ p_3 \succ p_2 \succ p_4$ |
| IFHWAGA | $p_3 \succ p_1 \succ p_2 \succ p_4$ |
| IFWAA | $p_2 \succ p_1 \succ p_3 \succ p_4$ |

在数字化平台建设方面，华为已经实现了平台结构化，能够提高服务质量和运营效率，小米有能力支撑各种业务的发展。TCL 集团已经完成了大量的基础工作，但在系统集成方面没有明显的改进。在产品设计方面，研发是华为最大的业务，信息技术部门对产品的开发涉及的流程、工具、数据、编译环境进行了服务化解耦，推出了七种服务（包括测试云、编译云、开发者社区），大大缩短了产品从研发到生产的时间。在质量监测方面，华为针对每个业务场景构建了实时评价系统，实现质量预测。小米通过应用程序接口（application programming interface，API）直接和电子制造服务（electronic manufacturing services，EMS）工厂的生产执行系统对接，建立虚拟工厂，全面反映工作站、生产线和制造过程层面的各类生产数据。在数字化营销方面，联想为不同成熟度的企业量身定制个性化方案，小米利用新媒体营销工具运营粉丝社群。一般来说，IFHAG 算子计算的排序结果是合理的。基于以上分析，华为的运营效率和成本控制优于小米，而联想和 TCL 集团仍然存在信息孤岛问题，数据云化遇到各种阻碍。但是，联想在用户服务数字化方面取得明显的成果，例如，线上线下的数据融合，数据商业价值的挖掘。因此联想的数字化改革成效优于 TCL 集团。上述例子表明 IFHAG 算子优于其他算子，具体原因分析如下。

与 IFHWAGA 算子不同，IFHAG 算子使得集成过程受到参数的有序位置和指标权重的影响。因此，IFHAG 算子的聚合结果与 IFHWAGA 算子的聚合结果不同。IFWAA 算子和 IFHA 算子通常受到较大参数值的影响，而 IFHA 算子添加了位置权重参数，这意味着这两个算子的排序结果会不一样。本节提出的 IFHAG 算子是对以往算子的一种改进。$\lambda$ 值是根据专家的偏好或实际要求选择的，位置权重参数能使各标准的评价结果更合理。IFHAG 算子中和了 IFHA 算子和 IFHG 算子的集成值，使其在 IF 信息聚合方面优于之前的算子。

如图 3-4 所示，整体排名随参数 $\lambda$ 的变动略有改变。当 $\lambda \geqslant 0.5$ 时，IFHAG 算子显示出更好的稳定性。

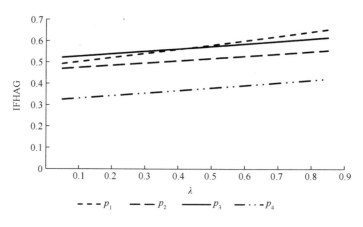

图 3-4  IFHAG 算子的稳健性分析

### 六、政策建议

根据上述研究，本节提出以下几点政策建议。

(1) 政府在制订制造业数字化改革评估方案时，应根据具体情况构建专属的评估标准体系。由于技术的快速发展和行业情形的变化，在进行评估工作之前，政府需要对市场动态进行深入分析（Albukhitan，2020）。对结果进行量化考核的标准应由专家商定，其中，$e_3$（权重为 0.212）对评估过程的影响最大。

(2) 从评估标准来看，数字化管理中的数字化中台和供应链管理信息化的建设比较重要。在企业数字化改革过程中，信息架构的建设是核心内容。企业要考虑系统的持续建设和集成，借助各种信息系统的连接，在数字转换所需的数据、业务和应用场景之间形成一个交互式蓝图（Di，2021）。

(3) 数字化改革不仅包括技术改革，还包括战略改革（Egor，2020）。制造业企业的数字化改革是一个持续而渐进的过程，技术、管理和政策的融合可以促使企业进步。除了信息和制造技术的支持，企业需要重新配置内部资源，调整其流程和结构，确保其业务与数字化改革战略保持一致。此外，企业还要在财政、税收、土地建设、投融资、进出口、人才培养等方面引进国家和地方政府的优惠政策，与制造业一起创造良好的市场生态环境。

## 第三节  基于 HLWAD 的直觉语言模糊评价方法及应用

### 一、研究背景

随着城市化进程的不断加速，混凝土材料的需求在近几年呈不断扩张之势。

据不完全统计，目前我国混凝土年需求量超 50 亿吨，且保持了一定的增长速度。混凝土材料的大量使用会衍生出一系列资源消耗与生态问题。比如，每吨水泥熟料的制作需要 1.5 吨石灰石、0.3 吨黏土，以及 2 吨左右的粗骨料和 1.5 吨左右的细骨料等原材料，由此造成的生态问题包括：石头的开采、河沙的挖取与运输，以及相关固体废弃物的排放与空气质量问题等。

因此，关于混凝土的绿色问题（包括混凝土材料的环保问题与可持续使用问题、混凝土生产过程的污染问题等）成为建筑部门、环保部门关注的焦点。本节正是基于这一背景，利用直觉语言模糊评价方法，探讨混凝土材料的选择问题。

## 二、混凝土材料的评价指标体系构建

### （一）指标体系构建基本思路

评价指标体系的构建是混凝土材料选择过程中的关键环节。根据现有文献，本节选择了包含六个指标在内的四个方面来构建评价指标体系（表 3-4）。

表 3-4　混凝土材料选择指标

| 方面 | 指标 | 缩写 | 指标设计依据 |
| --- | --- | --- | --- |
| 能源可持续性 | 内含能量 | $A_1$ | Taffese 和 Abegaz（2019）；Kumanayake 等（2018）；Hammond 和 Jones（2008） |
| | 内含碳 | $A_2$ | Butean 和 Heghes（2020）；Zhu 等（2020）；Taffese 和 Abegaz（2019）；Bravo 等（2017） |
| 经济性 | 采购成本 | $A_3$ | Solomon 和 Hemalatha（2020）；Praseeda 等（2015） |
| 舒适性 | 热性能 | $A_4$ | Jin 等（2020）；Zhang 等（2019a，2019b） |
| | 平衡室外湿度波动的能力 | $A_5$ | Shaik 等（2020）；Xie 等（2020） |
| 安全性 | 抗压强度 | $A_6$ | Kandiri 等（2020）；Anyaoha 等（2020）；Pittau 等（2018）；Rohan（2016） |

在能源可持续性方面，内含能量和内含碳是反映能源消耗和二氧化碳排放的两个主要指标。考虑到建筑内部的舒适性，混凝土材料的热性能和平衡室外湿度波动的能力显得尤为重要。对于混凝土材料的经济性而言，由于混凝土在建筑行业中广泛应用，采购成本是评估经济可能性的关键指标。从安全性角度看，混凝土是许多建筑构造的基本材料。因此，抗压强度也是衡量建筑物坚固程度和安全性的一个重要指标。

## （二）指标解释

### 1. 内含能量（$A_1$）

混凝土材料的内含能量是指混凝土材料生产、加工、运输、施工全过程所消耗的总能量，是直接和间接能耗之和。内含能量越低，混凝土材料的能耗就越少，节能效果也越好。

### 2. 内含碳（$A_2$）

混凝土材料在生产、加工等过程中会向大气中排放二氧化碳。二氧化碳大量排放会造成空气污染，引发全球温室效应，是全球气候变化的主要原因之一。因此，混凝土材料中含碳量越少，二氧化碳排放量就越低。

### 3. 采购成本（$A_3$）

混凝土材料经常用于建筑业。混凝土的采购成本变化很大，降低采购成本有利于节约施工成本。因此，采购成本可以作为衡量混凝土材料的经济指标。

### 4. 热性能（$A_4$）

建筑的室外温度在夏天一般很高，混凝土材料良好的热性能使室内温度在一天中的峰值达到较低水平，从而提高室内的居住舒适性。相比之下，冬季室外温度普遍较低，并且在夜间达到最低点。在混凝土材料优异的热性能作用下，室内温度在夜间能达到一个较高的水平。本节结合建筑夏季的最高室内温度和冬季夜间的最低温度来衡量混凝土材料的热性能。

### 5. 平衡室外湿度波动的能力（$A_5$）

衡量某种混凝土材料平衡室外湿度波动能力的一个指标是一天内室内湿度的变化范围。变化范围越小，平衡室外湿度波动的能力就越好。本节结合建筑夏季和冬季的室内湿度变化范围来衡量混凝土材料平衡室外湿度波动的能力。

### 6. 抗压强度（$A_6$）

混凝土抗压强度是指边长 150 mm 的立方体在标准养护条件下，养护至 28 天龄期，用标准试验方法测得的极限抗压强度，是影响建筑物稳定性的因素之一。抗压强度越大，材料所能承受的最大压力就越大。

## 三、指标权重确定

当信息完全未知时,通常用来确定权重的计算方法包括层次分析法和熵测度。而在本节中,指标信息是部分已知的,所以优先采用编程模型计算权重。步骤如下。

第一步,使用直觉语言数建立一个矩阵($\mu \times \nu$),该矩阵包含$\mu$个不同的专家和$\nu$个不同的指标。

第二步,利用式(3-31)和式(3-32)计算各指标的正理想解(positive ideal solutions,PIS)和负理想解(negative ideal solutions,NIS)。

$$A_j^+ = \max{}_{j \in \text{benefit}}(H(A_j)) \text{ or } \min{}_{j \in \text{cost}}(H(A_j)) \qquad (3\text{-}31)$$

$$A_j^- = \max{}_{j \in \text{cost}}(H(A_j)) \text{ or } \min{}_{j \in \text{benefit}}(H(A_j)) \qquad (3\text{-}32)$$

其中,$H(A_j) = \dfrac{\theta}{t-1} \times (\mu+\nu)$;$A_j^+$表示第$j$个指标的PIS值;$A_j^-$表示第$j$个指标的NIS值。

第三步,使用PIS和NIS值建立一个目标函数:

$$\min T = \sum_{j=1}^{n} w_j \sum_{i=1}^{m} (d(A_{ij}, A_j^+) - d(A_{ij}, A_j^-)) \qquad (3\text{-}33)$$

其中,$0 \leqslant w_j \leqslant 1$,$\sum_{j=1}^{n} w_j = 1$。$d(\cdot)$为两个直觉语言数之间的距离。例如,对于两个直觉语言数$A_1$和$A_2$,有

$$d(A_1, A_2) = \frac{1}{2(t-1)} \times (|(1+\mu(A_1)-\nu(A_1))\theta(A_1) - (1+\mu(A_2)-\nu(A_2))\theta(A_2)|)\sigma_X \qquad (3\text{-}34)$$

## 四、基于 HWLAD 算子的直觉语言模糊评价方法

前面已在直觉模糊环境下对 HWLAD 算子进行了拓展,提出了 ILHWLAD 算子。本节将基于 ILHWLAD 算子,使用权重编程模型计算权重,并使用 MCDM 框架来构造模型。具体步骤如图 3-5 所示。

现假设有$m$个不同的备选方案,分别表示为$C_1, C_2, \cdots, C_m$。$t$个受邀专家$e_1, e_2, \cdots, e_t$要求在有限准则下评价备选方案,该过程可概括为以下步骤。

第一步,每个专家$e_q(q=1,2,\cdots,t)$(相应的权重为$\tau_q$,满足$0 \leqslant \tau_q \leqslant 1$,$\sum_{q=1}^{t} \tau_q = 1$)用直觉语言数评估每个备选方案在每个指标上的表现,由此,得到个体评价矩阵$R^q = (r_{ij}^{(q)})_{m \times n}$。其中$r_{ij}^{(q)}$为第$q$个专家根据指标$E_j(j=1,2,\cdots,n)$对备选方案$C_i$的评估值。

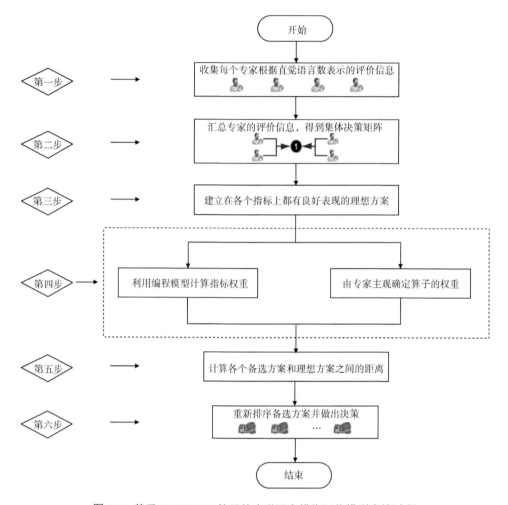

图 3-5  基于 ILHWLAD 算子的直觉语言模糊评价模型实施过程

第二步,汇总个人评估信息来计算得到集体决策矩阵 $R = (r_{ij})_{m \times n}$。其中,$r_{ij} = \sum_{q=1}^{t} \tau_q r_{ij}^{(q)}$。

第三步,通过设置每个指标的理想表现来建立理想的备选方案。

第四步,利用前述提到的编程模型,根据式(3-35)得到指标的权重。然后,由专家确定算子的权重。

第五步,利用 ILHWLAD 方法计算备选方案 $C_i (i=1,2,\cdots,m)$ 和理想方案 $I$ 之间的距离:

$$\text{ILHWLAD}((\tilde{a}_1,\tilde{b}_1),(\tilde{a}_2,\tilde{b}_2),\cdots,(\tilde{a}_n,\tilde{b}_n)) = \exp\left\{\sum_{j=1}^{n} w_j \ln(\overline{D}_{\sigma(j)})\right\} \quad (3-35)$$

第六步，根据前面步骤得到的距离值，可以对备选方案进行排序并评价。

## 五、应用研究

### （一）研究对象

建筑业使用的混凝土材料主要有石灰麻混凝土（lime hemp concrete，LHC）、蒸压加气混凝土（autoclaved aerated concrete，AAC）、空心混凝土砖块（hollow concrete block，HCB）、发泡聚苯乙烯（expanded poly styrene，EPS）。

**1. LHC（$C_1$）**

LHC 是一种新型的石灰麻复合材料，具有优良的热性能和湿处理能力。由于内含能量和内含碳较低，因此，生产过程中的能源消耗和二氧化碳排放较少。但 LHC 的力学性能较低，所以它被广泛应用于屋顶、墙体、楼板保温材料等。

**2. AAC（$C_2$）**

AAC 在生产过程中会在内部形成大量的小孔，具有良好的隔热、隔音功能。此外，AAC 相对较轻，密度约为黏土砖的 1/3，一般用于建筑外墙填充和非承重内隔墙。

**3. HCB（$C_3$）**

HCB 具有密度低、热性能好、砌筑方便等优点，广泛应用于工业和民用建筑，尤其是多层建筑的承重墙和框架结构填充墙。另外，它也经常被用来建造栅栏、花坛、桥梁等。

**4. EPS（$C_4$）**

EPS 是一种具有良好隔热性能的轻质聚合物，常用于建筑外墙、屋顶、地板的保温系统。

### （二）混凝土材料的多指标评价过程

根据前述提出的指标体系，现假设有四位专家（专家权重 $\tau=(0.25, 0.3, 0.2, 0.25)$）利用直觉语言数在六个指标下分别评估四种备选混凝土，其中语言项集设定为 $K=(k_1, k_2, k_3, k_4, k_5, k_6, k_7)$。

第一步，让每一个专家通过直觉语言数在给定的指标下表达对四种混凝土材料的评价。直觉语言个体评价矩阵如表 3-5~表 3-8 所示。

**表 3-5　直觉语言个体评价矩阵——专家 1**

|  | $E_1$ | $E_2$ | $E_3$ | $E_4$ | $E_5$ | $E_6$ |
|---|---|---|---|---|---|---|
| $C_1$ | $\langle k_6, (0.5, 0.4)\rangle$ | $\langle k_6, (0.3, 0.4)\rangle$ | $\langle k_3, (0.6, 0.3)\rangle$ | $\langle k_6, (0.2, 0.6)\rangle$ | $\langle k_6, (0.4, 0.4)\rangle$ | $\langle k_6, (0.7, 0.4)\rangle$ |
| $C_2$ | $\langle k_4, (0.3, 0.6)\rangle$ | $\langle k_5, (0.5, 0.4)\rangle$ | $\langle k_6, (0.7, 0.2)\rangle$ | $\langle k_6, (0.5, 0.5)\rangle$ | $\langle k_5, (0.5, 0.5)\rangle$ | $\langle k_4, (0.2, 0.8)\rangle$ |
| $C_3$ | $\langle k_5, (0.2, 0.7)\rangle$ | $\langle k_4, (0.6, 0.2)\rangle$ | $\langle k_4, (0.6, 0.3)\rangle$ | $\langle k_5, (0.9, 0.1)\rangle$ | $\langle k_5, (0.4, 0.4)\rangle$ | $\langle k_7, (0.1, 0.9)\rangle$ |
| $C_4$ | $\langle k_3, (0.7, 0.2)\rangle$ | $\langle k_3, (0.2, 0.8)\rangle$ | $\langle k_5, (0.1, 0.9)\rangle$ | $\langle k_6, (0.3, 0.6)\rangle$ | $\langle k_2, (0.4, 0.4)\rangle$ | $\langle k_2, (0.3, 0.6)\rangle$ |

**表 3-6　直觉语言个体评价矩阵——专家 2**

|  | $E_1$ | $E_2$ | $E_3$ | $E_4$ | $E_5$ | $E_6$ |
|---|---|---|---|---|---|---|
| $C_1$ | $\langle k_7, (0.7, 0.2)\rangle$ | $\langle k_7, (0.8, 0)\rangle$ | $\langle k_3, (0.6, 0.3)\rangle$ | $\langle k_6, (0.5, 0.5)\rangle$ | $\langle k_7, (0.3, 0.6)\rangle$ | $\langle k_2, (0.4, 0.5)\rangle$ |
| $C_2$ | $\langle k_5, (0.2, 0.7)\rangle$ | $\langle k_5, (0.4, 0.6)\rangle$ | $\langle k_6, (0.7, 0.2)\rangle$ | $\langle k_6, (0.6, 0.4)\rangle$ | $\langle k_5, (0.6, 0.3)\rangle$ | $\langle k_3, (0.9, 0)\rangle$ |
| $C_3$ | $\langle k_5, (0.4, 0.5)\rangle$ | $\langle k_4, (0.7, 0.3)\rangle$ | $\langle k_5, (0.5, 0.3)\rangle$ | $\langle k_4, (0.2, 0.7)\rangle$ | $\langle k_5, (0.3, 0.6)\rangle$ | $\langle k_7, (0.4, 0.5)\rangle$ |
| $C_4$ | $\langle k_3, (0.2, 0.8)\rangle$ | $\langle k_4, (0.7, 0.2)\rangle$ | $\langle k_5, (0.4, 0.5)\rangle$ | $\langle k_3, (0.5, 0.4)\rangle$ | $\langle k_2, (0.1, 0.8)\rangle$ | $\langle k_2, (0.8, 0.1)\rangle$ |

**表 3-7　直觉语言个体评价矩阵——专家 3**

|  | $E_1$ | $E_2$ | $E_3$ | $E_4$ | $E_5$ | $E_6$ |
|---|---|---|---|---|---|---|
| $C_1$ | $\langle k_7, (0.3, 0.6)\rangle$ | $\langle k_6, (0.4, 0.5)\rangle$ | $\langle k_3, (0.3, 0.6)\rangle$ | $\langle k_7, (0.8, 0.1)\rangle$ | $\langle k_6, (0.8, 0.2)\rangle$ | $\langle k_3, (0.7, 0.2)\rangle$ |
| $C_2$ | $\langle k_4, (0.3, 0.7)\rangle$ | $\langle k_5, (0.5, 0.4)\rangle$ | $\langle k_7, (0.8, 0.1)\rangle$ | $\langle k_7, (0.3, 0.6)\rangle$ | $\langle k_5, (0.4, 0.5)\rangle$ | $\langle k_4, (0.4, 0.6)\rangle$ |
| $C_3$ | $\langle k_6, (0.8, 0.2)\rangle$ | $\langle k_5, (0.4, 0.6)\rangle$ | $\langle k_5, (0.5, 0.4)\rangle$ | $\langle k_5, (0.2, 0.7)\rangle$ | $\langle k_4, (0.8, 0.2)\rangle$ | $\langle k_7, (0.7, 0.2)\rangle$ |
| $C_4$ | $\langle k_3, (0.4, 0.5)\rangle$ | $\langle k_3, (0.7, 0.2)\rangle$ | $\langle k_6, (0.5, 0.4)\rangle$ | $\langle k_3, (0.6, 0.3)\rangle$ | $\langle k_3, (0.6, 0.4)\rangle$ | $\langle k_3, (0.6, 0.2)\rangle$ |

**表 3-8　直觉语言个体评价矩阵——专家 4**

|  | $E_1$ | $E_2$ | $E_3$ | $E_4$ | $E_5$ | $E_6$ |
|---|---|---|---|---|---|---|
| $C_1$ | $\langle k_7, (0.4, 0.5)\rangle$ | $\langle k_6, (0.6, 0.3)\rangle$ | $\langle k_3, (0.7, 0.2)\rangle$ | $\langle k_6, (0.7, 0.2)\rangle$ | $\langle k_6, (0.2, 0.7)\rangle$ | $\langle k_3, (0.4, 0.4)\rangle$ |
| $C_2$ | $\langle k_4, (0.3, 0.4)\rangle$ | $\langle k_4, (0.5, 0.4)\rangle$ | $\langle k_6, (0.6, 0.2)\rangle$ | $\langle k_6, (0.5, 0.5)\rangle$ | $\langle k_4, (0.2, 0.8)\rangle$ | $\langle k_4, (0.8, 0.1)\rangle$ |
| $C_3$ | $\langle k_6, (0.6, 0.3)\rangle$ | $\langle k_4, (0.7, 0.2)\rangle$ | $\langle k_4, (0.6, 0.3)\rangle$ | $\langle k_5, (0.3, 0.6)\rangle$ | $\langle k_4, (0.1, 0.9)\rangle$ | $\langle k_7, (0.4, 0.4)\rangle$ |
| $C_4$ | $\langle k_4, (0.6, 0.2)\rangle$ | $\langle k_3, (0.5, 0.5)\rangle$ | $\langle k_6, (0.1, 0.9)\rangle$ | $\langle k_4, (0.4, 0.5)\rangle$ | $\langle k_2, (0.6, 0.3)\rangle$ | $\langle k_3, (0.3, 0.5)\rangle$ |

第二步，根据个体评价矩阵和专家权重，得到如表 3-9 所示的集体直觉语言评价矩阵（计算结果保留两位小数）。

**表 3-9　集体直觉语言评价矩阵**

|  | $E_1$ | $E_2$ | $E_3$ | $E_4$ | $E_5$ | $E_6$ |
|---|---|---|---|---|---|---|
| $C_1$ | $\langle k_{6.46}, (0.52, 0.37)\rangle$ | $\langle k_{6.35}, (0.60, 0.00)\rangle$ | $\langle k_{5.27}, (0.58, 0.31)\rangle$ | $\langle k_{6.32}, (0.59, 0.30)\rangle$ | $\langle k_{6.35}, (0.46, 0.45)\rangle$ | $\langle k_{5.11}, (0.56, 0.37)\rangle$ |
| $C_2$ | $\langle k_{5.77}, (0.27, 0.59)\rangle$ | $\langle k_{5.91}, (0.47, 0.45)\rangle$ | $\langle k_{6.32}, (0.70, 0.17)\rangle$ | $\langle k_{6.32}, (0.50, 0.49)\rangle$ | $\langle k_{5.91}, (0.46, 0.48)\rangle$ | $\langle k_{5.54}, (0.71, 0.00)\rangle$ |

续表

|  | $E_1$ | $E_2$ | $E_3$ | $E_4$ | $E_5$ | $E_6$ |
|---|---|---|---|---|---|---|
| $C_3$ | $\langle k_{6.11}, (0.53, 0.40)\rangle$ | $\langle k_{5.72}, (0.63, 0.28)\rangle$ | $\langle k_{5.83}, (0.55, 0.32)\rangle$ | $\langle k_{5.89}, (0.54, 0.41)\rangle$ | $\langle k_{5.77}, (0.44, 0.48)\rangle$ | $\langle k_{6.52}, (0.42, 0.46)\rangle$ |
| $C_4$ | $\langle k_{5.37}, (0.50, 0.36)\rangle$ | $\langle k_{5.39}, (0.56, 0.36)\rangle$ | $\langle k_{6.11}, (0.32, 0.64)\rangle$ | $\langle k_{5.37}, (0.46, 0.44)\rangle$ | $\langle k_{4.86}, (0.44, 0.46)\rangle$ | $\langle k_{4.98}, (0.57, 0.33)\rangle$ |

第三步，根据四种混凝土材料的有关信息，四位专家构造一种在各项指标上性能均良好的理想混凝土，结果见表3-10。

表 3-10　混凝土理想解

|  | $E_1$ | $E_2$ | $E_3$ | $E_4$ | $E_5$ | $E_6$ |
|---|---|---|---|---|---|---|
| $I_1$ | $\langle k_7, (0.9, 0.1)\rangle$ | $\langle k_7, (0.9, 0)\rangle$ | $\langle k_7, (0.8, 0.2)\rangle$ | $\langle k_6, (0.9, 0.1)\rangle$ | $\langle k_7, (0.8, 0.1)\rangle$ | $\langle k_7, (0.9, 0.1)\rangle$ |

第四步，根据表 3-9 和式（3-31）、式（3-32），确定各个指标的 PIS 和 NIS 值，结果见表 3-11（计算结果保留两位小数）。

表 3-11　各个指标的 PIS 和 NIS 值

|  | $E_1$ | $E_2$ | $E_3$ | $E_4$ | $E_5$ | $E_6$ |
|---|---|---|---|---|---|---|
| $A_j^+$ | $\langle k_{6.46}, (0.52, 0.37)\rangle$ | $\langle k_{5.91}, (0.47, 0.45)\rangle$ | $\langle k_{6.11}, (0.32, 0.64)\rangle$ | $\langle k_{6.32}, (0.50, 0.49)\rangle$ | $\langle k_{6.35}, (0.46, 0.45)\rangle$ | $\langle k_{6.52}, (0.42, 0.46)\rangle$ |
| $A_j^-$ | $\langle k_{5.37}, (0.50, 0.36)\rangle$ | $\langle k_{6.35}, (0.60, 0.00)\rangle$ | $\langle k_{5.27}, (0.58, 0.31)\rangle$ | $\langle k_{5.37}, (0.46, 0.44)\rangle$ | $\langle k_{4.86}, (0.44, 0.46)\rangle$ | $\langle k_{5.54}, (0.71, 0.00)\rangle$ |

再根据式（3-34），计算得到距离矩阵见表 3-12（计算结果保留两位小数）。

表 3-12　各个指标的总距离

|  | $E_1$ | $E_2$ | $E_3$ | $E_4$ | $E_5$ | $E_6$ |
|---|---|---|---|---|---|---|
| 距离 | 0.08 | −0.32 | 0.43 | −0.16 | −0.02 | −0.53 |

在许多实际情况中，关于指标权重的信息是不完整的，在第四步中首先要确定指标权重。假设关于指标的权重信息设为如下集合：

$H = \{\omega_2 + \omega_4 + \omega_5 + \omega_6 \leq 0.6, \omega_1 \leq 0.15, \omega_3 \leq 0.25, \omega_2 \leq 0.2, \omega_6 \leq 0.15, \omega_4 + \omega_6 \leq 0.3\}$

利用式（3-33）确定了目标函数和约束条件。目标函数如下：

$$Z = 0.080\omega_1 - 0.320\omega_2 + 0.426\omega_3 - 0.161\omega_4 - 0.024\omega_5 - 0.533\omega_6 \tag{3-36}$$

最后，通过使用 Python 软件进行编程，得到指标权重向量为 $\omega = (0.15, 0.2, 0.25, 0.15, 0.1, 0.15)^T$。

同时，ILHWLAD 算子的权重向量设定为 $\omega = (0.2, 0.15, 0.25, 0.1, 0.15, 0.15)^T$。

第五步，根据式（3-35）和已知信息，利用 ILHWLAD 算子计算备选混凝土和理想混凝土之间的距离，有

ILHWLAD（$C_1,I$）=0.3651，ILHWLAD（$C_2,I$）=0.3717

ILHWLAD（$C_3,I$）=0.4319，ILHWLAD（$C_4,I$）=0.5338

第六步，ILHWLAD（$C_i,I$）值越小，备选混凝土 $C_i$ 就越接近理想混凝土。因此，$C_i$ 的排序如下：

$$C_1 \succ C_2 \succ C_3 \succ C_4$$

因此，最优的混凝土是 LHC。

## 六、比较分析

为了验证 ILHWLAD 方法的优越性和合理性，本节对 ILOWLAD、ILOWAD 和 ILWLAD 与 ILHWLAD 方法在混凝土材料选择中的计算结果进行了比较。根据公式（3-9），使用 ILOWLAD 方法计算的备选方案与理想混凝土之间的距离如下所示：

ILOWLAD($C_1,I$) = 0.3786，ILOWLAD($C_2,I$) = 0.3991

ILOWLAD($C_3,I$) = 0.4445，ILOWLAD($C_4,I$) = 0.5476

使用 ILOWAD 方法，有

ILOWAD($C_1,I$) = 0.3963，ILOWAD($C_2,I$) = 0.4579

ILOWAD($C_3,I$) = 0.4516，ILOWAD($C_4,I$) = 0.5499

用 ILWLAD 方法得到的结果如下：

ILWLAD（$C_1,I$）=0.3563，ILWLAD（$C_2,I$）=0.3387

ILWLAD（$C_3,I$）=0.4237，ILWLAD（$C_4,I$）=0.5455

因此，根据 ILOWLAD、ILOWAD 和 ILWLAD 方法得到的四个备选方案的最终排名分别是 $C_1 \succ C_2 \succ C_3 \succ C_4$、$C_1 \succ C_3 \succ C_2 \succ C_4$ 和 $C_2 \succ C_1 \succ C_3 \succ C_4$。不同方法的排名顺序如表 3-13 所示。

表 3-13 不同方法的排名顺序

| 方法 | 排序 |
| --- | --- |
| ILHWLAD | $C_1 \succ C_2 \succ C_3 \succ C_4$ |
| ILOWLAD | $C_1 \succ C_2 \succ C_3 \succ C_4$ |
| ILOWAD | $C_1 \succ C_3 \succ C_2 \succ C_4$ |
| ILWLAD | $C_2 \succ C_1 \succ C_3 \succ C_4$ |

以上四种方法得到的排序结果不尽相同。如表 3-13 所示，根据 ILHWLAD、ILOWLAD 和 ILOWAD 方法得到的最佳混凝土为 LHC。LHC 在热性能、内含能

量和内含碳等方面表现良好，是一种优质的环保隔热建筑材料。使用 LHC 建造的建筑不仅减少了二氧化碳排放，还降低了能源消耗。然而，根据 ILWLAD 方法的测量结果，AAC 是最合适的混凝土材料。此外，EPS 在四种算子的测量结果中表现较差，主要是因为在本节构建的评价标准体系中，EPS 的抗压强度较低，在制造过程中比其他三种材料会消耗更多的能量和排放更多的二氧化碳。

以上四种方法得到的排序结果不一致的原因可归纳为如下三方面。

第一，ILOWLAD 和 ILOWAD 方法考虑了参数的排序机制，并更加重视有序偏差的重要性。但 ILWLAD 方法倾向于考虑指标本身的重要性。在 ILWLAD 方法下，AAC 在经济性方面优于其他三种混凝土材料。因此，从采购成本指标来看，AAC 与理想解的距离最小。然而，在 ILOWLAD 算子和 ILOWAD 算子的集成过程中，更高的权重匹配那些更大的直觉语言距离，并且在与之对应的指标上，LHC 比其他三种混凝土材料表现得更好。因此，LHC 和理想解的距离是最小的。

第二，与 ILOWAD 算子相比，ILOWLAD 算子实现了距离的对数变换。在某个特定指标下，如果备选方案的评价越接近理想解，对数变换的优势就更明显。这种情况下，AAC 在采购成本指标上最接近理想解，拉开了和 HCB 之间的差距。因此，这两种算子测度得到的第二名和第三名的结果不同。

第三，ILWLAD 方法衡量指标的重要性，ILOWLAD 方法则只考虑有序偏差的重要性。在集合过程中，ILWLAD 和 ILOWLAD 方法各自考虑不同的方面。ILHWLAD 方法通过同时考虑输入参数和有序位置来弥补这点不足。因此，ILHWLAD 算子可以说是四个算子中最合适的。

# 第四章　毕达哥拉斯模糊环境下的综合评价方法及应用

毕达哥拉斯模糊集理论自从被提出以来,吸引了许多国内外学者的广泛关注。相较于其他模糊数,毕达哥拉斯模糊数在表示不确定信息时具有更广的范围和更高的容忍度。另外,毕达哥拉斯模糊理论体系也在逐渐完善,衍生出了区间毕达哥拉斯模糊数、毕达哥拉斯犹豫模糊数、毕达哥拉斯三支模糊数等。因此,本章将以毕达哥拉斯模糊集为研究对象,主要探索基于毕达哥拉斯模糊环境下的多指标评价问题。

## 第一节　毕达哥拉斯模糊算子的拓展

### 一、PFOWLAD 算子

**定义 4-1**　设 $A=\{\alpha_1,\alpha_2,\cdots,\alpha_n\}$ 和 $B=\{\beta_1,\beta_2,\cdots,\beta_n\}$ 为两个毕达哥拉斯模糊数集合,且 $d_{\mathrm{PFD}}(\alpha_i,\beta_i)$ 为元素 $\alpha_i$ 和 $\beta_i$ 之间的距离。$W=\{w_1,w_2,\cdots,w_n\}$ 是一个相关权重向量且满足 $0\leqslant w_j\leqslant 1$ 和 $\sum_{j=1}^{n}w_j=1$,则 PFOWLAD 算子定义为

$$\begin{aligned}&\mathrm{PFOWLAD}(\langle\alpha_1,\beta_1\rangle,\langle\alpha_2,\beta_2\rangle,\cdots,\langle\alpha_n,\beta_n\rangle)\\&=\exp\left\{\sum_{j=1}^{n}w_j\ln(d_{\mathrm{PFD}}(\alpha_{\sigma(j)},\beta_{\sigma(j)}))\right\}\end{aligned} \tag{4-1}$$

其中,$d_{\mathrm{PFD}}(\alpha_{\sigma(j)},\beta_{\sigma(j)})$ 表示第 $j$ 大的 $d_{\mathrm{PFD}}(\alpha_i,\beta_i)$。

**例 4-1**　设两个毕达哥拉斯模糊数集合为 $A=\{\langle 0.5,0.8\rangle,\langle 0.6,0.4\rangle,\langle 0.3,0.9\rangle,\langle 0.5,0.7\rangle\}$, $B=\{\langle 0.6,0.5\rangle,\langle 0.7,0.4\rangle,\langle 0.9,0.2\rangle,\langle 0.4,0.8\rangle\}$,且有一个权重向量为 $W=\{0.4,0.3,0.1,0.2\}$,则使用 PFOWLAD 算子的计算过程如下。

第一步,计算各对应元素之间的单独距离 $d_{\mathrm{PFD}}(\alpha_i,\beta_i)(i=1,2,3,4)$。

$$d_{\text{PFD}}(\alpha_1,\beta_1)$$
$$=\frac{1}{2}(|0.5^2-0.6^2|+|0.8^2-0.5^2|+|1-0.5^2-0.8^2|-|1-0.6^2-0.5^2|)$$
$$=0.11$$

类似地，可以得到：$d_{\text{PFD}}(\alpha_2,\beta_2)=0.13$，$d_{\text{PFD}}(\alpha_3,\beta_3)=0.72$，$d_{\text{PFD}}(\alpha_4,\beta_4)=0.15$。

第二步，对 $d_{\text{PFD}}(\alpha_i,\beta_i)(i=1,2,3,4)$ 按照降序进行排序。

$$d_{\text{PFD}}(\alpha_{(1)},\beta_{(1)})=d_{\text{PFD}}(\alpha_3,\beta_3)=0.72,\ d_{\text{PFD}}(\alpha_{(2)},\beta_{(2)})=d_{\text{PFD}}(\alpha_4,\beta_4)=0.15$$
$$d_{\text{PFD}}(\alpha_{(3)},\beta_{(3)})=d_{\text{PFD}}(\alpha_2,\beta_2)=0.13,\ d_{\text{PFD}}(\alpha_{(4)},\beta_{(4)})=d_{\text{PFD}}(\alpha_1,\beta_1)=0.11$$

第三步，利用 PFOWLAD 算子将单独距离进行集成计算。

$$\text{PFOWLAD}(\langle\alpha_1,\beta_1\rangle,\cdots,\langle\alpha_4,\beta_4\rangle)$$
$$=\exp\left\{\sum_{j=1}^{4}w_j\ln(d_{\text{PFD}}(\alpha_{\sigma(j)},\beta_{\sigma(j)}))\right\}$$
$$=\exp\{0.4\times\ln(0.72)+0.3\times\ln(0.15)+0.1\times\ln(0.13)+0.2\times\ln(0.11)\}$$
$$=0.2603$$

## 二、PFIOWLAD 算子及性质

### （一）PFIOWLAD 算子

**定义 4-2** 设 $A=\{\alpha_1,\alpha_2,\cdots,\alpha_n\}$ 和 $B=\{\beta_1,\beta_2,\cdots,\beta_n\}$ 为两个毕达哥拉斯模糊数集合，且 $d_{\text{PFD}}(\alpha_i,\beta_i)$ 为元素 $\alpha_i$ 和 $\beta_i$ 之间的距离。$W=\{w_1,w_2,\cdots,w_n\}$ 是一个相关权重向量且满足 $0\leqslant w_j\leqslant 1$ 和 $\sum_{j=1}^{n}w_j=1$，$U=\{u_1,u_2,\cdots,u_n\}$ 是一个有序诱导向量，则 PFIOWLAD 算子定义为

$$\text{PFIOWLAD}(\langle u_1,\alpha_1,\beta_1\rangle,\langle u_2,\alpha_2,\beta_2\rangle,\cdots,\langle u_n,\alpha_n,\beta_n\rangle)$$
$$=\exp\left\{\sum_{j=1}^{n}w_j\ln(d_{\text{PFD}}(\alpha_{\sigma(j)},\beta_{\sigma(j)}))\right\} \quad (4\text{-}2)$$

其中，$d_{\text{PFD}}(\alpha_{\sigma(j)},\beta_{\sigma(j)})$ 表示模糊数对 $\langle u_i,x_i,y_i\rangle$ 中第 $j$ 大的 $u_i$ 所对应的 $d_{\text{PFD}}(\alpha_i,\beta_i)$。

**例 4-2**（续例 4-1） 设两个毕达哥拉斯模糊数集合为 $A=\{\langle 0.5,0.8\rangle,\langle 0.6,0.4\rangle,\langle 0.3,0.9\rangle,\langle 0.5,0.7\rangle\}$，$B=\{\langle 0.6,0.5\rangle,\langle 0.7,0.4\rangle,\langle 0.9,0.2\rangle,\langle 0.4,0.8\rangle\}$，且有一个权重向量为 $W=\{0.4,0.3,0.1,0.2\}$，有序诱导向量为 $U=\{0.4,0.2,0.3,0.1\}$，则使用 PFIOWLAD 算子的计算过程如下。

第一步，计算各对应元素之间的单独距离 $d_{\text{PFD}}(\alpha_i,\beta_i)(i=1,2,3,4)$（由例 4-1

直接得到)。

$d_{\text{PFD}}(\alpha_1,\beta_1)=0.11$，$d_{\text{PFD}}(\alpha_2,\beta_2)=0.13$，$d_{\text{PFD}}(\alpha_3,\beta_3)=0.72$，$d_{\text{PFD}}(\alpha_4,\beta_4)=0.15$

第二步，对 $d_{\text{PFD}}(\alpha_i,\beta_i)(i=1,2,3,4)$ 按照所对应的 $u_i$ 序进行排序。

$d_{\text{PFD}}(\alpha_{\sigma(1)},\beta_{\sigma(1)})=d_{\text{PFD}}(\alpha_1,\beta_1)=0.11$，$d_{\text{PFD}}(\alpha_{\sigma(2)},\beta_{\sigma(2)})=d_{\text{PFD}}(\alpha_3,\beta_3)=0.72$，

$d_{\text{PFD}}(\alpha_{\sigma(3)},\beta_{\sigma(3)})=d_{\text{PFD}}(\alpha_2,\beta_2)=0.13$，$d_{\text{PFD}}(\alpha_{\sigma(4)},\beta_{\sigma(4)})=d_{\text{PFD}}(\alpha_4,\beta_4)=0.15$

第三步，利用 PFIOWLAD 算子将单独距离进行集成计算。

$$\text{PFIOWLAD}(\langle u_1,\alpha_1,\beta_1\rangle,\cdots,\langle u_4,\alpha_4,\beta_4\rangle)$$
$$=\exp\left\{\sum_{j=1}^{4}w_j\ln(d_{\text{PFD}}(\alpha_{\sigma(j)},\beta_{\sigma(j)}))\right\}$$
$$=\exp\{0.4\times\ln(0.11)+0.3\times\ln(0.72)+0.1\times\ln(0.13)+0.2\times\ln(0.15)\}$$
$$=0.2091$$

（二）PFIOWLAD 算子的性质

不难发现，PFIOWLAD 算子继承了 OWLAD 算子和 IOWLAD 算子的特点，故可以在评价过程中利用诱导变量处理复杂的态度特征。与毕达哥拉斯模糊数结合，可以更好地处理不确定的评价信息。下面列出了 PFIOWLAD 算子的一些性质。

**定理 4-1** 设 $A=\{\alpha_1,\alpha_2,\cdots,\alpha_n\}$ 和 $B=\{\beta_1,\beta_2,\cdots,\beta_n\}$ 为两个毕达哥拉斯模糊数集合，$f$ 为 PFIOWLAD 算子，则 $f$ 具有以下性质。

1. 交换性

$$f(\langle u_1,\alpha_1,\beta_1\rangle,\langle u_2,\alpha_2,\beta_2\rangle,\cdots,\langle u_n,\alpha_n,\beta_n\rangle)$$
$$=f(\langle u_1,\beta_1,\alpha_1\rangle,\langle u_2,\beta_2,\alpha_2\rangle,\cdots,\langle u_n,\beta_n,\alpha_n\rangle) \quad (4\text{-}3)$$

2. 置换不变性

若 $(\langle u_1',\alpha_1',\beta_1'\rangle,\langle u_2',\alpha_2',\beta_2'\rangle,\cdots,\langle u_n',\alpha_n',\beta_n'\rangle)$ 为参数向量 $(\langle u_1,\alpha_1,\beta_1\rangle,\langle u_2,\alpha_2,\beta_2\rangle,\cdots,\langle u_n,\alpha_n,\beta_n\rangle)$ 的任意排列，则

$$f(\langle u_1,\alpha_1,\beta_1\rangle,\langle u_2,\alpha_2,\beta_2\rangle,\cdots,\langle u_n,\alpha_n,\beta_n\rangle)$$
$$=f(\langle u_1',\alpha_1',\beta_1'\rangle,\langle u_2',\alpha_2',\beta_2'\rangle,\cdots,\langle u_n',\alpha_n',\beta_n'\rangle) \quad (4\text{-}4)$$

3. 单调性

若对所有 $i$，都有 $d_{\text{PFD}}(\alpha_i,\beta_i)\leqslant d_{\text{PFD}}(\alpha_i',\beta_i')$，则

$$f(\langle u_1,\alpha_1,\beta_1\rangle,\langle u_2,\alpha_2,\beta_2\rangle,\cdots,\langle u_n,\alpha_n,\beta_n\rangle)$$
$$\leqslant f(\langle u_1',\alpha_1',\beta_1'\rangle,\langle u_2',\alpha_2',\beta_2'\rangle,\cdots,\langle u_n',\alpha_n',\beta_n'\rangle) \quad (4\text{-}5)$$

**证明**  PFIOWLAD($\langle u_1,\alpha_1,\beta_1\rangle,\langle u_2,\alpha_2,\beta_2\rangle,\cdots,\langle u_n,\alpha_n,\beta_n\rangle$)

$$= \exp\left\{\sum_{j=1}^n w_j \ln(d_{\text{PFD}}(\alpha_{\sigma(j)},\beta_{\sigma(j)}))\right\}$$

对 $f$ 关于 $d_{\text{PFD}}(\alpha_{\sigma(j)},\beta_{\sigma(j)})$ 求导，得到

$$\frac{\partial f}{\partial d_{\text{PFD}}(\alpha_{\sigma(j)},\beta_{\sigma(j)})} = \exp\left\{\sum_{j=1}^n w_j \ln(d_{\text{PFD}}(\alpha_{\sigma(j)},\beta_{\sigma(j)}))\right\} \cdot \frac{w_j}{d_{\text{PFD}}(\alpha_{\sigma(j)},\beta_{\sigma(j)})} \geqslant 0$$

故 $f$ 关于 $d_{\text{PFD}}(\alpha_{\sigma(j)},\beta_{\sigma(j)})$ 单调递增。

又由于 $d_{\text{PFD}}(\alpha_i,\beta_i) \leqslant d_{\text{PFD}}(\alpha_i',\beta_i')$，可以得出：

$f(\langle u_1,\alpha_1,\beta_1\rangle,\langle u_2,\alpha_2,\beta_2\rangle,\cdots,\langle u_n,\alpha_n,\beta_n\rangle) \leqslant f(\langle u_1',\alpha_1',\beta_1'\rangle,\langle u_2',\alpha_2',\beta_2'\rangle,\cdots,\langle u_n',\alpha_n',\beta_n'\rangle)$

因此，PFIOWLAD 算子具有单调性。

**4. 有界性**

若有 $d_{\min} = \min\limits_i(d_{\text{PFD}}(\alpha_i,\beta_i))$ 和 $d_{\max} = \max\limits_i(d_{\text{PFD}}(\alpha_i,\beta_i))$，则

$$d_{\min} \leqslant f(\langle u_1,\alpha_1,\beta_1\rangle,\langle u_2,\alpha_2,\beta_2\rangle,\cdots,\langle u_n,\alpha_n,\beta_n\rangle) \leqslant d_{\max} \tag{4-6}$$

**证明**  在单调性的基础上，由 $d_{\min} \leqslant d_{\text{PFD}}(\alpha_i,\beta_i) \leqslant d_{\max}$，可以得出：

$$\exp\left\{\sum_{j=1}^n w_j \ln(d_{\min})\right\} \leqslant f(\langle u_1,\alpha_1,\beta_1\rangle,\langle u_2,\alpha_2,\beta_2\rangle,\cdots,\langle u_n,\alpha_n,\beta_n\rangle)$$

$$\leqslant \exp\left\{\sum_{j=1}^n w_j \ln(d_{\max})\right\}$$

$$\exp\left\{\sum_{j=1}^n w_j \ln(d_{\min})\right\} = \exp\left\{\ln(d_{\min})\sum_{j=1}^n w_j\right\} = d_{\min}$$

同理，$\exp\left\{\sum_{j=1}^n w_j \ln(d_{\max})\right\} = \exp\left\{\ln(d_{\max})\sum_{j=1}^n w_j\right\} = d_{\max}$。

故可以得到 $d_{\min} \leqslant f(\langle u_1,\alpha_1,\beta_1\rangle,\langle u_2,\alpha_2,\beta_2\rangle,\cdots,\langle u_n,\alpha_n,\beta_n\rangle) \leqslant d_{\max}$。

因此，PFIOWLAD 算子具有有界性。

**5. 幂等性**

若对所有 $i$，都有 $d_{\text{PFD}}(\alpha_i,\beta_i) = d$，则有

$$f(\langle u_1,\alpha_1,\beta_1\rangle,\langle u_2,\alpha_2,\beta_2\rangle,\cdots,\langle u_n,\alpha_n,\beta_n\rangle) = d \tag{4-7}$$

**证明**  由于对于所有 $i$，都有 $d_{\text{PFD}}(\alpha_i,\beta_i) = d$，则有

$$f(\langle u_1,\alpha_1,\beta_1\rangle,\langle u_2,\alpha_2,\beta_2\rangle,\cdots,\langle u_n,\alpha_n,\beta_n\rangle)$$
$$=\exp\left\{\sum_{j=1}^{n}w_j\ln(d)\right\}$$
$$=\exp\left\{\ln(d)\sum_{j=1}^{n}w_j\right\}=d$$

因此，PFIOWLAD 算子具有幂等性。

此外，考虑一种广义的平均方法，可以得到一个更广义的距离集成算子，即毕达哥拉斯模糊诱导广义有序加权对数平均距离（Pythagorean fuzzy induced generalized ordered weighted logarithmic averaging distance，PFIGOWLAD）算子：

$$\text{PFIGOWLAD}(\langle u_1,\alpha_1,\beta_1\rangle,\langle u_2,\alpha_2,\beta_2\rangle,\cdots,\langle u_n,\alpha_n,\beta_n\rangle)$$
$$=\exp\left\{\left(\sum_{j=1}^{n}w_j(\ln d_{\text{PFD}}(\alpha_{\sigma(j)},\beta_{\sigma(j)}))^{\lambda}\right)^{\frac{1}{\lambda}}\right\} \tag{4-8}$$

其中，参数 $\lambda\in(-\infty,+\infty)$ 且 $\lambda\neq 0$，随着 $\lambda$ 值的变化可以得到不同的算子，具有代表性的算子，比如，

当 $\lambda=1$ 时，PFIGOWLAD 算子退化为一般的 PFIOWLAD 算子。

当 $\lambda=2$ 时，PFIGOWLAD 算子退化为欧几里得 PFIOWLAD 算子。

**定义 4-3** 设 $\alpha_i=(\mu_i,v_i)(i=1,2,\cdots,n)$ 是一组毕达哥拉斯模糊数，$\tau=\{\tau_1,\tau_2,\cdots,\tau_n\}$ 为权重向量，满足 $\sum_{i=1}^{n}\tau_i=1$ 且 $0\leqslant\tau_i\leqslant 1$，则毕达哥拉斯模糊加权平均（Pythagorean fuzzy weighted averaging，PFWA）算子定义为

$$\text{PFWA}(\alpha_1,\alpha_2,\cdots,\alpha_n)=\overset{n}{\underset{i=1}{\oplus}}\tau_i\alpha_i=\left(\sqrt{1-\prod_{i=1}^{n}(1-\mu_i^2)^{\tau_i}},\prod_{i=1}^{n}v_i^{\tau_i}\right) \tag{4-9}$$

### 三、基于置信水平的毕达哥拉斯模糊算子拓展

#### （一）CPFHWAGA 算子

为了处理置信毕达哥拉斯模糊加权平均（confidence Pythagorean fuzzy weighted averaging，CPFWA）算子与置信毕达哥拉斯模糊加权几何（confidence Pythagorean fuzzy weighted geometric，CPFWGA）算子存在的缺陷，基于对算子进行中和的思路，设计了如下混合算子。

**定义 4-4** CPFHWAGA 算子的定义如下：

$$H_{\text{CPFHWAGA}}(\langle l_1,\alpha_1\rangle,\langle l_2,\alpha_2\rangle,\cdots,\langle l_n,\alpha_n\rangle)=\left(\sum_{j=1}^{n}w_j(l_j\alpha_j)\right)^{\lambda}\left(\prod_{j=1}^{n}(\alpha_j^{l_j})^{w_j}\right)^{1-\lambda}$$

$$=\left\langle\left(\sqrt{1-\prod_{j=1}^{n}(1-(\mu_j)^2)^{l_jw_j}}\right)^{\lambda}\prod_{j=1}^{n}(\mu_j)^{l_jw_j(1-\lambda)},\sqrt{1-\left(1-\prod_{j=1}^{n}((v_j)^2)^{l_jw_j}\right)^{\lambda}}\left(\prod_{j=1}^{n}(1-(v_j)^2)^{l_jw_j}\right)^{1-\lambda}\right\rangle$$

(4-10)

其中,$\alpha_j$ 表示毕达哥拉斯模糊数;$l_j$ 表示对应的置信水平;$w_j$ 表示对应的权重;$\lambda$ 表示 [0,1] 的实数;$H_{\text{CPFHWAGA}}$ 表示 CPFHWAGA 算子。

式(4-10)的推导过程如下:

$$H_{\text{CPFHWAGA}}(\langle l_1,\alpha_1\rangle,\langle l_2,\alpha_2\rangle,\cdots,\langle l_n,\alpha_n\rangle)=\left(\sum_{j=1}^{n}w_j(l_j\alpha_j)\right)^{\lambda}\left(\prod_{j=1}^{n}(\alpha_j^{l_j})^{w_j}\right)^{1-\lambda}$$

$$=\left\langle\sqrt{1-\prod_{j=1}^{n}(1-(u_j)^2)^{l_jw_j}},\prod_{j=1}^{n}(v_j)^{w_j}\right\rangle^{\lambda}\left\langle\prod_{j=1}^{n}(u_j)^{w_j},\sqrt{1-\prod_{j=1}^{n}(1-(v_j)^2)^{l_jw_j}}\right\rangle^{1-\lambda}$$

$$=\left\langle\left(\sqrt{1-\prod_{j=1}^{n}(1-(u_j)^2)^{l_jw_j}}\right)^{\lambda},\sqrt{1-\left(1-\prod_{j=1}^{n}((v_j)^2)^{l_jw_j}\right)^{\lambda}}\right\rangle$$

$$\left\langle\prod_{j=1}^{n}(u_j)^{l_jw_j(1-\lambda)},\sqrt{1-(\prod_{j=1}^{n}(1-(v_j)^2)^{l_jw_j})^{1-\lambda}}\right\rangle$$

$$=\left\langle\left(\sqrt{1-\prod_{j=1}^{n}(1-(u_j)^2)^{l_jw_j}}\right)^{\lambda}\prod_{j=1}^{n}(u_j)^{l_jw_j(1-\lambda)},\sqrt{1-\left(1-\prod_{j=1}^{n}((v_j)^2)^{l_jw_j}\right)^{\lambda}}\left(\prod_{j=1}^{n}(1-(v_j)^2)^{l_jw_j}\right)^{1-\lambda}\right\rangle$$

**定理 4-2** CPFHWAGA 是 CPFWA 和 CPFGA 的特例。当 $\lambda=1$ 时,CPFHWAGA 就成了 CPFWA;当 $\lambda=0$ 时,CPFHWAGA 成了 CPFGA。

**定理 4-3** 有界性。若 $\alpha_{\min}=\min(\alpha_1,\alpha_2,\cdots,\alpha_n)$ 及 $\alpha_{\max}=\max(\alpha_1,\alpha_2,\cdots,\alpha_n)$,则有

$$\alpha_{\min}\leqslant H_{\text{CPFHWAGA}}(\alpha_1,\alpha_2,\cdots,\alpha_n)\leqslant\alpha_{\max} \tag{4-11}$$

**定理 4-4** 单调性。若 $\alpha_j\leqslant\alpha_j^*(j=1,2,\cdots,n)$ 则有

$$H_{\text{CPFHWAGA}}(\alpha_1,\alpha_2,\cdots,\alpha_n)\leqslant H_{\text{CPFHWAGA}}(\alpha_1^*,\alpha_2^*,\cdots,\alpha_n^*) \tag{4-12}$$

**例 4-3** 采用与例 4-1 相同的两个毕达哥拉斯模糊数:$\alpha_1=\langle 0.1,0\rangle$,$\alpha_2=\langle 0.9,0\rangle$。根据 CPFHWAGA 算子进行运算,通常取 $\lambda=0.5$。当 $\alpha_1$ 和 $\alpha_2$ 的权重分别为 0.8 和 0.2 时,有 $H_{\text{CPFHWAGA}}(\alpha_1,\alpha_2)=\left\langle\left(\sqrt{1-(1-0.1^2)^{0.8}\times(1-0.9^2)^{0.2}}\right)^{0.5}\right.$

$$\times 0.1^{0.8\times 0.5}\times 0.9^{0.2\times 0.5},\ 0\rangle = \langle 0.288, 0\rangle$$。当 $\alpha_1$ 和 $\alpha_2$ 的权重分别为 0.2 和 0.8 时，有

$$H_{\text{CPFHWAGA}}(\alpha_1,\alpha_2) = \left\langle \left(\sqrt{1-(1-0.1^2)^{0.2}\times(1-0.9^2)^{0.8}}\right)^{0.5}\times 0.1^{0.2\times 0.5}\times 0.9^{0.8\times 0.5}, 0\right\rangle =$$

$\langle 0.704, 0\rangle$。

由此可以看出，CPFHWAGA 算子克服了上述 CPFWA、CPFGA 算子存在的不足，中和了 CPFWA 算子与 CPFGA 算子的特点，集成效果更好。

### （二）SCPFHWAGA 算子

上述算子在考虑置信水平这一因素时都将其直接与评价值相融合，但并不能很好地体现置信水平的情况。下面尝试将置信水平改为其平方，分析其结果。因此基于这一思路，本节提出以下算子。

**定义 4-5** SCPFHWAGA 算子：

$$H_{\text{SCPFHWAGA}}(\langle l_1,\alpha_1\rangle,\langle l_2,\alpha_2\rangle,\cdots,\langle l_n,\alpha_n\rangle) = \left(\sum_{j=1}^{n}w_j(l_j^{\ 2}\alpha_j)\right)^{\lambda}\left(\prod_{j=1}^{n}(\alpha_j^{l_j^{\ 2}})^{w_j}\right)^{1-\lambda}$$

$$=\left\langle \left(\sqrt{1-\prod_{j=1}^{n}(1-(u_j)^2)^{l_j^{\ 2}w_j}}\right)^{\lambda}\prod_{j=1}^{n}(u_j)^{l_j^{\ 2}w_j(1-\lambda)},\right.$$

$$\left.\sqrt{1-\left(1-\prod_{j=1}^{n}((v_j)^2)^{l_j^{\ 2}w_j}\right)^{\lambda}(\prod_{j=1}^{n}(1-(v_j)^2)^{l_j^{\ 2}w_j})^{1-\lambda}}\right\rangle$$

（4-13）

其中，$\alpha_j$ 表示毕达哥拉斯模糊数；$l_j$ 表示对应的置信水平；$w_j$ 表示对应的权重；$H_{\text{SCPFHWAGA}}$ 表示 SCPFHWAGA 算子。该算子同 CPFHWAGA 算子一样具有单调性、有界性。

**定理 4-5** SCPFHWAGA 算子是 CPFHWAGA 算子的特例。当置信水平均为 1 时，两者等价。

接下来通过实例，对 CPFHWAGA 算子和 SCPFHWAGA 算子进行对比。

**例 4-4** 设 $\alpha_1 = (\langle 0.8, 0.2\rangle, 0.8)$ 和 $\alpha_2 = (\langle 0.9, 0.3\rangle, 0.7)$ 分别为两个包含置信水平的毕达哥拉斯模糊数，对应的权向量为 $(0.5, 0.5)$。$\beta_1 = (\langle 0.8, 0.2\rangle, 0.7)$，$\beta_2 = (\langle 0.9, 0.3\rangle, 0.6)$ 分别为两个包含置信水平的毕达哥拉斯模糊数，对应的权向量为 $(0.5, 0.5)$。分别运用 CPFHWAGA 算子与 SCPFHWAGA 算子对其进行集成，根据式（4-10），有

$$H_{\text{CPFHWAGA}}(\alpha_1,\alpha_2)$$
$$=\left\langle \left(\sqrt{1-(1-0.8^2)^{0.8\times0.5}\times(1-0.9^2)^{0.7\times0.5}}\right)^{0.5}\times 0.8^{0.8\times0.5\times0.5}\times 0.9^{0.7\times0.5\times0.5},\right.$$
$$\left.\sqrt{1-(1-(0.2^2)^{0.8\times0.5}\times(0.3^2)^{0.7\times0.5})^{0.5}\times(1-(0.2^2)^{0.8\times0.5})^{0.5}\times(1-(0.3^2)^{0.7\times0.5})^{0.5}}\right\rangle$$
$$=\langle 0.836, 0.290\rangle$$

计算其得分，有 $\text{sc}_1=0.836^2-0.290^2=0.615$。根据式（4-13），有
$$H_{\text{SCPFHWAGA}}(\alpha_1,\alpha_2)$$
$$=\left\langle \left(\sqrt{1-(1-0.8^2)^{0.8^2\times0.5}\times(1-0.9^2)^{0.7^2\times0.5}}\right)^{0.5}\times 0.8^{0.8^2\times0.5\times0.5}\times 0.9^{0.7^2\times0.5\times0.5},\right.$$
$$\left.\sqrt{1-(1-(0.2^2)^{0.8^2\times0.5}\times(0.3^2)^{0.7^2\times0.5})^{0.5}\times(1-(0.2^2)^{0.8^2\times0.5})^{0.5}\times(1-(0.3^2)^{0.7^2\times0.5})^{0.5}}\right\rangle$$
$$=\langle 0.808, 0.347\rangle$$

不难发现，其得分数为 $\text{sc}_2=0.808^2-0.347^2=0.532$。同理，有
$$H_{\text{CPFHWAGA}}(\beta_1,\beta_2)$$
$$=\left\langle \left(\sqrt{1-(1-0.8^2)^{0.7\times0.5}\times(1-0.9^2)^{0.6\times0.5}}\right)^{0.5}\times 0.8^{0.7\times0.5\times0.5}\times 0.9^{0.6\times0.5\times0.5},\right.$$
$$\left.\sqrt{1-(1-(0.2^2)^{0.7\times0.5}\times(0.3^2)^{0.6\times0.5})^{0.5}\times(1-(0.2^2)^{0.7\times0.5})^{0.5}\times(1-(0.3^2)^{0.6\times0.5})^{0.5}}\right\rangle$$
$$=\langle 0.824, 0.318\rangle$$

其得分数为 $\text{sc}_3=0.824^2-0.318^2=0.578$。
$$H_{\text{SCPFHWAGA}}(\beta_1,\beta_2)=\left\langle \left(\sqrt{1-(1-0.8^2)^{0.7^2\times0.5}\times(1-0.9^2)^{0.6^2\times0.5}}\right)^{0.5}\right.$$
$$\times 0.8^{0.7^2\times0.5\times0.5}\times 0.9^{0.6^2\times0.5\times0.5},$$
$$\left.\sqrt{1-(1-(0.2^2)^{0.7^2\times0.5}\times(0.3^2)^{0.6^2\times0.5})^{0.5}\times(1-(0.2^2)^{0.7^2\times0.5})^{0.5}\times(1-(0.3^2)^{0.6^2\times0.5})^{0.5}}\right\rangle$$
$$=\langle 0.777, 0.414\rangle$$

其得分数为 $\text{sc}_4=0.777^2-0.414^2=0.432$。

由上述结果可以看出，SCPFHWAGA 算子得出的结果在隶属度方面的值往往小于 CPFHWAGA 算子所得结果，SCPFHWAGA 算子得出的结果在非隶属度方面的值往往大于 CPFHWAGA 算子所得结果，因此 SCPFHWAGA 算子集成结果的得分数均小于 CPFHWAGA 算子集成后结果的得分数。对同一算子得分变化情况

进行分析，可得 $sc_2 - sc_4 > sc_1 - sc_3$，说明面对同样两组数据时，SCPFHWAGA 算子相比于 CPFHWAGA 算子对得分数变化的影响更大。

综上分析，相对于 CPFHWAGA 算子，SCPFHWAGA 算子着重考虑了置信水平的作用，提高了置信水平的评分对结果的影响，但其得分数会相对偏小。

## 第二节 基于 IOWLAD 算子的毕达哥拉斯模糊评价方法及应用

### 一、研究背景

垃圾分类是指按照一定的指标将垃圾分类投放、分类收集、分类运输和分类处置，具有良好的社会、经济、生态等效益（Tong et al., 2019）。城市发展伴随着大量生活垃圾的产生，从而导致环境恶化和资源浪费（Demirbas, 2011）。生活垃圾分类可以在很大程度上缓解这一矛盾，它已成为城市生活垃圾处理的主流趋势，是现代城市文明进步的标志之一。对垃圾进行分类处置，有利于提高城市土地利用效率，增加废弃物资源利用价值，减少环境污染。由于生活垃圾产量不断增加和环境恶化，利用生活垃圾分类管理，实现生活垃圾资源的最大化利用，减少生活垃圾处理量，改善生活环境，已成为各国迫切需要解决的问题（Song and Zhu, 2017; Su et al., 2020）。

中国作为一个人口大国，也是一个垃圾生产大国。全国生活垃圾年产量在 4 亿吨左右，且每年仍以 8% 的速度递增。在此状况下，实行垃圾分类成为必然趋势。我国以"减量化、无害化、资源化"为目标，在 46 个城市推行垃圾分类。上海是其中首个全面开展的城市，自 2019 年 7 月 1 日起实施《上海市生活垃圾管理条例》，此后，上海市对垃圾的处理方式分为以下几种。

（1）有害垃圾。有害垃圾投放收集后，会由专用的收集车运送到暂存点，随后由环卫专用有害垃圾车辆运输至中转站进行分拣和存储，最后进入各类危废处理厂或危废填埋场进行无害化处理。

（2）可回收物。可回收物投放收集后，再经再生资源回收服务点、站、场收集，通过市场化渠道运往各类再生资源工厂再生利用。

（3）湿垃圾。湿垃圾投放收集后，由环卫通过湿垃圾专用收集车辆进行收运至湿垃圾资源化利用厂或餐厨垃圾处理厂，进行厌氧发酵后，沼气用于发电，残渣用于焚烧。

（4）干垃圾。干垃圾投放收集后，由环卫通过干垃圾专用车辆运输，进入生活垃圾焚烧发电厂进行焚烧发电处置。中心城区经过中转，集装运输到市属设施

（老港、江桥）两大基地进行焚烧和卫生填埋处理，郊区则依靠区属设施进行焚烧处理。

## 二、垃圾处理厂选址评价指标体系构建

垃圾处理厂的选址与建造成本关系密切，不同区域的土地费用和建造费用存在较大差距，且新厂的建造将影响附近原有垃圾处理厂的改造与否，从而影响整体成本；建成后，需要与现有垃圾处理厂协调规划，重新分配各自负责的区域，因此，需要考虑新厂对垃圾处理均衡的影响以及与最近的现有垃圾处理厂的距离；再从运输和处理的角度出发，考虑选址的交通便利度、运距合理度以及对周边居民的影响。

从图4-1可以看出，垃圾处理厂的选址受多方面因素的影响。

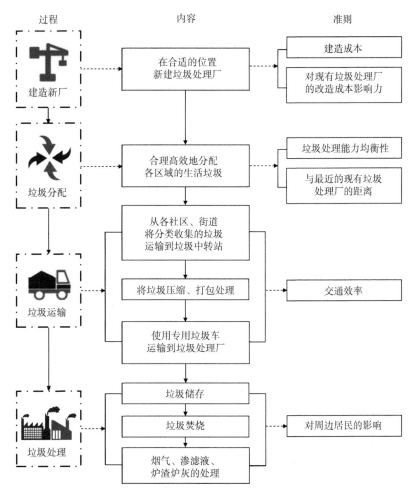

图4-1 垃圾处理的过程与指标

基于上述分析，构建了如下指标体系。

1. 建造成本（$C_1$）

建造成本指在该地新建垃圾处理厂的建设费用和土地征用或租用费用。虽然上海的土地成本通常很高，但不同区域的费用仍有差距，要尽量控制土地成本，将有限资金用于支持技术设备的创新。

2. 对现有垃圾处理厂的改造成本影响力（$C_2$）

若附近的垃圾处理厂设备剩余寿命较长或改造设备的资金负担较重，在该地建造一个新的垃圾处理厂可以一定程度上节约总体成本。

3. 交通效率（$C_3$）

垃圾分类后需由专用运输车辆从各个社区、街道和中转站运往垃圾处理厂，故选址应靠近现有公路且道路较为通畅，具有良好的交通运输条件。同时考虑运输费用，运距应经济合理，在保证对城区环境无影响的条件下尽量靠近中心城区。

4. 对周边居民的影响（$C_4$）

尽管以当前的技术和管控力度，垃圾处理厂对环境和居民的影响较小，但考虑邻避效应，仍假设垃圾处理过程中会影响周边居民的正常生活，如烟尘、气味等。若垃圾处理场与最近的居民区之间的距离越远，该居民区的人口密度越小，则认为对周边居民的影响越小。

5. 垃圾处理能力均衡性（$C_5$）

垃圾分类后的处理不适应于部分现有设备，若附近的垃圾处理厂不进行改造会使处理效率降低，则在该地建造一个新的垃圾处理厂可以缓解所负责区域的垃圾处理压力，保持垃圾分配均衡；若附近的垃圾处理厂已改造或有能力且即将进行改造，则根据改造前后处理能力的差距，在该地建造一个新垃圾处理厂对垃圾分配均衡的影响也不同。

6. 与最近的现有垃圾处理厂的距离（$C_6$）

距离越远，则更能够合理地分配全市各区域的垃圾去向，提高垃圾处理效率。

### 三、基于 IOWLAD 算子的毕达哥拉斯模糊评价模型

本章第一节已在毕达哥拉斯模糊环境下对 IOWLAD 算子进行了拓展，提出

了 PFIOWLAD 算子。本节将重点介绍如何基于 PFIOWLAD 算子解决实际多指标评价问题。不失一般性，假设问题中涉及 $m$ 个评价对象和 $n$ 个评价指标，记为集合 $A=\{A_1,A_2,\cdots,A_m\}$ 和 $C=\{C_1,C_2,\cdots,C_n\}$。为了较少丢失专家的评价信息，体现专家主观评价的模糊性和不确定性，这种方法将专家的评价信息量化为毕达哥拉斯模糊数来表达专家的偏好，利用 PFIOWLAD 算子对信息进行处理，将计算结果作为最终的评价依据。具体步骤如下。

第一步，获取专家个人评价矩阵。首先，由 $t$ 位专家组成评估委员会，每位专家都有能力对各个评价对象进行专业全面的评估。从评估委员会获取每位专家的评价信息，并用毕达哥拉斯模糊个人评价矩阵 $R^q=(r_{ij}^{(q)})_{m\times n}(q=1,2,\cdots,t)$ 来表示。其中 $r_{ij}^{(q)}=(\mu_{ij}^{(q)},v_{ij}^{(q)})$ 表示专家 $q$ 在指标 $C_j$ 下对候选方案 $A_i$ 的评价。

第二步，计算集体评价矩阵。以专家权重和个人评价矩阵为依据进行计算，其中每位专家的权重 $\tau_q$ 由他的专业程度和权威性决定，权重向量为 $\tau=\{\tau_1,\tau_2,\cdots,\tau_t\}$ 且满足 $0\leqslant \tau_q\leqslant 1$，$\sum_{q=1}^{t}\tau_q=1$。利用 PFWA 算子将个人评价矩阵集成，计算得到的毕达哥拉斯模糊集体评价矩阵表示为 $R=(r_{ij})_{m\times n}$，其中 $r_{ij}=\sum_{q=1}^{t}\tau_q r_{ij}^{(q)}$。

第三步，构建理想解。根据集体评价矩阵 $R=(r_{ij})_{m\times n}$，针对每一个指标选择其中最大的隶属度和最小的非隶属度来构造一个毕达哥拉斯模糊数作为该指标下的理想评价，以此来构造一个理想方案 $I$。

第四步，计算算子的相关权重向量。在评价过程中，有序算子的权向量通常是未知的。作为这类算子应用中的核心问题之一，学者已经提出了许多确定权重的方法。本节介绍 Xu（2005）提出的基于正态分布的方法。

有序算子中涉及的参数没有它们各自对应的权重，但是权重与参数重新排序后的特定位置相关。由于主观因素的影响，一些专家可能会给出高估或低估的意见。因此，应该对这些评价与实际情况相差较大的参数给予低权重。换句话说，一个参数在重新排序后越靠近中间位置，权重就越高。

根据这种基于正态分布的方法可以得到 PFIOWLAD 算子的相对权重向量。具体公式如下：

$$w_i=\frac{1}{\sqrt{2\pi}\sigma_n}\exp\left(-\frac{(i-\mu_n)^2}{2\sigma_n^2}\right),\ i=1,2,\cdots,n \tag{4-14}$$

其中，$\mu_n$ 和 $\sigma_n$ 分别表示数据 $1,2,\cdots,n$ 的均值和标准差。

考虑到权重向量的非负性和归一化，将权重计算公式化简为

$$w_i = \frac{\frac{1}{\sqrt{2\pi}\sigma_n}\exp\left(-\frac{(i-\mu_n)^2}{2\sigma_n^2}\right)}{\sum_{i=1}^{n}\frac{1}{\sqrt{2\pi}\sigma_n}\exp\left(-\frac{(i-\mu_n)^2}{2\sigma_n^2}\right)} = \frac{\exp\left(-\frac{(i-\mu_n)^2}{2\sigma_n^2}\right)}{\sum_{i=1}^{n}\exp\left(-\frac{(i-\mu_n)^2}{2\sigma_n^2}\right)}, \quad i=1,2,\cdots,n \quad (4\text{-}15)$$

第五步，计算各个评价对象与理想方案之间的距离。假设 $U=\{u_1,u_2,\cdots,u_n\}$ 为一个有序诱导向量，利用 PFIOWLAD 算子和得到的权重向量计算每一个对象 $A_i(i=1,2,\cdots,m)$ 与理想方案 $I$ 之间的距离：

$$\text{PFIOWLAD}(A_i,I) = \exp\left\{\sum_{j=1}^{n}w_j \ln(d_{\text{PFD}}(r_{\sigma(ij)},I_{\sigma(j)}))\right\} \quad (4\text{-}16)$$

第六步，根据评价结果对评价对象进行排序。距离越小说明该评价对象越接近理想方案，因此基于 PFIOWLAD 算子的多指标评价的最终排序是根据距离升序确定的。

基于 PFIOWLAD 算子的多指标评价流程如图 4-2 所示。

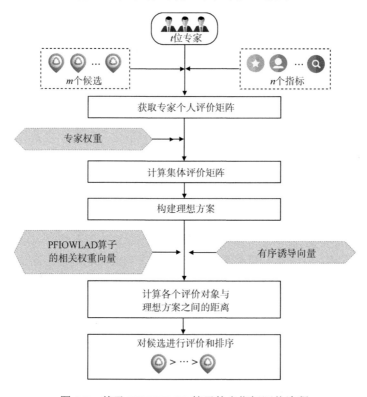

图 4-2 基于 PFIOWLAD 算子的多指标评价流程

## 四、基于 PFIOWLAD 算子的垃圾处理厂选址评价应用——以上海市为例

随着垃圾分类的逐步推行，上海市干垃圾的热值明显上升。由于焚烧炉的设计以热负荷为基准，当垃圾热值超过设计热值时，焚烧炉炉膛温度会明显上升，造成结焦加重，为保证运行的安全稳定，需要减少垃圾处理量来维持热负荷不变。而要想适应高热值对焚烧工况的影响，就需要通过调整技术工艺提高整体焚烧炉的热负荷，来适当加大垃圾焚烧量。考虑到技术改进需要较长的周期，且上海市每日产生的垃圾需及时处理，因此，需新建一个垃圾处理厂，在满足上海市垃圾处理需要的同时进行技术创新。

针对此情况，本节希望综合考虑多方面的因素，选择一个适合的地点建造新的垃圾处理厂以应对上海市垃圾分类带来的挑战。

### （一）备选评价对象

目前，上海市内可进行垃圾焚烧处理的有江桥生活垃圾焚烧厂、老港垃圾填埋场、天马生活垃圾处理厂、奉贤区垃圾焚烧厂等。但在实行垃圾分类后，垃圾热值上升导致设备的处理效率降低。部分原垃圾处理厂在需要改造的同时，希望选择一个最适合的地点建造新的垃圾处理厂。实际问题中给出美兰湖（$A_1$）、赵巷（$A_2$）、新桥（$A_3$）、望园路（$A_4$）、新场（$A_5$）五个候选地。

美兰湖（$A_1$）位于宝山区，是上海地铁 7 号线的终点。与其最近的江桥生活垃圾焚烧厂位于嘉定区，是目前中国建成的日处理能力最大的现代化生活垃圾焚烧厂，主要处理黄浦区、静安区的全部生活垃圾及普陀区、闸北区、长宁区、嘉定区的部分生活垃圾，有效缓解了上海市垃圾问题，两者距离约有 22 km。

赵巷（$A_2$）是位于青浦区的一个小镇，全镇常住人口超 5 万人，往西约 15 km 就是松江区的天马生活垃圾处理厂，主要接收松江区、青浦区的生活垃圾进行减量化、资源化和有害化处理。

新桥（$A_3$）位于松江区，该区平均租金和建造成本相对较低，公路网四通八达，交通便捷，且最靠近中心城区。与之距离约为 30 km 的松江区天马生活垃圾处理厂是附近最近的现有垃圾处理厂，其一期工程日处理生活垃圾可达 2000 吨，年发电量超过 3 亿度。

望园路（$A_4$）位于奉贤区，在上海地铁 5 号线末端。相比其他四个候选地，望园路的平均租金最低但距离城区最远。往南与之距离约为 15 km 的奉贤区垃圾焚烧厂建成后，改变了原本将奉贤区生活垃圾运至老港码头进行集中填埋的处理方式，实现了垃圾就地消纳。

新场（$A_5$）位于半中心半郊区的浦东新区，具有比其他四个候选地更高的土

地成本和建造费用,且由于新建的区域比较多,形成了大规模通勤的需求,因此浦东新区的交通压力相对较大。此外,浦东新区的老港垃圾填埋场是上海垃圾处理系统中末端处置的主要基地,肩负着上海市70%的生活垃圾处置任务。

(二)评价过程及结果

首先,假设垃圾处理厂选址评估委员由4位专家组成。针对5个候选方案,每位专家给出相应的评价信息,并用毕达哥拉斯模糊个人评价矩阵 $R^q = (r_{ij}^{(q)})_{5\times 6}$ ($q=1,2,3,4$) 表示(结果见表 4-1)。其中 $r_{ij}^{(q)} = (\mu_{ij}, \nu_{ij})$ 表示专家 $q$ 在指标 $C_j(j=1,2,\cdots,6)$ 下对候选方案 $A_i(i=1,2,\cdots,5)$ 的评价。

表 4-1　毕达哥拉斯模糊评价矩阵 $R^q$

| | | $C_1$ | $C_2$ | $C_3$ | $C_4$ | $C_5$ | $C_6$ |
|---|---|---|---|---|---|---|---|
| $R^1$ | $A_1$ | ⟨0.40, 0.60⟩ | ⟨0.70, 0.60⟩ | ⟨0.80, 0.40⟩ | ⟨0.80, 0.10⟩ | ⟨0.70, 0.20⟩ | ⟨0.70, 0.50⟩ |
| | $A_2$ | ⟨0.80, 0.50⟩ | ⟨0.50, 0.40⟩ | ⟨0.30, 0.70⟩ | ⟨0.70, 0.30⟩ | ⟨0.40, 0.40⟩ | ⟨0.20, 0.90⟩ |
| | $A_3$ | ⟨0.70, 0.10⟩ | ⟨0.60, 0.30⟩ | ⟨0.80, 0.30⟩ | ⟨0.40, 0.80⟩ | ⟨0.80, 0.50⟩ | ⟨0.80, 0.20⟩ |
| | $A_4$ | ⟨0.90, 0.30⟩ | ⟨0.40, 0.50⟩ | ⟨0.70, 0.50⟩ | ⟨0.60, 0.70⟩ | ⟨0.50, 0.70⟩ | ⟨0.10, 0.80⟩ |
| | $A_5$ | ⟨0.10, 0.60⟩ | ⟨0.20, 0.40⟩ | ⟨0.10, 0.60⟩ | ⟨0.70, 0.40⟩ | ⟨0.20, 0.50⟩ | ⟨0.70, 0.20⟩ |
| $R^2$ | $A_1$ | ⟨0.30, 0.80⟩ | ⟨0.80, 0.30⟩ | ⟨0.70, 0.40⟩ | ⟨0.80, 0.30⟩ | ⟨0.70, 0.30⟩ | ⟨0.70, 0.50⟩ |
| | $A_2$ | ⟨0.70, 0.30⟩ | ⟨0.30, 0.40⟩ | ⟨0.20, 0.70⟩ | ⟨0.20, 0.40⟩ | ⟨0.30, 0.90⟩ | ⟨0.20, 0.90⟩ |
| | $A_3$ | ⟨0.60, 0.20⟩ | ⟨0.70, 0.50⟩ | ⟨0.80, 0.30⟩ | ⟨0.50, 0.70⟩ | ⟨0.90, 0.40⟩ | ⟨0.90, 0.30⟩ |
| | $A_4$ | ⟨0.70, 0.30⟩ | ⟨0.50, 0.20⟩ | ⟨0.50, 0.10⟩ | ⟨0.90, 0.30⟩ | ⟨0.30, 0.50⟩ | ⟨0.30, 0.80⟩ |
| | $A_5$ | ⟨0.10, 0.80⟩ | ⟨0.20, 0.70⟩ | ⟨0.20, 0.50⟩ | ⟨0.80, 0.60⟩ | ⟨0.10, 0.60⟩ | ⟨0.80, 0.10⟩ |
| $R^3$ | $A_1$ | ⟨0.20, 0.70⟩ | ⟨0.70, 0.50⟩ | ⟨0.80, 0.60⟩ | ⟨0.70, 0.50⟩ | ⟨0.80, 0.20⟩ | ⟨0.70, 0.50⟩ |
| | $A_2$ | ⟨0.50, 0.20⟩ | ⟨0.20, 0.40⟩ | ⟨0.30, 0.90⟩ | ⟨0.40, 0.20⟩ | ⟨0.30, 0.60⟩ | ⟨0.20, 0.70⟩ |
| | $A_3$ | ⟨0.70, 0.30⟩ | ⟨0.60, 0.70⟩ | ⟨0.70, 0.40⟩ | ⟨0.30, 0.60⟩ | ⟨0.80, 0.40⟩ | ⟨0.80, 0.10⟩ |
| | $A_4$ | ⟨0.80, 0.50⟩ | ⟨0.30, 0.50⟩ | ⟨0.60, 0.30⟩ | ⟨0.70, 0.50⟩ | ⟨0.40, 0.70⟩ | ⟨0.10, 0.60⟩ |
| | $A_5$ | ⟨0.10, 0.60⟩ | ⟨0.10, 0.60⟩ | ⟨0.10, 0.50⟩ | ⟨0.90, 0.30⟩ | ⟨0.20, 0.50⟩ | ⟨0.60, 0.20⟩ |
| $R^4$ | $A_1$ | ⟨0.50, 0.40⟩ | ⟨0.90, 0.30⟩ | ⟨0.80, 0.20⟩ | ⟨0.70, 0.20⟩ | ⟨0.70, 0.10⟩ | ⟨0.70, 0.30⟩ |
| | $A_2$ | ⟨0.70, 0.10⟩ | ⟨0.30, 0.40⟩ | ⟨0.40, 0.70⟩ | ⟨0.50, 0.20⟩ | ⟨0.20, 0.80⟩ | ⟨0.30, 0.60⟩ |
| | $A_3$ | ⟨0.60, 0.10⟩ | ⟨0.70, 0.20⟩ | ⟨0.90, 0.30⟩ | ⟨0.40, 0.20⟩ | ⟨0.70, 0.60⟩ | ⟨0.90, 0.20⟩ |
| | $A_4$ | ⟨0.80, 0.30⟩ | ⟨0.50, 0.30⟩ | ⟨0.60, 0.40⟩ | ⟨0.70, 0.40⟩ | ⟨0.30, 0.40⟩ | ⟨0.20, 0.70⟩ |
| | $A_5$ | ⟨0.20, 0.50⟩ | ⟨0.10, 0.70⟩ | ⟨0.30, 0.60⟩ | ⟨0.80, 0.20⟩ | ⟨0.10, 0.60⟩ | ⟨0.80, 0.10⟩ |

其次,根据专家的专业度和权威性,设定专家的权重向量为 $\tau = \{0.2, 0.3, 0.2, 0.3\}$。于是,可以得到毕达哥拉斯模糊集体评价矩阵 $R = (r_{ij})_{5\times 6}$ 如表 4-2 所示(表中计算结果保留两位小数)。

表 4-2 毕达哥拉斯模糊集体评价矩阵 $R$

|   | $C_1$ | $C_2$ | $C_3$ | $C_4$ | $C_5$ | $C_6$ |
|---|---|---|---|---|---|---|
| $A_1$ | ⟨0.38, 0.60⟩ | ⟨0.81, 0.38⟩ | ⟨0.75, 0.35⟩ | ⟨0.77, 0.19⟩ | ⟨0.72, 0.18⟩ | ⟨0.70, 0.43⟩ |
| $A_2$ | ⟨0.70, 0.22⟩ | ⟨0.34, 0.40⟩ | ⟨0.31, 0.74⟩ | ⟨0.48, 0.33⟩ | ⟨0.30, 0.68⟩ | ⟨0.24, 0.76⟩ |
| $A_3$ | ⟨0.64, 0.15⟩ | ⟨0.66, 0.37⟩ | ⟨0.83, 0.32⟩ | ⟨0.39, 0.63⟩ | ⟨0.82, 0.47⟩ | ⟨0.87, 0.20⟩ |
| $A_4$ | ⟨0.81, 0.33⟩ | ⟨0.45, 0.33⟩ | ⟨0.60, 0.26⟩ | ⟨0.78, 0.43⟩ | ⟨0.37, 0.53⟩ | ⟨0.21, 0.73⟩ |
| $A_5$ | ⟨0.14, 0.62⟩ | ⟨0.16, 0.61⟩ | ⟨0.21, 0.55⟩ | ⟨0.81, 0.35⟩ | ⟨0.15, 0.53⟩ | ⟨0.75, 0.13⟩ |

对于每一个指标，从 $R=(r_{ij})_{m\times n}$ 中选择最大的隶属度和最小的非隶属度来构建理想的方案 $I$，结果见表 4-3。

表 4-3 理想方案 $I$

|   | $C_1$ | $C_2$ | $C_3$ | $C_4$ | $C_5$ | $C_6$ |
|---|---|---|---|---|---|---|
| $I$ | ⟨0.81, 0.15⟩ | ⟨0.81, 0.33⟩ | ⟨0.83, 0.26⟩ | ⟨0.81, 0.19⟩ | ⟨0.82, 0.18⟩ | ⟨0.87, 0.13⟩ |

基于前面提到的正态分布方法，可以得到 PFIOWLAD 算子的相关权重向量 $W=\{w_1,w_2,\cdots,w_6\}$ 为

$$W=\{0.09, 0.17, 0.24, 0.24, 0.17, 0.09\}$$

最后，假设有序诱导向量为 $U=\{0.28, 0.08, 0.15, 0.12, 0.21, 0.16\}$，可以计算出每一个候选方案 $A_i(i=1,2,\cdots,5)$ 与理想方案之间的距离来对其进行评价：

$$\text{PFIOWLAD}(A_1,I)=\exp\left\{\sum_{j=1}^{6}w_j\ln(d_{\text{PFD}}(r_{\sigma(ij)},I_{\sigma(j)}))\right\}=0.138$$

类似地，得到 $\text{PFIOWLAD}(A_2,I)=0.513$，$\text{PFIOWLAD}(A_3,I)=0.089$，$\text{PFIOWLAD}(A_4,I)=0.342$，$\text{PFIOWLAD}(A_5,I)=0.334$。

距离越小，说明候选方案越接近理想的情况。因此，5 个候选方案最终的评价排序为：$A_3\succ A_1\succ A_5\succ A_4\succ A_2$，即垃圾处理厂的最佳选址是新桥，其次分别为美兰湖、新场、望园路和赵巷。

（三）进一步分析

本节在垃圾分类的背景下，对上海垃圾处理现状进行了分析，认为需要在一个合适的位置新建一个垃圾处理厂来应对垃圾分类带来的挑战。首先根据垃圾处理厂的建造以及垃圾处理的流程确定了垃圾处理厂选址的指标；其次，将 IOWLAD 算子推广到更适合表达专家评价的毕达哥拉斯模糊集上，并研究了其相关性质；最后，通过专家评价矩阵，利用 PFIOWLAD 算子对各个候选方案进行排序，得到了在

新桥、美兰湖、新场、望园路、赵巷五个候选地中最合适的选址为新桥。

为了验证 PFIOWLAD 算子的合理性与优越性,本节还使用其他算子进行了计算,得到的结果如表4-4所示。

表4-4 各种算子的评价结果

| 算子 | 候选方案评价排序 |
| --- | --- |
| PFIOWLAD | $A_3 \succ A_1 \succ A_5 \succ A_4 \succ A_2$ |
| PFIOWAD | $A_3 \succ A_1 \succ A_4 \succ A_5 \succ A_2$ |
| PFOWLAD | $A_1 \succ A_3 \succ A_4 \succ A_5 \succ A_2$ |

可以看出,在不同的算子下,候选方案的评价排序结果有所差别。但新桥和美兰湖总是优于其他三个候选方案,赵巷的评价结果为候选方案中最差的。

位于所有排序前列的新桥和美兰湖,有各自的优势和特点。新桥位于松江区,属于上海郊区,故平均土地租金较低,且建设所需的材料费用和人工费用也相对较低。新场所在的浦东新区地处上海的半中心半郊区位置,土地成本和建设费用在五个候选方案中最高。故从建造成本来看,新桥的整体成本相对较低,比新场更适合建立垃圾处理厂。

新桥所在的松江区被称为"上海之根",交通发达,综合经济实力位于市郊各区县前列,且新桥地处沪昆高速和沈海高速出口附近,前者可直通金山区和闵行区,后者直通青浦区和嘉定区,便于从各地将垃圾运往处理厂。同时考虑与上海中心的距离,新桥最近,望园路最远,因此在处理中心城区的生活垃圾时,到新桥的运距是最经济合理的。故从交通效率看,新桥可以作为最优选址。

考虑各个候选方案与现有垃圾处理厂的关系,新桥和美兰湖距离其最近的垃圾处理厂较远,分别超过了 30 km 和 20 km,而赵巷和望园路均为 15 km 左右。距离越远,越能够合理地分配全市各区域的垃圾去向,提高垃圾处理效率。且距离赵巷最近的天马生活垃圾处理厂二期工程已经开工,建成后全厂将达到 3500 吨的日处理量,能有效化解青浦区生活垃圾处理能力不足的矛盾。新场附近的老港垃圾填埋厂二期已于 2019 年建成运行,成为全球规模最大的垃圾焚烧厂,有能力处理该区域的生活垃圾且不存在垃圾分配不均的问题。因此,从与现有垃圾处理厂之间的协调均衡情况看,新桥和美兰湖比其他三个候选方案更有优势。

综合来看,PFIOWLAD 算子得到的排序结果是合理的。然后分别比较新桥与美兰湖、望园路与新场。根据前面分析的交通效率和与现有垃圾处理厂之间的距离,加上新桥具有相对更低的平均租金优势,可以认为新桥比美兰湖更优。新场虽然因老港垃圾厂的存在而无须建厂来均衡垃圾分配,但望园路距离最近的奉贤垃圾焚烧厂仅有 15 km,在此地建厂同样对垃圾处理效率无较大提高,此外,新场附近的居民最少也就最不易产生邻避效应,故认为新场略优于望园路。也就是说,本章提出的 PFIOWLAD 算子优于其他算子,具体的原因可以分析如下。

(1) 与 PFIOWAD 算子相比较,PFOWLAD 算子和 PFIOWLAD 算子对距离进行了对数转换,若越接近理想方案,距离取对数后的优势则越明显,这种非线性的转换给专家对各个指标的比较和评价体系提供了另一种选择。在本例中,新场的指标 4 (对周边居民的影响) 评价最高,在取对数后放大了与望园路之间的差距。因此,两类算子得到的第三、四位候选方案结果不同。

(2) 与 PFOWLAD 算子相比较,PFIOWAD 算子和 PFIOWLAD 算子使用了诱导变量而非以原来的距离大小为依据对距离进行重新排序,故在将距离集成的过程中通过诱导变量将专家的复杂态度特征纳入考虑。因此,两类算子得到的第一、二位候选方案结果不同。

(3) PFIOWLAD 算子考虑了距离的对数,并使用有序诱导向量对距离重新排序,因此可以适用于更多的实际应用中,并考虑了专家复杂的态度特征。故认为 PFIOWLAD 算子比其他算子更合理、更优越。

## 五、政策建议

根据本节研究,以下政策启示对我国生活垃圾处理厂选址评估问题可能具有重要的参考意义。

(1) 政府在制订不同地区的选址评估方案时,应根据当地情况构建专属的评估指标体系。在前期建设阶段,需要有专门的评估委员会对当地的生态环境、交通状况、居民意向等进行调查,且评估结果的量化标准由专家统一认定。调查结束后,对当地影响较大的因素将被纳入评价指标体系。

(2) 制定相关政策法规,避免因主观因素造成的盲目决策,从而实现更加科学合理的选址。政府可以制定并实施完整的垃圾处理厂运营规则,规范选址过程、厂房建设和垃圾分配。此外,由于涉及财务支出的环节较多,监管体系有待完善,相关部门应加强对各个环节的管理。

(3) 政府应更加重视技术创新。中国每年的垃圾产量仍在上升,环境压力仍在随着发展而加剧。只有通过发展相关技术,提高整体焚烧炉的热负荷,才能从根本上解决这个问题。因此,政府应该制定科学的技术标准来规范垃圾处理厂的运作,可以吸收社会资金并设立专项资金,研发先进的垃圾处理技术。

(4) 注重信息公开,制定生态补偿和经济补偿制度。在垃圾处理厂的建设过程中,邻避效应时有发生,这通常不是技术的问题,而是群众的信任问题,信息公开是解决该问题最有效的途径。政府或承包商需要向群众公开相关信息,并制订风险缓解和控制方案。同时,引入生态补偿和经济补偿制度,以弥补开发损失和环境污染带来的影响，帮助生态恢复。

## 第三节 基于后悔理论的毕达哥拉斯模糊评价方法及应用

### 一、问题提出

2021年4月13日，日本政府宣布决定从2023年开始将稀释后的福岛第一核电站的核污水排入大海，引发国际热议。中国、韩国等周边国家对此表示坚决反对，认为排出的核污水中含有无法过滤的氚（Tritium），以及可能含有从高级液体处理系统（advanced liquid processing system，ALPS）中溜走的同位素，如钌（Ruthenium）、钴（Cobalt）、锶（Strontium）和钚（Plutonium），这些元素相比于氚更危险以及具有更长的放射性寿命。后面几种放射性同位素会在海底沉积物中积累，被海洋生物群所吸收，通过食物链传递威胁海洋生态环境安全和人类的健康（Batlle et al.，2018）。

海洋环境监测是实现海洋经济可持续发展的基础性工作，其通过实时获取海洋环境要素（包括海洋化学要素、海洋污染物），为海洋环境开发提供基础数据支撑。其中，水文要素的监测是海洋环境监测的主要内容，包括海水的温度、电导率、深度、盐度等。

温盐深仪（conductivity，temperature，depth，CTD）作为水文要素监测的主要工具，其通过电缆与船载计算机相连，并将采集到的水体物理参数实时上传。这些测量结果可用于追踪水团，描述海洋环流、混合和气候的过程，也可为生物地球化学循环和海洋生态系统的测量提供物理基础（Huang et al.，2011）。因此，选择合适的温盐深仪对于海洋环境研究具有重要的作用。但是，温盐深仪会因部件设计和使用环境影响设备性能。例如，电导率单元材料中使用的硼硅酸盐玻璃决定了电导率传感器具有热敏性，电导率信号的变化90%取决于温度变化，1%的温度误差在盐度测量上可以放大10倍。而且，当电导率单元从温水进入冷水时，水样的温度误差会受温度传感器的精度影响。温盐深仪的使用环境具有复杂性、多变性等特点，部分设备出现对指标变化反应不灵敏、设备交互性较弱等问题。综上所述，温盐深仪的选择不仅需要关注成本、性能参数等基本信息，也需要关注稳定性、操作性等要素，是一个多准则评价过程，且相关准则的判断很难用准确数值进行衡量。同时，专家的判断存在主观性，评价时会受个人经验的影响，因此，温盐深仪的评价是一个模糊过程。

相比于现有的模糊数，毕达哥拉斯模糊数（Yager，2014）在表示不确定信息时具有更广的范围和更高的容忍度，更符合本节的实际情况。同时，考虑到在温盐深仪的选择过程中，若采用专家进行群体评价的方法，不同专家之间通常存在社会联系，会影响评价结果，故在本节中还引入了社会网络分析方法。此外，由于该设备价值昂贵，商家一般不采用无理由退货或者试用的营销模式，故存在评价风险，评价者较易出现后悔情绪，因此，本节通过引入后悔理论来解决该问题，更加符合实际情况。

鉴于此，本节的主要目的是提出一种基于 SCPFHWAGA 算子与后悔理论的 MCDM 方法，并将其应用于温盐深仪设备的选择与评价。

## 二、温盐深仪设备评价指标体系

在设备使用的不同阶段，用户所侧重的关注点也会有所不同。因此，本节根据用户使用前、使用时、使用后三个时间阶段所关注的不同侧重点设计了如图 4-3 所示的指标体系。

图 4-3 描绘了各阶段的准则体系，具体如下。

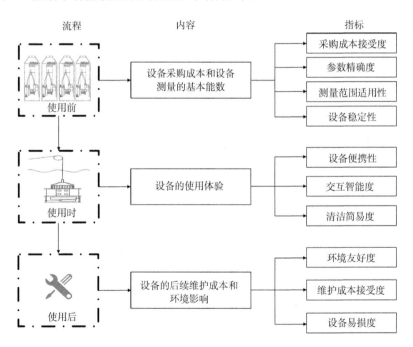

图 4-3　温盐深仪选择的过程和指标

1. 使用前

使用设备前用户会更关注设备采购成本以及设备测量的基本参数。因此，用参数精确度、测量范围适用性、设备稳定性、采购成本接受度这四个指标进行描述（表 4-5）。

表 4-5 评估温盐深仪的指标

| 流程 | 指标 | 缩写 | 指标设计依据 |
| --- | --- | --- | --- |
| 使用前 | 参数精确度 | $C_1$ | Park 和 Kim（2007） |
| | 测量范围适用性 | $C_2$ | |
| | 设备稳定性 | $C_3$ | ACT 07-05；UMCES CBL 08-056；Park 和 Kim（2007） |
| | 采购成本接受度 | $C_4$ | ACT 07-05；UMCES CBL 08-056 |
| 使用时 | 设备便携性 | $C_5$ | ACT 07-05；UMCES CBL 08-056 |
| | 交互智能度 | $C_6$ | ACT 07-05；UMCES CBL 08-056 |
| | 清洁简易度 | $C_7$ | ACT 07-05；UMCES CBL 08-056 |
| 使用后 | 环境友好度 | $C_8$ | Walker 等（2019） |
| | 维护成本接受度 | $C_9$ | ACT 07-05；UMCES CBL 08-056 |
| | 设备易损度 | $C_{10}$ | ACT 07-05；UMCES CBL 08-056 |

注：ACT 07-05 为工作坊报告，见 https://www.act-us.info/Download/Workshops/2007/SkIO_Salinity/act_wr07-05-salinity.pdf

（1）参数精确度（$C_1$），指仪器所测得的测量值和真实值的接近程度，具体可分为电导率精度、温度精度、压力精度。因不同设备采用的热敏电阻传感器或者铂电阻传感器、压力变送器及四电极和电感电池类型不同，测得的结果可能存在差异。

（2）测量范围适用性（$C_2$），指因不同仪器的温度传感器、压力传感器所采用的材质不同，导致其实际适用范围存在差异。同时，使用环境变化也会产生测量范围适用性问题。

（3）设备稳定性（$C_3$），指测量仪器保持计量特性随时间恒定的能力。传感器在使用过程中因环境、时间等影响，测量结果的有效性和准确性会存在差别。另外，不同设备的温度传感器所使用的保护套材料、电导率池等不同，使用时表现的性能有明显差异。

（4）采购成本接受度（$C_4$），指专家对产品采购成本（包括设备费用、运输费用、咨询费用、调研费用等一系列将设备安置好的费用）的主观感受与接受程度。

2. 使用时

使用设备时用户会更关注设备的使用体验。因此，用设备便携性、交互智能度、清洁简易度这三个指标进行描述。

（1）设备便携性（$C_5$），指设备在部署及运输时的便捷性。主要取决于设备的重量以及体积，但不同人对便捷性的感知存在一定的区别。

（2）交互智能度（$C_6$），指设备在显示效果及交互操作方面的智能程度。不同产品所用的不同软件（如 READS-5、DataLog Pro、SDA data acquisition software）在操作与显示上均存在一定的差异。

（3）清洁简易度（$C_7$），指使用时对设备上所附着的污染物进行清洁的简易度。由于不同设备所运用的传感器设计不同，其清洁方式也不同。当前，主流的传感器有 Paroscientific Digiquartz®压力传感器，IDRONAUT 全海洋深度、无泵和长期稳定性传感器，911plus 热敏电阻传感器。

#### 3. 使用后

设备使用后用户会更关注设备的后续维护成本及对环境的影响。因此，用环境友好度、维护成本接受度、设备易损度这三个指标进行描述。

（1）环境友好度（$C_8$），指该设备的运行对当地生态的影响程度。设备在水中运作时会对当地生物的生存环境产生一定影响，影响大小与海底环境和持续时间等多种因素相关。

（2）维护成本接受度（$C_9$），指专家对维护成本的接受程度。维护成本是指为维持设备的精准性而对设备进行定期维护、校准花费的费用。

（3）设备易损度（$C_{10}$），指随着设备的使用，该设备贬值、损坏快慢的程度。由于使用环境的不同，设备的损耗快慢也存在不确定性。

### 三、基于后悔理论的 SCPFHWAGA 评价方法

#### （一）基于社会网络计算专家权重

用 $E=\{e_1,e_2,\cdots,e_n\}$ 表示专家组，专家之间具有社会网络联系，专家间的信任关系用 $\lambda_{ij}=\langle t_{ij},d_{ij}\rangle$ 表示，在已有的信任关系基础上根据信任传递方程补全信任矩阵，矩阵形式如表 4-6 所示。

表 4-6 专家之间的信任关系矩阵

| | $e_1$ | $e_2$ | ⋯ | $e_n$ |
|---|---|---|---|---|
| $e_1$ | — | $\lambda_{12}$ | ⋯ | $\lambda_{1n}$ |
| $e_2$ | $\lambda_{21}$ | — | ⋯ | $\lambda_{2n}$ |
| ⋮ | ⋮ | ⋮ | — | ⋮ |
| $e_n$ | $\lambda_{n1}$ | $\lambda_{n2}$ | ⋯ | — |

**定义 4-6** 专家 $e_i$ 的入度中心性定义如下（Dong et al.，2018；Zhang et al.，2019c）：

$$c(e_j)=\frac{s(e_j)}{n-1} \qquad (4\text{-}17)$$

其中，$s(e_j) = \sum_{i=1, i \neq j}^{n}(t_{ij} - d_{ij})$，即专家 $e_j$ 与其他专家之间的信任关系之和。

**定义 4-7** 专家的权重计算方法如下：

$$w_j = \frac{c(e_j)}{\sum_{j=1}^{n} c(e_j)} \qquad (4-18)$$

（二）基于后悔理论的 SCPFHWAGA 模型评价过程

此处根据前述专家权重计算方式，基于 SCPFHWAGA 算子与后悔理论，给出 MCDM 评价方法。方法流程如图 4-4 所示。

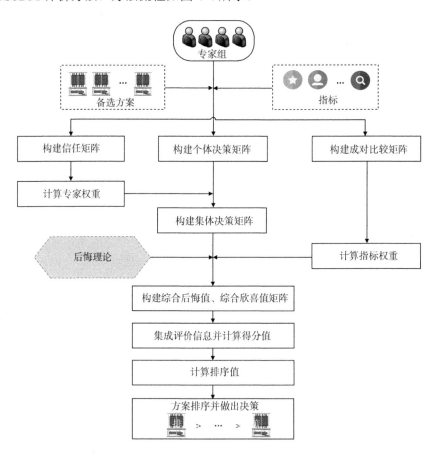

图 4-4 基于后悔理论的 SCPFHWAGA-MCDM 评价流程

假设，现有 $m$ 个不同的备选方案，表示为 $x_1, x_2, \cdots, x_m$。共邀请 $t$ 位专家进行讨论，对以 $C_1, C_2, \cdots, C_n$ 表示的 $n$ 个指标进行评价，具体评价过程总结如下。

第一步，获取各专家的评价信息，构建毕达哥拉斯模糊个体评价矩阵 $R^q = (r_{ij}^{(q)})_{m \times n}$ ($q=1,2,\cdots,t$)，其中 $r_{ij}^{(q)} = (\mu_{ij}, v_{ij})$ 表示专家 $q$ 关于方案 $x_i$ 在 $C_j$ 这一指标下的评价值。

本节构建如下信任传递公式：若 $e_1$ 与 $e_2$ 的信任关系为 $\lambda_1 = \langle t_1, d_1 \rangle$，$e_2$ 与 $e_3$ 的信任关系为 $\lambda_2 = \langle t_2, d_2 \rangle$，$t_1, d_1, t_2, d_2 \in (0,1)$，那么 $e_1$ 与 $e_3$ 的信任关系可以由以下信任传递公式 TP 获得：

$$\text{TP}(\lambda_1, \lambda_2) = \left\langle \frac{t_1 \times t_2}{1+(1-t_1)(1-t_2)}, \frac{d_1 + d_2}{1 + d_1 \times d_2} \right\rangle \tag{4-19}$$

第二步，获取专家的信任关系，构建毕达哥拉斯模糊信任关系矩阵 $T = (d_{ij})_{t \times t}$，其中 $d_{ij} = (u_{ij}, f_{ij})$ 表示专家 $i$ 对专家 $j$ 的信任关系，然后根据式（4-17）~式（4-19）补全信任矩阵并计算专家权重，记为 $W_e = \{w_{e1}, w_{e2}, \cdots, w_{et}\}$。运用层次分析法构建指标对比矩阵 $H = (\lambda_{ij})_{n \times n}$，其中 $\lambda_{ij}$ 表示指标 $C_i$ 对指标 $C_j$ 的相对重要性，从而根据式（4-20）、式（4-21）进一步计算指标权重，记为 $W_c = \{w_{c1}, w_{c2}, \cdots, w_{cn}\}$，并根据式（4-22）计算最大特征值，然后进行一致性检验。

$$\overline{\lambda_{ij}} = \frac{\lambda_{ij}}{\sum_{i=1}^{n} \lambda_{ij}} \tag{4-20}$$

$$w_i = \frac{\sum_{j=1}^{n} \overline{\lambda_{ij}}}{\sum_{i=1}^{n} \sum_{j=1}^{n} \overline{\lambda_{ij}}} \tag{4-21}$$

$$\lambda_{\max} = \sum_{i=1}^{n} \frac{(\text{HW})_i}{nW_i}, \quad i=1,2,\cdots,n \tag{4-22}$$

第三步，根据 SCPFHWAGA 算子与各专家权重 $W_e = \{w_{e1}, w_{e2}, \cdots, w_{et}\}$ 汇总每位专家的评价意见，形成毕达哥拉斯模糊集体评价矩阵 $P = (p_{ij})_{m \times n} = (\mu_{ij}, v_{ij})_{m \times n}$，($i=1,2,\cdots,m; j=1,2,\cdots,n$)，矩阵形式见表 4-7。

表 4-7 毕达哥拉斯模糊集体评价矩阵

| | $C_1$ | $C_2$ | $C_3$ | ... | $C_n$ |
|---|---|---|---|---|---|
| $X_1$ | $p_{11}$ | $p_{12}$ | $p_{13}$ | ... | $p_{1n}$ |
| $X_2$ | $p_{21}$ | $p_{22}$ | $p_{23}$ | ... | $p_{2n}$ |

续表

|  | $C_1$ | $C_2$ | $C_3$ | ⋯ | $C_n$ |
|---|---|---|---|---|---|
| $X_3$ | $p_{31}$ | $p_{32}$ | $p_{33}$ | ⋯ | $p_{3n}$ |
| ⋮ | ⋮ | ⋮ | ⋮ | ⋮ | ⋮ |
| $X_m$ | $p_{m1}$ | $p_{m2}$ | $p_{m3}$ | ⋯ | $p_{mn}$ |

第四步，将毕达哥拉斯模糊集体评价矩阵 $P$ 转化为区间模糊多准则评价矩阵 $N=(n_{ij})_{m\times n}=\left[(n_{ij})^-,(n_{ij})^+\right]_{m\times n}$（$i=1,2,\cdots,m;j=1,2,\cdots,n$）。同时，根据式（4-23），计算效用值 $V_{ij}$（$i=1,2,\cdots,m;j=1,2,\cdots,n$）。

$$\begin{cases} V_{ij}=\int_{(n_{ij})^-}^{(n_{ij})^+}\dfrac{1-\mathrm{e}^{\beta x}}{\beta}\dfrac{1}{\sqrt{2\pi}\sigma_{ij}}\mathrm{e}^{-\dfrac{(x-\mu_{ij})^2}{2(\sigma_{ij})^2}}\mathrm{d}x, & c_j \text{是损失指标} \\ V_{ij}=\int_{(n_{ij})^-}^{(n_{ij})^+}\dfrac{1-\mathrm{e}^{-\alpha x}}{\alpha}\dfrac{1}{\sqrt{2\pi}\sigma_{ij}}\mathrm{e}^{-\dfrac{(x-\mu_{ij})^2}{2(\sigma_{ij})^2}}\mathrm{d}x, & c_j \text{是收益指标} \end{cases} \quad (4\text{-}23)$$

其中，$(n_{ij})^-=\mu_{ij}$，$(n_{ij})^+=\sqrt{1-v_{ij}^{\,2}}$，$\mu_{ij}=\dfrac{(n_{ij})^-+(n_{ij})^+}{2}$，$\sigma_{ij}=\dfrac{(n_{ij})^+-(n_{ij})^-}{6}$。

第五步，通过式（4-24）和式（4-25）分别计算方案 $x_i$ 相对于方案 $x_k$ 在 $c_j$ 这一准则下的后悔值 $R_{ikj}$ 和欣喜值 $G_{ikj}$。然后，利用式（4-26）和式（4-27）进行归一化，有 $R_j=\left[R_{ikj}\right]_{m\times m}$、$G_j=\left[G_{ikj}\right]_{m\times m}$。进一步，可以得到：$R'_j=\left[R'_{ikj}\right]_{m\times m}$ 与 $G'_j=\left[G'_{ikj}\right]_{m\times m}$。

$$R_{ikj}=\begin{cases} 1-\mathrm{e}^{-\gamma(V_{ij}-V_{kj})}, & V_{ij}<V_{kj} \\ 0, & V_{ij}\geqslant V_{kj} \end{cases} \quad (4\text{-}24)$$

$$G_{ikj}=\begin{cases} 0, & V_{ij}<V_{kj} \\ 1-\mathrm{e}^{-\gamma(V_{ij}-V_{kj})}, & V_{ij}\geqslant V_{kj} \end{cases} \quad (4\text{-}25)$$

$$R'_{ikj}=\dfrac{R_{ikj}}{\mathrm{RG}_j^+} \quad (4\text{-}26)$$

$$G'_{ikj}=\dfrac{G_{ikj}}{\mathrm{RG}_j^+} \quad (4\text{-}27)$$

其中，$\mathrm{RG}_j^+=\max\left\{\max\limits_{i,k=1,2,\cdots,m}\{|R_{ikj}|\},\max\limits_{i,k=1,2,\cdots,m}\{G_{ikj}\}\right\}$，$R'_{ikj}\in[-1,0]$，$G'_{ikj}\in[0,1]$。

第六步，结合各指标的权重 $W_c=\{w_{c1},w_{c2},\cdots,w_{cn}\}$，根据式（4-28）和式（4-29），

得到方案 $x_i$ 相对于方案 $x_k$ 的后悔值 $R_{ik}$ 和欣喜值 $G_{ik}$，构建两个方案比较的综合后悔值矩阵 $R=[R_{ik}]_{m\times m}$ 与综合欣喜值矩阵 $G=[G_{ik}]_{m\times m}$。在此基础上，根据式（4-30）和式（4-31），计算方案 $x_i$ 相对于其他方案的所有后悔值与欣喜值。

$$R_{ik} = \sum_{j=1}^{n} w_{cj} R'_{ikj} \tag{4-28}$$

$$G_{ik} = \sum_{j=1}^{n} w_{cj} G'_{ikj} \tag{4-29}$$

$$R_i = \sum_{k=1}^{m} R_{ik} \tag{4-30}$$

$$G_i = \sum_{k=1}^{m} G_{ik} \tag{4-31}$$

其中，$R_i$ 可视为评价者对备选方案 $x_i$ 劣于其他所有备选方案的心理判断，且 $R_i \leq 0$。相对于其他方案而言，$R_i$ 的绝对值越大，方案 $x_i$ 越差。$G_i$ 可视为评价者对备选方案 $x_i$ 优于其他所有备选方案的心理判断，且 $G_i \geq 0$。相对于其他方案而言，$G_i$ 的值越大，方案 $x_i$ 越好。

第七步，对每个方案 $x_i(i=1,2,\cdots,m)$ 的评价值 $p_{ij}(i=1,2,\cdots,m;j=1,2,\cdots,n)$ 用 SCPFHWAGA 算子进行集成，集成后用 $s_i(i=1,2,\cdots,m)$ 表示，其中置信水平均取 1。根据式（4-32）计算每个方案 $x_i$ 的得分值，记为 $\text{sc}(s_i)$。

$$\text{sc}(s_i) = \mu_{s_i}^2 - v_{s_i}^2 \tag{4-32}$$

第八步，根据式（4-33）计算排序值 $\varphi_i$。根据排序值 $\varphi_i$ 对方案进行排序，其值越大，方案越好。

$$\varphi_i = \theta \times \frac{\text{sc}(s_i) - \min(\text{sc}(s_i))}{\max(\text{sc}(s_i)) - \min(\text{sc}(s_i))} + (1-\theta) \times \frac{(R_i+G_i) - \min(R_i+G_i)}{\max(R_i+G_i) - \min(R_i+G_i)} \tag{4-33}$$

其中，$\theta$ 为权重调整符号。

## 四、应用研究

（一）背景描述

浙江省位于中国东部沿海，其海洋资源十分丰富，拥有 6486.24 km 的海岸线，3000 余个沿海岛屿。舟山是浙江唯一的海岛市，是国家重点开发区域之一，其海洋旅游产业，正由单一的滨海旅游向集滨海旅游、海岛旅游和海洋旅游为一体的综合海洋旅游转型，呈现旅游产业蓬勃发展的态势。但是，海洋资源的过度开发威胁着舟山海洋经济的可持续发展，导致海洋环境污染越来越严重（Ma et al.,

2021)。同时舟山距离曾发生核事故的福岛约 2000 km。日本计划从 2023 年开始从被毁的福岛核电站排放超过 100 万吨的污染水入海,这可能会对舟山附近海域的生态环境产生影响。海洋监测能够及时对海洋环境变化情况进行记录,从而针对性地开展海洋环境治理。为此,浙江省海洋与渔业局打算开展海洋环境定期监测,需要采购一批新的温盐深仪,于是成立了由五名专家组成的委员会,对四台备选设备进行评估。这五名专家的具体信息见附表 A-1,由于这些均为浙江省知名专家,专家间或多或少存在一定的社会联系,于是本节引入社会网络分析来考虑社会联系对专家评价的影响。各个备选设备的信息如下。

SBE 911plus CTD($A_1$)是大多数研究机构所使用的主要海洋研究工具,其通过 SBE 9plus CTD 装置和 SBE 11plus V2 甲板装置提供 24 Hz 采样率。911plus 系统可对 10 000 m 长的电缆进行实时数据采集。911plus 可与 SBE 32 转盘式水样采集器集成,进行实时或自主的自动发射操作。911plus 支持多种辅助传感器[溶解氧、pH、浊度、荧光、油、光合有效辐射(photosynthetically active radiation,PAR)、硝酸盐、高度计等],有 8 个模拟数字转换器(analog to digital converter,A/D)通道。

OCEAN SEVEN 316Plus CTD($A_2$)配备了 IDRONAUT 全海洋深度、无泵和长期稳定性传感器。其中,最核心的是高精度的七铂环石英电导率池,可在现场清洗,无须重新校准。这种独特的石英电池具有大直径(8mm)和短长度(46mm)的优点,以保证在长期部署后,即使在生物活性水域中,也不会发生堵塞。OCEAN SEVEN 316Plus CTD 多参数探头可以在有声或无声模式下操作,后者在浮标、遥控无人潜水器(remote operated vehicle,ROV)、无人水面艇(unmanned surface vessel,USV)和无缆水下机器人(autonomous underwater vehicle,AUV)上进行系统集成特别方便,从而使该探头成为在线剖面和自记录系泊应用的理想选择。其数据遥测功能可用于在线全海洋深度的实时数据传输(REDAS-5 软件的 20Hz 采样率)。

Multiparameter probe CTD115M($A_3$)最多可配备 11 个传感器。其数据存储在一个标准的闪存卡中,其容量为 128 MB。该存储卡可记录多达 300 万个 CTD 数据集,实际数量取决于所选的存储选项和与探头相匹配的传感器数量。CTD115M 允许以不同的模式进行操作,有连续模式、时间模式、压力模式、在线模式(RS-232)。CTD115M 配备了 16 通道数据采集系统,分辨率为 16 位。高度的长期稳定性和模拟数字转换器的自动自校准,保证了 CTD 测量的稳定和精确。

MIDAS CTD+($A_4$)是 Valeport 公司应用了其独特的发布式处理技术,形成的一台从本质上为每位客户的需求定制的多参数温盐深仪。该仪器能与一系列标准传感器任意组合,在自主和实时操作下提供校准数据。其壳体有钛合金或缩醛构造，适合沿海或深水作业。由于其采用了分布式处理，每个传感器都有自己的微处理器控制采样和读数校准，每一个传感器都由一个中央处理器控制，中央处理器发出全局命令并处理所有数据。这意味着所有的数据都是在同一时刻精确地进行采样的，从而保证了数据质量。

表 4-8 显示了四个备选方案的一些参数信息。

**表 4-8　四个备选方案的参数信息**

|  | $A_1$ | $A_2$ | $A_3$ | $A_4$ |
|---|---|---|---|---|
| 温度 | (−5,+35℃) | (−3,+50℃) | (−2,+36℃) | (−5,+35℃) |
| 导电性 | (0,70mS/cm) | (0,70mS/cm) | (0,70mS/cm) | (0,80mS/cm) |
| 压力精确度 | 0.015% | 0.05% | 0.05% | 0.01% |
| 温度精确度 | 0.001℃ | 0.002℃ | 0.002℃ | 0.005℃ |
| 导电性精确度 | 0.003mS/cm | 0.003mS/cm | 0.002mS/cm | 0.01mS/cm |
| 采样频率 | 24Hz | 20Hz | 24Hz | 8Hz |
| 重量 | 25kg | 8kg | 9kg | 20kg |
| 独立内存 | 0 | 16MB | 128MB | 16MB |

## （二）评价过程

本节运用本章提出的框架来处理温盐深仪的选择问题，用 $e_1$、$e_2$、$e_3$、$e_4$、$e_5$ 代表五位专家。

第一步，获得专家间的信任关系，表 4-9 以矩阵形式展示了专家间的信任关系，并且根据式（4-19）构建完全信任矩阵，如表 4-10 所示。然后根据式（4-17）计算各个专家的度中心性为

$$c(e_1)=0.274,\ c(e_2)=0.076,\ c(e_3)=0.240,\ c(e_4)=0.078,\ c(e_5)=0.105$$

**表 4-9　专家间的信任关系**

|  | $e_1$ | $e_2$ | $e_3$ | $e_4$ | $e_5$ |
|---|---|---|---|---|---|
| $e_1$ | — |  | ⟨0.50, 0.10⟩ |  | ⟨0.60, 0.30⟩ |
| $e_2$ | ⟨0.70, 0.10⟩ | — |  | ⟨0.40, 0.10⟩ |  |
| $e_3$ |  | ⟨0.50, 0.30⟩ | — | ⟨0.50, 0.20⟩ |  |
| $e_4$ | ⟨0.60, 0.10⟩ |  |  | — | ⟨0.50, 0.20⟩ |
| $e_5$ |  | ⟨0.60, 0.20⟩ | ⟨0.20, 0.50⟩ |  | — |

**表 4-10　完全信任矩阵**

|  | $e_1$ | $e_2$ | $e_3$ | $e_4$ | $e_5$ |
|---|---|---|---|---|---|
| $e_1$ | — | ⟨0.31, 0.47⟩ | ⟨0.50, 0.10⟩ | ⟨0.20, 0.39⟩ | ⟨0.60, 0.30⟩ |

续表

|  | $e_1$ | $e_2$ | $e_3$ | $e_4$ | $e_5$ |
|---|---|---|---|---|---|
| $e_2$ | ⟨0.70, 0.10⟩ | — | ⟨0.30, 0.20⟩ | ⟨0.40, 0.10⟩ | ⟨0.38, 0.39⟩ |
| $e_3$ | ⟨0.30, 0.38⟩ | ⟨0.50, 0.30⟩ | — | ⟨0.50, 0.20⟩ | ⟨0.20, 0.39⟩ |
| $e_4$ | ⟨0.60, 0.10⟩ | ⟨0.25, 0.38⟩ | ⟨0.25, 0.29⟩ | — | ⟨0.50, 0.20⟩ |
| $e_5$ | ⟨0.37, 0.29⟩ | ⟨0.60, 0.20⟩ | ⟨0.60, 0.10⟩ | ⟨0.19, 0.29⟩ | — |

根据式（4-18）计算各专家权重为 $W_e$ = {0.35, 0.10, 0.31, 0.10, 0.14}。

第二步，利用层次分析法对指标权重进行判断，成对比较矩阵如表 4-11 所示。

表 4-11 成对比较矩阵

|  | $C_1$ | $C_2$ | $C_3$ | $C_4$ | $C_5$ | $C_6$ | $C_7$ | $C_8$ | $C_9$ | $C_{10}$ |
|---|---|---|---|---|---|---|---|---|---|---|
| $C_1$ | 1.00 | 2.00 | 2.00 | 3.00 | 2.00 | 2.00 | 2.00 | 2.00 | 3.00 | 3.00 |
| $C_2$ | 0.50 | 1.00 | 0.50 | 1.00 | 1.00 | 1.00 | 1.00 | 1.00 | 1.00 | 1.00 |
| $C_3$ | 0.50 | 2.00 | 1.00 | 3.00 | 1.00 | 1.00 | 1.00 | 1.00 | 3.00 | 3.00 |
| $C_4$ | 0.33 | 1.00 | 0.33 | 1.00 | 0.50 | 0.50 | 0.50 | 1.00 | 1.00 | 1.00 |
| $C_5$ | 0.50 | 1.00 | 1.00 | 2.00 | 1.00 | 1.00 | 1.00 | 1.00 | 0.50 | 0.50 |
| $C_6$ | 0.50 | 1.00 | 1.00 | 2.00 | 1.00 | 1.00 | 0.50 | 1.00 | 0.50 | 0.50 |
| $C_7$ | 0.50 | 1.00 | 1.00 | 2.00 | 1.00 | 2.00 | 1.00 | 1.00 | 2.00 | 2.00 |
| $C_8$ | 0.50 | 1.00 | 1.00 | 1.00 | 1.00 | 1.00 | 1.00 | 1.00 | 2.00 | 2.00 |
| $C_9$ | 0.33 | 1.00 | 0.33 | 1.00 | 2.00 | 2.00 | 0.50 | 0.50 | 1.00 | 1.00 |
| $C_{10}$ | 0.33 | 1.00 | 0.33 | 1.00 | 2.00 | 2.00 | 0.50 | 0.50 | 1.00 | 1.00 |

根据式（4-20）、式（4-21）计算各指标权重，得到 $W_c$={0.19, 0.08, 0.13, 0.06, 0.09, 0.08, 0.11, 0.10, 0.08, 0.08}。

第三步，令五位专家对四台备选设备的十个指标进行评分，评分数据见附表 A-2。

第四步，运用 SCPFHWAGA 算子及专家权重对专家评分进行集成，获得集体评价矩阵，如表 4-12 所示（表中计算结果保留两位小数）。然后将该矩阵转化为区间值评价矩阵，并且计算效用值，其中 $\alpha$ 取 0.02，$\beta$ 取 0.02。表 4-13 为区间值评价矩阵，表 4-14 为效用值矩阵（表中计算结果保留两位小数）。

表 4-12 集体评价矩阵

|  | $C_1$ | $C_2$ | $C_3$ | $C_4$ | $C_5$ |
|---|---|---|---|---|---|
| $A_1$ | ⟨0.86, 0.16⟩ | ⟨0.80, 0.21⟩ | ⟨0.77, 0.23⟩ | ⟨0.76, 0.21⟩ | ⟨0.56, 0.27⟩ |
| $A_2$ | ⟨0.78, 0.32⟩ | ⟨0.81, 0.18⟩ | ⟨0.70, 0.21⟩ | ⟨0.71, 0.29⟩ | ⟨0.78, 0.19⟩ |
| $A_3$ | ⟨0.77, 0.21⟩ | ⟨0.68, 0.33⟩ | ⟨0.74, 0.36⟩ | ⟨0.74, 0.35⟩ | ⟨0.77, 0.28⟩ |
| $A_4$ | ⟨0.69, 0.27⟩ | ⟨0.73, 0.28⟩ | ⟨0.76, 0.39⟩ | ⟨0.73, 0.29⟩ | ⟨0.66, 0.19⟩ |

续表

|  | $C_6$ | $C_7$ | $C_8$ | $C_9$ | $C_{10}$ |
|---|---|---|---|---|---|
| $A_1$ | ⟨0.73, 0.32⟩ | ⟨0.68, 0.34⟩ | ⟨0.71, 0.45⟩ | ⟨0.69, 0.30⟩ | ⟨0.68, 0.28⟩ |
| $A_2$ | ⟨0.71, 0.20⟩ | ⟨0.70, 0.36⟩ | ⟨0.75, 0.31⟩ | ⟨0.72, 0.43⟩ | ⟨0.75, 0.28⟩ |
| $A_3$ | ⟨0.79, 0.29⟩ | ⟨0.69, 0.33⟩ | ⟨0.76, 0.37⟩ | ⟨0.76, 0.38⟩ | ⟨0.82, 0.25⟩ |
| $A_4$ | ⟨0.74, 0.33⟩ | ⟨0.79, 0.14⟩ | ⟨0.82, 0.19⟩ | ⟨0.75, 0.27⟩ | ⟨0.78, 0.33⟩ |

表 4-13 区间值评价矩阵

|  | $C_1$ | $C_2$ | $C_3$ | $C_4$ | $C_5$ |
|---|---|---|---|---|---|
| $A_1$ | [0.86, 0.99] | [0.80, 0.98] | [0.81, 0.97] | [0.76, 0.98] | [0.56, 0.96] |
| $A_2$ | [0.78, 0.95] | [0.81, 0.98] | [0.70, 0.98] | [0.71, 0.96] | [0.83, 0.98] |
| $A_3$ | [0.77, 0.98] | [0.68, 0.94] | [0.74, 0.93] | [0.77, 0.94] | [0.80, 0.96] |
| $A_4$ | [0.68, 0.96] | [0.70, 0.96] | [0.73, 0.92] | [0.73, 0.96] | [0.63, 0.98] |
|  | $C_6$ | $C_7$ | $C_8$ | $C_9$ | $C_{10}$ |
| $A_1$ | [0.76, 0.94] | [0.68, 0.94] | [0.71, 0.89] | [0.70, 0.96] | [0.68, 0.96] |
| $A_2$ | [0.74, 0.98] | [0.71, 0.93] | [0.75, 0.95] | [0.72, 0.90] | [0.75, 0.96] |
| $A_3$ | [0.79, 0.96] | [0.69, 0.94] | [0.76, 0.93] | [0.76, 0.93] | [0.82, 0.97] |
| $A_4$ | [0.72, 0.95] | [0.76, 0.99] | [0.80, 0.98] | [0.75, 0.96] | [0.78, 0.95] |

表 4-14 效用值矩阵

|  | $C_1$ | $C_2$ | $C_3$ | $C_4$ | $C_5$ | $C_6$ | $C_7$ | $C_8$ | $C_9$ | $C_{10}$ |
|---|---|---|---|---|---|---|---|---|---|---|
| $A_1$ | 1.29 | 1.24 | 1.22 | −1.24 | 1.07 | 1.17 | 1.13 | 1.12 | −1.17 | −1.17 |
| $A_2$ | 1.21 | 1.26 | 1.17 | −1.19 | 1.23 | 1.18 | 1.14 | 1.19 | −1.15 | −1.21 |
| $A_3$ | 1.22 | 1.14 | 1.17 | −1.19 | 1.21 | 1.22 | 1.15 | 1.18 | −1.20 | −1.27 |
| $A_4$ | 1.15 | 1.18 | 1.18 | −1.20 | 1.15 | 1.18 | 1.24 | 1.26 | −1.22 | −1.22 |

第五步，根据式（4-24）和式（4-25）计算方案 $x_i$ 相对于方案 $x_k$ 在 $c_j$ 这一准则下的后悔值 $R_{ikj}$ 和欣喜值 $G_{ikj}$。其中，$\gamma$ 取 0.1。构建相对后悔值与相对欣喜值矩阵（详见附表 A-3）。然后，根据式（4-26）和式（4-27）将相对后悔值与相对欣喜值进行归一化。

第六步，根据式（4-28）和式（4-29）集成方案 $x_i$ 相对于其他方案的所有后悔值与欣喜值，得到后悔值与欣喜值矩阵。在此基础上，对后悔值矩阵与欣喜值矩阵进行汇总，即可得到各方案的后悔值与欣喜值。表 4-15 展示了后悔值与欣喜值矩阵以及每个备选方案的后悔值与欣喜值（除部分数值外，表中计算结果保留两位小数）。

表 4-15 后悔值与欣喜值矩阵以及每个备选方案的后悔值与欣喜值

| | 后悔/欣喜值矩阵 | | | | | 后悔/欣喜值 |
| --- | --- | --- | --- | --- | --- | --- |
| R | 0 | −0.18 | −0.16 | −0.22 | $A_1$ | −0.56 |
| | −0.16 | 0 | −0.04 | −0.11 | $A_2$ | −0.30 |
| | −0.24 | −0.13 | 0 | −0.16 | $A_3$ | −0.53 |
| | −0.27 | −0.19 | −0.14 | 0 | $A_4$ | −0.60 |
| G | 0 | 0.0026 | 0.0039 | 0.0045 | $A_1$ | 0.01 |
| | 0.0029 | 0 | 0.0022 | 0.0031 | $A_2$ | 0.01 |
| | 0.0027 | 0.0005 | 0 | 0.0023 | $A_3$ | 0.01 |
| | 0.0035 | 0.0018 | 0.0027 | 0 | $A_4$ | 0.01 |

第七步，运用 SCPFHWAGA 算子将集体评价矩阵中不同指标的评价值进行集成，得到各方案的评价值集成矩阵，如表 4-16 所示（表中计算结果保留两位小数），并且根据式（4-32）计算得分值。

表 4-16 评价值集成矩阵

| | $A_1$ | $A_2$ | $A_3$ | $A_4$ |
| --- | --- | --- | --- | --- |
| U | 0.74 | 0.74 | 0.75 | 0.74 |
| V | 0.27 | 0.28 | 0.31 | 0.27 |

方案 $A_1$、$A_2$、$A_3$、$A_4$ 的得分值分别为 0.4747、0.4692、0.4664、0.4747。

第八步，根据式（4-33）计算排序值。不失一般性，$\theta$ 取 0.5，则 $A_1$、$A_2$、$A_3$、$A_4$ 的排序值分别为 0.5777、0.6137、0.1087、0.4061。因此，$A_2 \succ A_1 \succ A_4 \succ A_3$，应该选择 $A_2$。

（三）敏感性分析

根据后悔理论中的后悔-欣喜函数，不同的 $\gamma$ 值（$\gamma$ 是评价者的后悔规避系数）会得到不同的后悔值和欣喜值。因此，需要分析后悔规避系数的不同在本案例中是否会影响评价结果。如表 4-17（表中计算结果保留两位小数）与图 4-5 所示，随着 $\gamma$ 的变化，方案的排序结果没有发生变化，说明不同的 $\gamma$ 值不影响最终方案的选择，所提出的模型均具有稳健性。

表 4-17 不同 $\gamma$ 值下各方案的排序值

| $\gamma$ | $\varphi_1$ | $\varphi_2$ | $\varphi_3$ | $\varphi_4$ |
| --- | --- | --- | --- | --- |
| 0.1 | 0.58 | 0.61 | 0.11 | 0.41 |
| 0.2 | 0.58 | 0.61 | 0.10 | 0.41 |
| 0.3 | 0.59 | 0.61 | 0.10 | 0.41 |

续表

| $\gamma$ | $\varphi_1$ | $\varphi_2$ | $\varphi_3$ | $\varphi_4$ |
| --- | --- | --- | --- | --- |
| 0.4 | 0.59 | 0.61 | 0.10 | 0.41 |
| 0.5 | 0.59 | 0.61 | 0.09 | 0.41 |
| 0.6 | 0.60 | 0.61 | 0.09 | 0.41 |
| 0.7 | 0.60 | 0.61 | 0.09 | 0.41 |
| 0.8 | 0.60 | 0.61 | 0.08 | 0.41 |
| 0.9 | 0.60 | 0.61 | 0.08 | 0.41 |

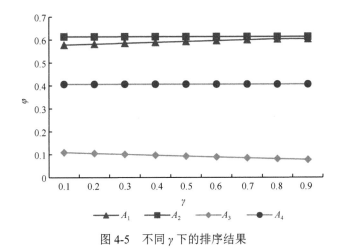

图 4-5 不同 $\gamma$ 下的排序结果

根据式（4-30），$\theta$ 是得分值与后悔值的权重调整系数。如表 4-18 与图 4-6 所示（表中计算结果保留两位小数），对 $\theta$ 进行调整，随着 $\theta$ 的变化，最优方案的选择及方案的排序会发生较大的变化，说明根据得分值与后悔值两种计算方式所得的排序结果有较大的差异。因此方案的排序会受到 $\theta$ 值的影响。在实际应用中，可由专家商讨决定 $\theta$ 值，即两部分的权重。一般而言，$\theta$ 取 0.5，代表两部分等权相加成排序值。

表 4-18 不同 $\theta$ 下各方案的排序值

| $\theta$ | $\varphi_1$ | $\varphi_2$ | $\varphi_3$ | $\varphi_4$ |
| --- | --- | --- | --- | --- |
| 0.1 | 0.24 | 0.92 | 0.20 | 0.08 |
| 0.2 | 0.32 | 0.85 | 0.17 | 0.16 |
| 0.3 | 0.41 | 0.77 | 0.15 | 0.24 |
| 0.4 | 0.49 | 0.69 | 0.13 | 0.32 |
| 0.5 | 0.58 | 0.61 | 0.11 | 0.41 |
| 0.6 | 0.66 | 0.54 | 0.09 | 0.49 |

续表

| $\theta$ | $\varphi_1$ | $\varphi_2$ | $\varphi_3$ | $\varphi_4$ |
|---|---|---|---|---|
| 0.7 | 0.75 | 0.46 | 0.07 | 0.57 |
| 0.8 | 0.83 | 0.38 | 0.04 | 0.65 |
| 0.9 | 0.92 | 0.30 | 0.02 | 0.73 |

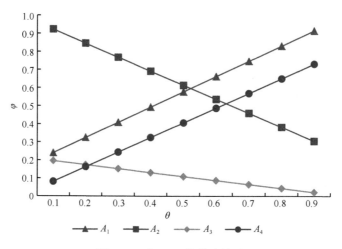

图 4-6　不同 $\theta$ 下的排序结果

（四）比较分析

为了验证本章所提算子的有效性与优越性，下面与 CPFWA 和 CPFGA 算子进行比较。不同算子下的排序结果如表 4-19 所示。

表 4-19　不同算子下的排序结果

| 算子 | $\varphi_1$ | $\varphi_2$ | $\varphi_3$ | $\varphi_4$ | 排序结果 |
|---|---|---|---|---|---|
| SCPFHWAGA | 0.58 | 0.61 | 0.11 | 0.41 | $A_2 \succ A_1 \succ A_4 \succ A_3$ |
| CPFHWAGA | 0.06 | 1.00 | 0.13 | 0.19 | $A_2 \succ A_4 \succ A_3 \succ A_1$ |
| CPFWA | 0.6338 | 0.6307 | 0.06 | 0.18 | $A_1 \succ A_2 \succ A_4 \succ A_3$ |
| CPFGA | 0.00 | 1.00 | 0.52 | 0.40 | $A_2 \succ A_3 \succ A_4 \succ A_1$ |

根据表 4-19 可以发现，SCPFHWAGA、CPFHWAGA 和 CPFGA 算子均认为 $A_2$ 为最优方案，但是，后面三个方案的排序各有不同。根据 CPFWA 算子所得结果，$A_1$ 为最优方案。结合实际，$A_1$ 为 SBE 911plus CTD，是目前大多数研究机构所用的主要海洋研究工具，其精确度比较高、适用范围也比较广，并且可拓展性较强，支持多种辅助传感器（溶解氧、pH、浊度、荧光、油、PAR、硝酸盐、高

度计等），故受到各大研究机构的青睐。但是，该设备体积庞大，操作不便捷，维护也比较麻烦。而 $A_2$ 为 OCEAN SEVEN 316Plus CTD，其测量精度较高，使用范围广，并且稳定性与便携性要好于 $A_1$，故其评价得分高于 $A_1$。

不同算子所得结果不同的主要原因如下：SCPFHWAGA 算子与 CPFHWAGA 算子的区别在于置信水平的处理，SCPFHWAGA 算子对置信水平进行了平方处理，因此该算子在进行信息集成时受到置信水平的影响更大，所得的排序值也会有所不同。CPFWA 算子进行计算时通常会倾向于参数值较大的一方，CPFGA 算子进行计算时通常会倾向于权重较大的一方，因此根据两者所计算的排序结果各有不同。本章所提出的 CPFHWAGA 算子、SCPFHWAGA 算子能够对两者的值进行中和，克服了这一缺点。由于本案例中专家水平相差不大，但专家对不同设备的了解程度不同，因此置信水平在评价过程中起重要作用，在这四个算子中，SCPFHWAGA 算子最适合本案例。

## 五、政策启示

基于本节研究，可以从不同的角度得出以下政策启示，这些启示或许对政府和生产厂商均具有重要意义。

第一，对设备生产商的启示。在对不同的温盐深仪进行对比时，可以发现不同设备在便携性、易用性方面的评价相对来说普遍较低，说明当前的设备虽然在精确度方面及一些性能指标方面已经能够达到较高水平，但是用户的使用体验较差，设备操作过程较为烦琐。因此温盐深仪的生产厂商可以考虑采取以下思路来提高设备的竞争力：一是在不降低设备性能的同时将设备设计得更加轻。二是采用新的设计与制造材料，使设备更易于清洁与维护。

第二，对政府部门的启示。同国际先进水平相比，中国在海洋高科技领域基础比较薄弱，产品缺乏创新能力，核心技术、设备和系统主要依靠进口。中国的海洋研究机构所用的高精度温盐深仪也大多为进口设备，主要在于其他国家比中国更早发展这一产业，所投入的时间与资金远大于中国，因此许多发达国家都能独立生产高端的温盐深仪，并且不同公司的产品更有千秋。虽然中国目前所生产的温盐深仪在测量精确度方面已经能达到世界先进水平，但是存在集成化及智能化程度不高、长期测量精度保持能力差、生产成本高等问题，所以中国生产的产品在市场上竞争力较小。为了实现温盐深仪的完全国产化，中国需要提升整体的海洋科技水平，提高海洋科技创新能力。

为此，中国需要加强以下方面的建设：一是建议设立专门的委员会以加强对海洋科技创新事业的组织领导和宏观统筹，以促进全国海洋科技资源的优化配置；二是必须进一步加强可持续发展背景下的中国科技创新法规建设，通过加快完善中国科技创新法规体系，为科技创新活动的顺利开展提供良好的法制环境；三是积极实施以重大建设项目为载体培养、吸引、使用人才的新模式，凝聚具有自主创新能力、掌握核心技术的技术创新领军人才；四是政府不仅需要加大在海洋科技研发方面的投入，还要激励引导海洋企业加大自主创新投入。

# 第五章 双层语言术语环境下的模糊评价方法及在推荐领域的应用

推荐系统分为基于内容的推荐和基于领域的推荐。其中，基于领域的推荐算法又分为两大类：一类是从用户的兴趣相似度出发，定义为基于用户的协同过滤算法；另一类是从物品的相似度出发，定义为基于物品的协同过滤算法。经过几十年的发展，推荐算法开始运用模糊工具。但是，根据研究的现实案例来看，用于推荐的模糊集不足以表达更复杂和更精确的语言信息。因此，本章将当前模糊综合评价领域的一些模糊信息（主要是双层语言模糊数）拓展到推荐算法领域。

## 第一节 基于双层语言术语集的协同过滤推荐方法及应用

### 一、问题的提出

目前主流的推荐算法主要包括基于协同过滤的推荐算法、基于内容的推荐算法、基于关联规则的推荐算法、混合推荐算法等。但是，现有研究主要着眼于推荐算法的优化与运行效率的提升，容易忽视用户评价信息的重要性，未能充分利用评分、评语等信息。用户评分是否能简单而准确地表达出用户的偏好和评价，能否全面而具体地对用户喜好信息进行描述，这些问题对推荐算法的准确性和用户满意度等均具有重要作用。

当前，大部分推荐算法所采集的用户评价信息，如电影网站上对电影的评分，团购网站上对餐馆等场所的评分，购物网站上对商品的评分等，均采用简单的五分制打分规则。用户可根据自己的体验和喜好给出从最高的 5 分至最低的 1 分不等的分值。五分制虽然在后期的算法中有着简单直接、便于计算的优点，但很难十分准确地表达用户细节上的感受。

五分制的评分体系使得用户面对具有相近偏好的待评价事物时，难以描述内心对于其在态度上的细微差别。例如，一名用户对某电影的主观评价是只能算有点好看,但是还没有到好看的程度,在他心中 3 分和 4 分都不能恰当地表达他的喜好,只能在这两个分数中随意地给出一个评分,由于这种情况在实际运用中不是个例,因而大量的误差数据就会影响模型的准确性。

因此,将双层语言运用于推荐算法,不仅能保留五分制打分的简单和直观的优势,更能在打分上体现出更细节的差别,如用户对电影的"只有一点好看"的评价。本章将双层语言术语集的概念引入协同过滤算法中,实现对用户评价信息的提取和转化,在双层语言术语集形式的评分基础上构建协同过滤模型,对用户评分进行预测从而达到推荐的目标。

## 二、用户评论信息的转化

为了能够在第一时间准确了解用户想法,推荐算法需要收集用户对所购买商品或项目的评论,而这些信息往往是直观表达其满意程度和兴趣偏好的有效工具。用户借助评论留言来真实反映使用感受,可以十分详尽地、从细节上准确描述自己的体验和看法,这些都比仅仅只是给出一个评分分数所传达的信息要全面、具体。然而,推荐算法无法直接对这些用语言描述的评论信息进行处理,需要将其转化成算法可以处理的数据从而为后续的操作提供方便。因此,双层语言术语集作为一种能够准确表达精确的复杂语言信息的模糊语言工具,可以成为评论信息和推荐算法之间的一道桥梁,使语言信息能够被充分利用并且便于计算。为了从用户评论信息中准确提炼用户情感和偏好,准确地将其转化成模糊语言模型,需要将用户评论按照一定规则进行筛选,继而通过双层语言术语元素的形式表达出来。

基于双层语言术语集的基本概念,其主要由两层语言术语集构成:第一层语言术语集给出了简单而基本的评价结果,表示用户对于物品的喜好描述的基本语言术语,第二层语言术语集对每个语言术语进行了详细的补充,为用户对物品喜好程度的副词结构补充的辅助术语。上述两层语言术语集之间完全独立。第一层语言术语集的数学表达形式为 $S=\{s_\alpha | \alpha = -\varepsilon, \cdots, -1, 0, 1, \cdots, \varepsilon\}$,第二层语言术语集的数学表达形式为 $O=\{o_\beta | \beta = -\delta, \cdots, -1, 0, 1, \cdots, \delta\}$,且双层语言术语集可以表示成:$S_O = \{s_{\alpha\langle o_\beta\rangle} | \alpha = -\varepsilon, \cdots, -1, 0, 1, \cdots, \varepsilon; \beta = -\delta, \cdots, -1, 0, 1, \cdots, \delta\}$。其中,$s_{\alpha\langle o_\beta\rangle}$ 为双层语言术语,$s_\alpha$ 和 $o_\beta$ 分别为第一层和第二层语言术语。在实际运用中,$\varepsilon$ 和 $\delta$ 的取值需要根据用户评论的复杂程度来确定,用户的描述用词越多越复杂、区分度越高,$\varepsilon$ 和 $\delta$ 的取值就越大(Zhu et al.,2012)。

在 $\varepsilon$ 和 $\delta$ 确定后,依据这两个数值分别为两层语言术语集划分层次。用户对商品进行评论时使用的词汇往往比较多样,会出现很多表达同一意思的不同词汇,即同义词或近义词。因此，需要将这些表达兴趣偏好和情感态度的词汇进行归类，纳入相应的语言术语集中。例如，假设数据集为用户对购物网站上所购买商品的评价，参数确定为 $\varepsilon=1$，$\delta=2$，第一层语言术语集需按照用户对商品最直观的喜好评价划分成三个档次，并将所有的与"不好用"、"一般"和"好用"接近的表述纳入这三个档次中。

$$S=\{s_{-1}=不好用, s_0=一般, s_1=好用\}$$

同样地，当用户评论中出现对上述偏好和评价进行进一步补充的程度副词时，需要在第二层语言术语集中，根据评论的内容将这些程度副词划分为五个档次，并将所有与其意思相同或接近的表述纳入其中。此外，根据双层语言术语集的表述规定，当第一层语言术语集表现为中性或褒义时，第二层语言术语集按照程度越来越强烈的顺序进行排序；反之，当第一层语言术语集表现为贬义时，第二层语言术语集按照程度越来越平缓的顺序进行排序。

$$O=\begin{cases} o_{-2}=远非, o_{-1}=有点, o_0=正好, o_1=很, o_2=完全, & s_\alpha \geqslant s_0 \\ o_{-2}=完全, o_{-1}=很, o_0=正好, o_1=有点, o_2=远非, & s_\alpha < s_0 \end{cases}$$

在将语言信息转换成双层语言术语集的形式后，为了便于将其纳入基于协同过滤的推荐方法中进行计算，需要把二维的语言术语集转化为一维的数字。因此，需要制定规则，使进行转化后得到的数字可以在保留了用户评论信息的基础上，对双层语言术语集进行简化，依然能够准确地反映用户评价。

根据双层语言术语的含义，当 $\alpha=-\varepsilon$ 时，为使第二层的语言术语不超出第一层语言术语给定的范围，只考虑第二层中积极的语言术语 $O=\{o_\beta \mid \beta=0,1,\cdots,\delta\}$；同理，当 $\alpha=\varepsilon$ 时，只考虑第二层中消极的语言术语 $O=\{o_\beta \mid \beta=-\delta,\cdots,-1,0\}$。因此，除了 $\alpha=\pm\varepsilon$ 的情况，第一层语言术语集中的每一个 $\alpha$ 都包含着 $(2\delta+1)$ 种可能的取值。当 $\alpha=\varepsilon$ 或 $-\varepsilon$ 时，各自分别包含着 $(\delta+1)$ 种可能的取值。因此，可将双层语言术语表示所有可能的情况通过式（5-1）转化为一维的评分，转化后的数值共有 $((2\varepsilon+1)(2\delta+1)-2\delta)$ 种可能。

$$s_{\alpha\langle o_\beta\rangle}=(2\varepsilon+1)\alpha+\beta \tag{5-1}$$

转化后的评论数据便可以和用户的其他数据，以及物品的数据一起作为数据集中的数据，进行下一步的操作。

## 三、双层语言环境下基于用户相似度的推荐方法

本节以基于用户相似度的协同过滤算法为例，实现对用户评分的预测从而进行推荐。基于用户相似度的协同过滤算法就是协同所有用户的评价和反馈，基于与目标用户相似的用户信息，对海量的信息进行过滤筛选，最终得到对目标用户

有价值并可能产生兴趣的信息进行推荐。图 5-1 体现了在电商购物平台背景下进行协同过滤推荐的过程。

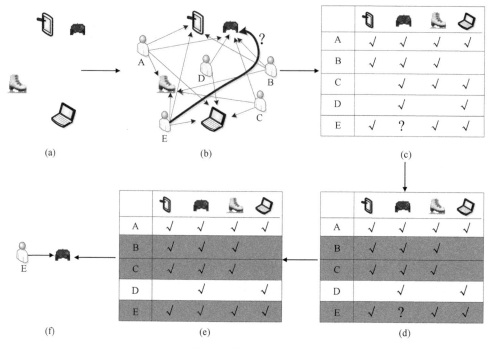

图 5-1 协同过滤推荐过程

图 5-1 展示的推荐过程共分为以下六个步骤。

第一步，假设某电商平台所提供的商品库中共有四件商品，分别为平板电脑、游戏机、溜冰鞋和笔记本电脑。

第二步，用户 E 访问该电商平台时，电商平台需要决定是否为用户 E 推荐游戏机，也就是要预测用户 E 是否喜欢游戏机。此购物网站可以利用用户过往的历史数据来进行预测，包括用户 E 对其他商品的历史评价数据和其他用户对这些商品的历史评价数据。图 5-1（b）中将用户和商品连接起来的箭头表示该用户已购买过此商品并为其做出了评价，所有的用户、商品和表示评价记录的箭头共同构成了一个有向图。

第三步，为了简单直观且方便计算，本节将有向图转化为共现矩阵。如图 5-1（c）所示，用户和商品分别作为横坐标和纵坐标，表格中出现"√"的符号表示所在行的用户已经给所在列的商品做出过评价，在实际应用场景中该符号可以用由用户历史评价转化而成的双层语言术语集形式的评分替代。

第四步，在共现矩阵下，推荐算法对于目标用户对指定商品评价的预测问题就转换成了对矩阵中如图 5-1（d）所示的问号处的预测。为了使预测尽可能准确，应当首先考虑与用户 E 兴趣偏好最相似的前 $n$ 个用户，然后将相似用户对游戏机的评价进行综合，从而得出目标用户对游戏机的评价预测。

第五步，将网站中所有用户的行向量与用户 E 逐一比较，计算其相似度。假设经过计算得知，矩阵中用户 B 和用户 C 的行向量是与用户 E 的行向量最相似的前 2 个，如图 5-1（e）所示用灰色区域进行了标记。

第六步，在目标用户与其相似用户的喜好相似的假设前提下，可根据用户 B 和用户 C 对游戏机的评分及各自与用户 E 的距离，对用户 E 的偏好进行预测。这里最常用的方式是利用相似用户的评价以及相似度得出评分的加权平均值，作为用户 E 对游戏机的评分预测值。一般地，预测评分的数学表达式如式（5-2）所示：

$$R_{u,p} = \frac{\sum_{x \in X}(w_{u,x} \cdot R_{x,p})}{\sum_{x \in X} w_{u,x}} \quad (5\text{-}2)$$

其中，$R_{u,p}$ 为用户 $u$ 对商品 $p$ 的预测评分值；权重 $w_{u,x}$ 为用户 $u$ 与用户 $x$ 的相似度。

此外，可根据具体情况设置一个阈值，预测值大于阈值就可以将游戏机推荐给用户 E，反之则不推荐。

### 四、双层语言环境下基于用户相似度的推荐方法应用

（一）数据预处理

本节采用 kaggle 提供的亚马逊美食评论数据集进行分析处理。该数据集中包含了 256 059 名用户对于 74 258 种产品的 568 454 次评论数据，数据集包括了产品信息、用户信息、评论的总结概括和用户给出的纯文本评论数据。为了达到将文本评论数据转化为双层语言术语集的目的，首先要进行数据清洗，将空值的评论数据所在行删除，同时把对研究作用不大的评论总结所在列删除。其次，为了便于后续的转化，对于那些无意义的评论，即不含对商品直接的评价性质的形容词和副词清洗后得到的数据所在行也一并删除。经过清洗和筛选后的数据集共包含 75 013 行数据，每行数据由产品编号、用户名和对应行所在的用户对于对应行所在的商品的评论文本组成。最后，将用户名替换成从 1 开始排序的用户编号，以便于后续的操作。至此，数据集由产品编号、用户编号和评论信息三个部分组成。

将评论数据按照双层语言术语集的形式进行提取和转化，并对其赋值，便于进一步进行协同过滤的计算。对于亚马逊美食评论数据集而言，评论大多数围绕食物好吃与否给予自己的评价，不涉及更深层次和其他复杂的讨论，因此对于每层术语集可以划分较少的档次。构造如下结构的双层语言术语集：

$$S = \{s_{-1} = 不好, s_0 = 一般, s_1 = 好\}$$

$$O = \begin{cases} o_{-1} = 有点, o_0 = 正好, o_1 = 很, \ s_\alpha \geqslant s_0 \\ o_{-1} = 很, o_0 = 正好, o_1 = 有点, \ s_\alpha < s_0 \end{cases}$$

根据上述双层语言术语集，构建情感字典，即在评论数据中检索相应关键词，在检索到字典中包含带有情感色彩的关键词后，依据相应分值对该评论进行加分或减分，最后每个评论数据得到的分值即为双层语言术语集下得到的分值。根据式（5-1）的换算规则，分值的取值范围为[-3，3]区间内的所有整数。分值为-3的评论对应的双层语言术语为 $s_{-1\langle o_0 \rangle}$，即该评论表达出了对评论的商品极不满意的含义；分值为-2的评论对应的双层语言术语为 $s_{-1\langle o_1 \rangle}$，即该评论表达出了对评论的商品不太满意，但还不至于非常不满的程度，以此类推。在情感字典中，形容词类的词是第一层语言术语集中的各术语，类似地，副词类的词是第二层语言术语集中的各术语。然而字典中不能仅包含如"不好""有点"这类的词，为了避免将表达了相同的含义但没有使用术语词汇的评论排除，还需将术语集中各个术语的同义词和近义词都囊括其中。例如，对于第一层语言术语中的"不好"一词而言，与其相近的词汇还有"糟糕的、坏的、可怕的、难吃的、不佳的"等。上述规则明确后，便可构建如下的情感字典，如表 5-1 所示。

表 5-1 情感字典

| 项目 | 分值 | 词汇 |
| --- | --- | --- |
| 形容词 | -5 | bad/poor/terrible/cheesy/lame/crappy/lousy/insipid/unsavory |
| | -2 | not bad/common/so-so/sort of/average |
| | +1 | good/incredible/wonderful/marvellous/awesome/fantastic/great/lovely |
| 副词 | +1 | far from/only a little/a little/slightly |
| | +2 | just/just right/almost |
| | +3 | very/quite/so/entirely/extremely/perfectly/ much/completely/fully/ totally/thoroughly/exceedingly |

将评论数据去掉数字和特殊符号后保存在数组中，对该数组进行遍历检索，依据表 5-1 所示的情感字典进行相应的加分或减分，最后将得到的分数保存至新的一列，作为评论对应的分值，以便协同过滤时使用。

（二）协同过滤推荐过程及结果

在所有用户中随机选择一个用户作为目标用户，以编号为 28796 的用户为例，目标就是决定是否要为他推荐一个他没有购买过的食物。

首先，找出与目标用户评价过相同商品的用户群。在原始数据集中，找到目标用户"28796"评价过的商品集合，记为目标用户商品集。依据目标用户商品集的索引，从而能够在原始数据集中找到与目标用户同样评价过这些商品的用户群体，以及这些用户对于目标用户商品集的评价信息。通过这一步操作可以得到一个 91×91 的数据表。将该数据提取出来并保存后，为便于计算处理，把该 UI 表（用户-商品信息表）转化成 listoflist 格式。

接下来，计算所有用户两两之间的距离，构成一个行标题和列标题均为用户编号的矩阵，矩阵中的每个位置均表示对应行和对应列的用户之间的欧氏距离。在这一步得到了一个 91×91 的距离矩阵，这些距离的范围从 0 至 23 不等，结果见表 5-2（保留两位小数）。

表 5-2  用户距离矩阵

|    | 0 | 1 | 2 | 3 | ... | 87 | 88 | 89 | 90 |
|----|---|---|---|---|-----|----|----|----|-----|
| 0  | 0.00 | 9.38 | 7.07 | 8.54 | ... | 7.74 | 10.39 | 6.85 | 18.13 |
| 1  | 9.38 | 0.00 | 6.63 | 7.28 | ... | 9.05 | 5.29 | 6.85 | 18.41 |
| 2  | 7.07 | 6.63 | 0.00 | 8.66 | ... | 9.79 | 7.87 | 6.24 | 20.51 |
| 3  | 8.54 | 7.28 | 8.66 | 0.00 | ... | 5.56 | 8.77 | 5.09 | 12.80 |
| ⋮  | ⋮ | ⋮ | ⋮ | ⋮ | ⋮ | ⋮ | ⋮ | ⋮ | ⋮ |
| 87 | 7.74 | 9.05 | 9.79 | 5.56 | ... | 0.00 | 8.36 | 5.56 | 13.07 |
| 88 | 10.39 | 5.29 | 7.87 | 8.77 | ... | 8.36 | 0.00 | 6.08 | 18.24 |
| 89 | 6.85 | 6.85 | 6.24 | 5.09 | ... | 5.56 | 6.08 | 0.00 | 15.93 |
| 90 | 18.13 | 18.41 | 20.51 | 12.80 | ... | 13.07 | 18.24 | 15.93 | 0.00 |

在上述用户距离矩阵中，找到表中所有用户与目标用户的距离，并按照升序排列。与目标用户的距离越小，用户的排名就越靠前，这些用户可以被认为是理论上与目标用户品位与兴趣偏好最接近的用户群体，因此可以借助其评论来对目标用户的评论进行预测。与目标用户最接近的十位用户及其与目标用户的距离如表 5-3 所示（计算结果保留两位小数）。

表 5-3  与目标用户最接近的前十位用户及对应距离

| 排名 | 用户编号 | 与目标用户的距离 |
|------|----------|------------------|
| 1 | 28052 | 4.47 |
| 2 | 24525 | 4.58 |
| 3 | 24285 | 4.69 |
| 4 | 38024 | 5.09 |
| 5 | 38664 | 5.65 |
| 6 | 16232 | 5.65 |
| 7 | 30542 | 5.74 |

续表

| 排名 | 用户编号 | 与目标用户的距离 |
|---|---|---|
| 8 | 36038 | 5.92 |
| 9 | 6212 | 6.00 |
| 10 | 1591 | 6.08 |

统计出与目标用户品位相近的用户群后,在网站上的商品中选择一个作为待推荐目标,这就需要预测目标用户对它的评价如何。以编号为"B00004CXX9"的商品为例,在用户距离矩阵中找出对该商品做过评价的用户,将其按照与目标用户的距离升序排列,得到对编号"B00004CXX9"的商品评价过的用户中最接近目标用户的十位用户,其评价将作为下一步对目标用户进行预测的依据。

以上述用户群体的编号作为索引,在原始数据集中找到他们为编号"B00004CXX9"的商品的评价转化而成的打分。这些用户的打分及其与目标用户的距离如表5-4所示(计算结果保留两位小数)。

表 5-4 相似用户群体对待推荐商品的打分及其与目标用户的距离

| 排名 | 用户编号 | 打分 | 与目标用户的距离 |
|---|---|---|---|
| 1 | 28052 | 1 | 4.47 |
| 2 | 24525 | 2 | 4.58 |
| 3 | 24285 | 3 | 4.69 |
| 4 | 38024 | 1 | 5.09 |
| 5 | 38664 | 2 | 5.65 |
| 6 | 16232 | 1 | 5.65 |
| 7 | 30542 | 2 | 5.74 |
| 8 | 36038 | 1 | 5.92 |
| 9 | 6212 | 3 | 6.00 |
| 10 | 1591 | 1 | 6.08 |

利用相似用户的评价,以及其与目标用户的距离,根据式(5-2)便可得出评分的加权平均值,即目标用户对于待推荐商品的预测评分。经计算,用户"28796"对"B00004CXX9"的预测评分为 2.69。在本章中,规定将评分可取值的范围中的上四位数作为推荐的阈值,预测评分大于这个阈值就可以对目标用户进行推荐。根据前面的介绍,评分可取值的范围在[−3,3],因此推荐的阈值为 1.5,预测评分大于 1.5 时就可以推荐该商品。所以,当编号为"28796"的用户访问购物网站时,对于他没有购买过的商品"B00004CXX9",可以进行推荐。

## 第二节 基于双层语言术语集的深度学习推荐方法及应用

### 一、问题提出

第一节介绍了基于双层语言术语集的协同过滤算法。协同过滤虽然作为可解释性较强的模型,但不具备较强的泛化能力,容易造成热门产品因头部效应而与大量物品相似,尾部产品则由于特征向量的稀疏使得少有被推荐的机会。此外,协同过滤仅将用户和物品的交互信息纳入考虑范围,而无法将更多表示用户特征、物品特征的一系列信息引入模型,这无疑遗漏了一部分有效信息,对推荐结果的精确度有一定影响。

随着近年来机器学习的发展以及在线信息量的不断增加,基于深度学习模型的推荐算法因其极强的表征能力和抗噪能力逐渐成熟并推广开来。深度学习模型不仅有效解决了用户评分在协同过滤模型中稀疏性的问题,更可以将诸如用户年龄、性别等有效刻画用户画像的信息及商品描述和分类等物品信息引入模型,尽可能充分地运用有效信息。因此,本节将介绍基于双层语言术语集的深度学习推荐算法的基本原理,并将其应用于电影评论数据集上为用户提供推荐。

### 二、基于双层语言术语集的深度学习推荐方法

#### (一)用户评论信息的转化

将双层语言形式的评分与深度学习模型进行结合,重点在于如何将二维的评分数字放入模型的输入层中。首先,需要将用户评论文本转化为双层语言模糊数的形式,并将双层语言术语集的形式,按照转化公式进行计算以放入输入层。电影评论的双层语言模糊数可以建立如下两层语言术语集:

$$S = \{s_{-2} = 糟糕, s_{-1} = 不好看, s_0 = 一般, s_1 = 好看, s_2 = 完美\}$$

$$O = \begin{cases} o_{-2} = 远非, o_{-1} = 有点, o_0 = 正好, o_1 = 很, o_2 = 完全, & s_\alpha \geq s_0 \\ o_{-2} = 完全, o_{-1} = 很, o_0 = 正好, o_1 = 有点, o_2 = 远非, & s_\alpha < s_0 \end{cases}$$

例如,评分为 $s_{1\langle o_1 \rangle}$ 意味着用户认为该电影有点好看,而给出 $s_{-1\langle o_{-1}\rangle}$ 的用户则认为该电影很不好看。此外,当第一层评分为-2时,为了使第二层的语言术语不超出第一层语言术语给定的范围,只考虑第二层中积极的语言术语 $O = \{o_\beta \mid \beta = 0, 1, 2\}$;同理,当第一层评分为2时,只考虑第二层中消极的语言术语 $O = \{o_\beta \mid \beta = -2, -1, 0\}$。

根据双层语言术语的含义，注意到当 $\alpha=-\varepsilon$ 时，为使第二层的语言术语不超出第一层语言术语给定的范围，只考虑第二层中积极的语言术语 $O=\{o_\beta|\beta=0,1,\cdots,\delta\}$；同理，当 $\alpha=\varepsilon$ 时，只考虑第二层中消极的语言术语 $O=\{o_\beta|\beta=-\delta,\cdots,-1,0\}$。因此，除了 $\alpha=\pm\varepsilon$ 的情况，第一层语言术语集中的每一个 $\alpha$ 都包含着 $(2\delta+1)$ 种可能的取值。当 $\alpha=\varepsilon$ 或 $-\varepsilon$ 时，各自分别包含着 $(\delta+1)$ 种可能的取值。因此，可将双层语言术语表示所有可能的情况通过式（5-3）转化为一维的评分，转化后的数值共有 $((2\varepsilon+1)(2\delta+1)-2\delta)$ 种可能。

$$s_{\alpha\langle o_\beta\rangle}=(2\varepsilon+1)\alpha+\beta \tag{5-3}$$

为了使双层语言术语表示的评分在准确表达信息的同时可以放入深度学习模型中，将所有的评分转化为一维的评分，转化后的评分共有 21 种可能。

（二）深度学习网络的构建

本节构建两个子网络，分别是物品特征网络和用户特征网络。在用户特征网络中，选取能准确代表用户特征的指标，在各指标后分别添加一个全连接层和 dropout 层，将得到的各向量拼接起来作为全连接层的输入，最后输出得到的特征向量，即为用户特征向量。

在物品特征网络中，同样选取能代表物品特征的若干指标，处理方式与用户特征网络相同，但由于物品类型不同，所以需要使用 Multi-hot 对物品类型进行编码，在物品类型指标下的第一层与嵌入矩阵相乘，没有用 lookup 就实现了长度不同的输入。将物品名称通过嵌入层编码为矩阵后，经过一层长短期记忆（long short-term memory，LSTM）网络，并对其所有的输出求出平均值，最终得到物品特征向量。再将各指标的特征向量拼接起来作为全连接层的输入，得到一个 200 维特征向量的输出，即为电影特征向量。

将前面得到的物品特征和用户特征作为输入，传入全连接层，输出一个值，将输出值回归到真实评分，采用改进的损失函数来优化损失。机器学习模型中的损失函数是用来衡量预测值和真实值的差距，即衡量当前神经网络对监督数据在多大程度上不拟合，因此目标就是使损失函数达到最小。传统的深度学习模型中，损失函数的形式多种多样，其中最常用的损失函数有交叉熵和均方误差。交叉熵损失函数是信息论中的概念，主要针对的是分类问题，刻画两个概率分布之间的距离。假设 $v(x)$、$u(x)$ 分别为与离散变量 $x$ 相关的概率分布，则 $v(x)$ 和 $u(x)$ 之间的交叉熵为

$$H(v,u)=E_v[-\log u(x)]=-\sum_x v(x)\log u(x) \tag{5-4}$$

不难发现，交叉熵刻画的是通过 $u(x)$ 分布来表达 $v(x)$ 分布的困难程度，前者

代表的是预测值,后者代表正确答案,交叉熵越小,两个概率分布越接近。

均方误差(mean square error,MSE)在回归问题中更常被用到,因为回归问题中的返回值通常不是向量,而是单个值,见式(5-5):

$$\text{MSE} = \frac{1}{N}\sum_{i=1}^{N}(y_i - \hat{y}_i)^2 \quad (5\text{-}5)$$

其中,$y_i$ 和 $\hat{y}_i$ 分别为目标值和预测值;$N$ 为目标值或预测值的个数。

对于双层语言形式表示的评分数据而言,上述损失函数未能充分利用双层语言模糊数的特点反映出预测值和真实值的差距,因此需要根据其特点对损失函数进行改进。定义 2-12 已经介绍了双层犹豫语言术语集的距离公式,根据损失函数的定义,适合双层语言术语的损失函数应是对预测评分和真实评分之间距离的计算,因此,可进一步给出改进的损失函数公式:

$$d(s_{\mu\langle o_v \rangle}, s_{\hat{\mu}\langle o_{\hat{v}}\rangle}) = \left(\frac{1}{N}\sum_{n=1}^{N}\left(\left|F'(s_{\mu_n\langle o_{vn}\rangle}) - F'(s_{\hat{\mu}_n\langle o_{\hat{v}n}\rangle})\right|\right)^2\right)^{\frac{1}{2}}$$

$$= \left(\frac{1}{N}\sum_{n=1}^{N}\left(\left|\frac{\mu_n + (\varepsilon + v_n)\delta}{2\varepsilon\delta} - \frac{\hat{\mu}_n + (\varepsilon + \hat{v}_n)\delta}{2\varepsilon\delta}\right|\right)^2\right)^{\frac{1}{2}} \quad (5\text{-}6)$$

其中,$s_{\mu_n\langle o_{vn}\rangle}(n=1,2,\cdots,N)$ 为属于集合 $S_O = \{s_{\alpha\langle o_\beta \rangle} | \alpha = -\varepsilon, \cdots, -1, 0, 1, \cdots, \varepsilon; \beta = -\delta, \cdots, -1, 0, 1, \cdots, \delta\}$ 的连续术语;$s_{\mu_n\langle o_{vn}\rangle}$ 和 $s_{\hat{\mu}_n\langle o_{\hat{v}n}\rangle}$ 分别为双层语言形式评分的第 $n$ 个目标值与预测值。改进后的损失函数在求得双层语言术语的真实值与预测值之间距离的基础上,有效衡量了模型拟合的效果。

这里改进的损失函数结合了双层语言的特点,对传统的损失函数进行了必要的修改,使其更能适合双层语言术语集的计算方法,具体计算公式参考式(5-6)。神经网络以损失函数为指标,更新权重参数,以使得损失函数的值达到最小。

### 三、基于双层语言术语集的深度学习综合推荐方法应用

(一)数据集的特征分析

由于双层语言模糊数作为一种出现时间不长,且还未被大众所熟知的模糊数,在实际应用研究中还比较少见,大众常用的评分体系依旧是最容易被理解和接受的五分制。因此,本节采用了亚马逊网站公开的电影评论数据集,在此基础上,将用户评论文本转化成双层语言的评分形式。该数据集包含了超过 80 万名用户对约 25 万部电影的 790 万余条评分,也包含电影元数据信息及用户特征信息。

电影元数据信息包括电影 ID、标题和题材种类,用户特征信息包括用户 ID、性别、年龄、职业和邮编,电影评分数据集包括用户 ID、电影 ID、评分和时间

戳，每个用户至少给出过 20 个电影评分。

（二）数据预处理

由于数据集包含用户和电影数目繁杂，对于电影 ID 和用户 ID 而言，其值的种类太多。因此，如果使用 One-hot 对其编码就会造成输入矩阵稀疏性过高，从而给计算造成压力和困难，增加时间复杂度，最终导致推荐效果不尽如人意。除此之外，用户中的年龄数据呈现的形式是按等级赋值，例如，小于 18 岁为 1，18~24 岁为 18，50~55 岁为 50。如果采用 One-hot 对年龄等级编码，则体现不出年龄上的差距，因为 One-hot 形式的各年龄等级之间的距离都是相等的，也就是小于 18 岁与 18~24 岁的差距和小于 18 岁与 56 岁以上的差距是相同的。显然，这种编码方式不能准确体现用户在年龄上的差别，会对推荐结果造成偏差。因此，在数据预处理阶段仅将电影 ID 和用户 ID 编码成数字，并把这些数字作为嵌入矩阵的索引。用户年龄则根据原先的年龄等级，转化为 0~6 的 7 个连续整数进行处理。神经网络的第一层使用嵌入层，嵌入矩阵通过学习得到。此外，对于用户性别字段，需将"F"和"M"转化为 0 和 1 进行表示。

由于电影题材共有 18 个类型，因此可以直接使用 Multi-hot 进行编码，之后与嵌入矩阵相乘就可以实现长度不同的输入。对于电影标题的处理则比较特殊，为保证固定长度的输入，需要创建字符串到整型数字的映射字段后，将其转换成长度为 15 的数字列表，长度小于 15 的使用 0 填充，长度大于 15 的直接将其截断。转换好的电影标题需要经过一个 LSTM 网络，并对其所有的输出求均值即可得到电影名特征。

与第一节的操作类似，构建如表 5-5 所示的情感字典，将评论文本按照字典中的关键词进行筛选，并对其赋予一定的分值。

表 5-5 情感字典（电影）

| 项目 | 分值 | 词汇 |
| --- | --- | --- |
| 形容词 | −13 | terrible/cheesy/lame/crappy/lousy/unsavory/wretched |
| | −8 | inferior/ poor/weak/ bad/ insipid |
| | −3 | not bad/common/so-so/sort of/average |
| | +2 | good/superior/meglio/preferable/lovely |
| | +7 | incredible/wonderful/marvellous/awesome/fantastic/great |
| 副词 | +1 | far from/not nearly/anything but |
| | +2 | only a little/a little/slightly |
| | +3 | just/just right/almost |
| | +4 | very/quite/more than/ much |
| | +5 | entirely/extremely/perfectly/completely/fully/ thoroughly/exceedingly |

## （三）网络构建

本节采用的网络模型分为电影特征网络和用户特征网络两个子网络。用户特征网络中，选取四个指标：用户 ID、年龄、性别和工作，在这四个指标后分别添加一个全连接层和 dropout 层，将得到的四个向量拼接起来作为全连接层的输入，最后得到一个 200 维的特征向量的输出，即为用户特征向量。

电影特征网络中，电影 ID 和电影题材、标题信息均纳入神经网络，对于电影 ID 和题材的处理方式与用户特征网络相同，只有一处不同就是电影题材使用了 Multi-hot 进行编码，所以其第一层与嵌入矩阵相乘而没有用 lookup 就实现了长度不同的输入。电影标题在数据预处理的阶段为保证固定长度的输入已经转换成长度为 15 的数字列表，长度小于 15 的使用 0 填充，大于 15 的则将其后部分删去。将转换好的电影标题通过嵌入层编码为矩阵后，经过一层 LSTM 网络，并对其所有的输出求出平均值，最终得到电影标题特征向量。再将电影 ID、电影题材和电影标题的特征向量拼接起来作为全连接层的输入，得到一个 200 维特征向量的输出，即为电影特征向量。

将前面得到的电影特征和用户特征作为输入，传入全连接层，输出一个值，将输出值回归到真实评分，采用改进的损失函数来优化损失。将数据集按照 4：1 的比例随机分成了训练集和测试集，经过 5 个 epoch 完整训练之后得到最终模型，测试集上的损失函数数值在 0.32 左右。

数据集所提供的数据信息均为离线的静态数据，因此可以在模型训练完毕后离线计算用户特征和电影特征，存储起来以便用于电影推荐和预测评分。用户和电影特征以及相应参数存储起来后，可以直接计算评分。此外，依据特征向量，还可以利用余弦相似度计算与目标用户相似的其他用户和观影爱好。余弦相似度是通过测量两向量之间的夹角余弦值来衡量其相似性，取值范围为[–1,1]，具体计算公式如下所示。

若给定两个用户向量 $A$ 和 $B$，其余弦相似度可以由向量乘积和两向量的长度求得

$$\text{sim}_1(A,B)=\cos\theta=\frac{A\cdot B}{\|A\|\|B\|}=\frac{\sum_{i=1}^{n}(A_i\times B_i)}{\sqrt{\sum_{i=1}^{n}(A_i)^2}\times\sqrt{\sum_{i=1}^{n}(B_i)^2}} \tag{5-7}$$

其结果大小与向量的长度无关，只与两个向量所指方向有关，当两向量的指向完全相同时，余弦相似度取值为 1；相反，当两向量的指向方向完全相反时，余弦相似度值为–1。余弦相似度值越接近 1 就表明夹角越接近 0°，也就表明两个向量越相似。

## （四）推荐结果

首先，经过模型网络的搭建，该推荐算法实现了对指定用户观看指定电影的评分预测，从原始数据集中随机抽取 2 名用户，对其观看同样的 2 部电影的评分预测如表 5-6 所示。

表 5-6　用户评分预测

| 用户 ID | 电影 ID | 电影名称 | 预测评分（数字形式） | 预测评分（双层语言形式） |
| --- | --- | --- | --- | --- |
| 1666 | 9 | Sudden Death | 12.447 | $s_{-1\langle o_{-1}\rangle}$ |
| 5000 | 9 | Sudden Death | 12.892 | $s_{-1\langle o_{0}\rangle}$ |
| 1666 | 1082 | Candidate | 17.330 | $s_{0\langle o_{-1}\rangle}$ |
| 5000 | 1082 | Candidate | 17.774 | $s_{0\langle o_{0}\rangle}$ |

不难看出，对于相同的电影，不同用户基于其自身喜好和品位不同会给出不同的评分，对于同一位用户而言，对不同的电影给出的评分也不尽相同。根据式（5-8），可将推荐算法预测得到的评分转化为双层语言模糊术语的表达形式[见式（5-9）]。

$$\alpha = \frac{x}{2\varepsilon+1} - (\varepsilon+1) \tag{5-8}$$

$$\beta = x - \alpha(2\varepsilon+1) - (\delta+1) \tag{5-9}$$

其中，$\alpha$ 和 $\beta$ 分别为双层语言术语中第一层和第二层的术语，第一层语言术语集 $S=\{s_\alpha \mid \alpha=-\varepsilon,\cdots,-1,0,1,\cdots,\varepsilon\}$，第二层语言术语集 $O=\{o_\beta \mid \beta=-\delta,\cdots,-1,0,1,\cdots,\delta\}$。

根据余弦相似度，推荐算法还能够给出与指定用户相似的其他用户信息，以便于向相似用户推荐该用户喜欢的电影，有效提高推荐效果，增加推荐的成功率。以用户 ID 编码为"5803"为例，这是一位年龄小于 18 岁的男学生，算法给出的与其相似的前十位用户信息如表 5-7 所示。

表 5-7　与用户"5803"相似的前十位用户信息

| 用户 ID | 性别 | 年龄/岁 | 职业 |
| --- | --- | --- | --- |
| 5304 | 女 | 35～44 | 学术/教育工作者 |
| 1076 | 女 | 25～34 | 医生/卫生保健 |
| 672 | 男 | 35～44 | 学术/教育工作者 |
| 1855 | 男 | 18～24 | 大学生/研究生 |
| 6016 | 男 | 45～49 | 艺术家 |

续表

| 用户 ID | 性别 | 年龄/岁 | 职业 |
| --- | --- | --- | --- |
| 3654 | 男 | 25~34 | 医生/卫生保健 |
| 5388 | 女 | 18~24 | 大学生/研究生 |
| 2751 | 女 | 25~34 | 医生/卫生保健 |
| 2866 | 男 | 25~34 | 医生/卫生保健 |
| 2851 | 女 | 25~34 | 医生/卫生保健 |

可以看到，与用户 ID 编码"5803"相似的前十位用户中，职业集中于学生、学术或教育工作者以及卫生医疗领域的从业人员，年龄在 18 岁至 49 岁之间不等，男女比例分布相对较均匀，因此可以推测出，这位用户 ID 编码为"5803"的用户对于电影的审美品位应该与他的同龄人相比是比较成熟的，并且与医生、学术从业人员等这些文化水平相对较高的用户爱好类似，说明其可能偏好于一些需要较高的审美水平欣赏的电影。

同样地，根据余弦相似度，对于任意一部电影，也可以计算与其相似的程度，并按照相似度从高到低进行排列，推荐算法可以以此为依据，为那些给这部电影给予高分评价的用户推荐与其相似度较高的电影，使得用户免于花费时间和精力在网络上的大量信息中搜索同类型的其他影片，为用户节省时间，也能使其得到较好的观影体验。抽取电影编号为"9"的 Sudden Death 作为例子，得到的与之相似度最高的前十部电影见表 5-8。

表 5-8 与 Sudden Death 相似度最高的前十部电影

| 电影 ID | 电影名称（年份） | 题材 |
| --- | --- | --- |
| 2221 | Blackmail（1929） | Thriller |
| 184 | Nadja（1994） | Drama |
| 2630 | Besieged（L'Assedio）（1998） | Drama |
| 2077 | The Journey of Natty Gann（1985） | Adventure/Children's |
| 823 | La Collectionneuse（1967） | Drama |
| 2228 | The Mountain Eagle（1926） | Drama |
| 3188 | The Life and Times of Hank Greenberg（1998） | Documentary |
| 1240 | The Terminator（1984） | Action/Sci-Fi/Thriller |
| 2839 | West Beirut（West Beyrouth）（1998） | Drama |
| 215 | Before Sunrise（1995） | Drama/Romance |

利用用户特征和电影特征，计算指定用户对所有电影的评分，可以实现推荐用户最有可能喜欢的电影。以用户 ID 编码为"105"的用户为例，表 5-9 是为他推荐的十部电影。

表 5-9 用户"105"的电影推荐结果

| 电影 ID | 电影名称（年份） | 题材 |
| --- | --- | --- |
| 260 | Star Wars: Episode IV—A New Hope（1977） | Action/Adventure/Fantasy/Sci-Fi |
| 3880 | The Ballad of Ramblin'Jack（2000） | Documentary |
| 979 | Nothing Personal（1995） | Drama/War |
| 1901 | Dear Jesse（1997） | Documentary |
| 923 | Citizen Kane（1941） | Drama |
| 858 | The Godfather（1972） | Action/Crime/Drama |
| 318 | The Shawshank Redemption（1994） | Drama |
| 50 | The Usual Suspects（1995） | Crime/Thriller |
| 1742 | Caught Up（1998） | Crime |
| 904 | Rear Window（1954） | Mystery/Thriller |

随机抽取另一位 ID 编码为"5615"的用户，对其进行电影的推荐，结果则与 ID 编码"105"的用户不同，如表 5-10 所示。

表 5-10 用户"5615"的电影推荐结果

| 电影 ID | 电影名称 | 题材 |
| --- | --- | --- |
| 2631 | Frogs for Snakes（1998） | Comedy/Film-Noir/Thriller |
| 683 | The Eye of Vichy（Oeil de Vichy，L'）（1993） | Documentary |
| 3435 | Double Indemnity（1944） | Crime/Film-Noir |
| 3307 | City Lights（1931） | Comedy/Drama/Romance |
| 884 | Sweet Nothing（1995） | Drama |
| 1178 | Paths of Glory（1957） | Drama/War |
| 527 | Schindler's List（1993） | Drama/War |
| 50 | The Usual Suspects（1995） | Crime/Thriller |
| 1189 | The Thin Blue Line（1988） | Documentary |
| 904 | Rear Window（1954） | Mystery/Thriller |

可以看出，用户 ID 编码为"105"的用户的电影偏好犯罪和戏剧题材，用户 ID 编码为"5615"的用户则偏向于戏剧类和惊悚类型的电影，而且偏好一些时代比较久远的电影，其中不乏有 20 世纪 30～50 年代的作品。

（五）模型评价

评价推荐方法的指标有很多，包括用户满意度、准确率、覆盖率、召回率等。本节选取准确率、召回率和 $F_1$ 值对模型的推荐效果进行评价。

准确率计算的是在所有推荐项目中，正确推荐的项目占比。它衡量的是目标

用户对推荐结果的兴趣程度,具体公式可以表示为

$$P_{\text{Precision}} = \frac{\sum_{u \in U} |R(u) \cap T(u)|}{\sum_{u \in U} |R(u)|} \quad (5\text{-}10)$$

召回率也是为用户提供个性化推荐列表中常见的评价指标之一,指目标用户喜欢的项目出现在推荐列表的概率,其公式定义如式(5-11)所示:

$$P_{\text{Recall}} = \frac{\sum_{u \in U} |R(u) \cap T(u)|}{\sum_{u \in U} |T(u)|} \quad (5\text{-}11)$$

其中,$R(u)$ 为推荐给用户 $u$ 的项目列表;$T(u)$ 为用户 $u$ 评分的项目集合;$R(u) \cap T(u)$ 为两者的交集。

为了能够评价不同算法的优劣,$F_1$ 值的概念基于准确率和召回率被提出,它是这两者的调和平均数:

$$F_1 = \frac{2 \times P_{\text{Precision}} \times P_{\text{Recall}}}{P_{\text{Precision}} + P_{\text{Recall}}} \quad (5\text{-}12)$$

取不同的推荐项目数值,准确率、召回率和 $F_1$ 值这三个指标与推荐个数的实验结果如图 5-2 所示。

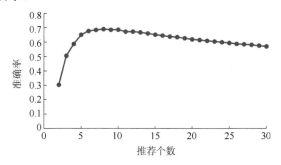

(a)准确率与推荐个数的关系

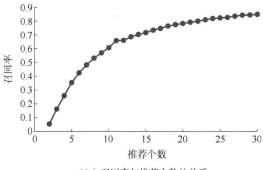

(b)召回率与推荐个数的关系

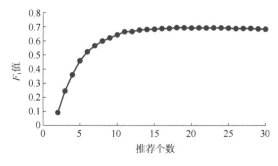

(c) $F_1$ 值与推荐个数的关系

图 5-2 推荐个数取不同数值时准确率、召回率、$F_1$ 值的比较

随着推荐个数的增加,准确率先单调增加,在推荐个数为[5,10]区间内达到最大值,之后开始单调减少。召回率呈现出单调增加的态势,$F_1$ 值则先是单调增加,在推荐数目到达 15 后开始持平。综合上述结果,可以得出推荐电影数目在 10～15 较为合理。

## 第三节 基于双层犹豫模糊语言距离的推荐方法及应用

### 一、问题提出

本章前两节以双层语言术语集作为描述用户对物品评价的工具,在可解释性和对语言信息的准确描述上均有较好的表现。双层语言术语集虽包含了所有双层语言术语,但每次仅能用单一的双层语言术语描述复杂的语言信息。然而,单一的双层语言术语无法准确地表示在多个双层语言术语之间犹豫不决的情况下。比如,在实际的评价过程中,人们经常会由于待评价事物的复杂性和认知的模糊性而需要在犹豫的状态下进行评价。因此,本节引入双层犹豫模糊语言术语集,用以表达人们犹豫时对事物的评价,从而进一步反映评价者复杂的语言信息。

另外,第一节和第二节分别采用了欧氏距离和双层语言术语集的距离公式计算了不同双层语言术语之间的距离,这种简单的距离测度方式有时会受到极端偏差的影响。本节将使用双层犹豫模糊语言有序加权对数平均距离(double hierarchy hesitate fuzzy linguistic ordered weighted logarithmic averaging distance,DHHFLOWLAD)算子计算不同集合之间的距离,在给定的权重向量下考虑有序偏差的计算,可以减少极端偏差的权重,优化距离计算的精确度。此外,DHHFLOWLAD 算子还具有对距离进行对数变换的优点,使得原本距离相近的集合经过对数转换后优势更加明显,放大了距离较远的集合与其的差异。

## 二、基于 DHHFLOWLAD 算子的综合推荐方法

### （一）DHHFLOWLAD 算子

作为 OWLAD 算子在 DHHFL 环境中的一种新的扩展（Gou et al., 2021），DHHFLOWLAD 算子利用有序机制对参数进行聚合，可以将复杂的态度纳入综合评价过程中，解决对数偏差问题（Zeng et al., 2021; Zhang et al., 2021; Chen et al., 2020b; Zhou et al., 2012; Xu, 2005）。

**定义 5-1** 设 $d_{\text{DHHFL}}(h_{S_O}^1, h_{S_O}^2)$ 是 $h_{S_O}^1$ 和 $h_{S_O}^2$ 间的距离，则 DHHFLOWLAD 算子的数学表达式为

$$\text{DHHFLOWLAD}(H_{S_O}^1, H_{S_O}^2) = \exp\left\{\sum_{i=1}^{n} w_i \ln(d_{\text{DHHFL}}(h_{S_O}^{1\tau(i)}, h_{S_O}^{2\tau(i)}))\right\} \quad (5\text{-}13)$$

其中，$d_{\text{DHHFL}}(h_{S_O}^{1\tau(i)}, h_{S_O}^{2\tau(i)})$ 为在所有 $d_{\text{DHHFL}}(h_{S_O}^{1i}, h_{S_O}^{2i})$ ($i=1,2,\cdots,n$) 中第 $i$ 大的值。相应的权重向量为 $w = \left\{w_i | \sum_{i=1}^{n} w_i = 1, 0 \leqslant w_i \leqslant 1\right\}$。

可以证明 DHHFLOWLAD 算子满足以下性质。

（1）交换性：如果集合 $((h_{S_O}^{11}, \widehat{h}_{S_O}^{11}), (h_{S_O}^{12}, \widehat{h}_{S_O}^{12}), \cdots, (h_{S_O}^{1n}, \widehat{h}_{S_O}^{1n}))$ 是集合 $((h_{S_O}^{21}, \widehat{h}_{S_O}^{21}), (h_{S_O}^{22}, \widehat{h}_{S_O}^{22}), \cdots, (h_{S_O}^{2n}, \widehat{h}_{S_O}^{2n}))$ 的任意一种排列，那么

$$\text{DHHFLOWLAD}((h_{S_O}^{11}, \widehat{h}_{S_O}^{11}), (h_{S_O}^{12}, \widehat{h}_{S_O}^{12}), \cdots, (h_{S_O}^{1n}, \widehat{h}_{S_O}^{1n}))$$
$$= \text{DHHFLOWLAD}((h_{S_O}^{21}, \widehat{h}_{S_O}^{21}), (h_{S_O}^{22}, \widehat{h}_{S_O}^{22}), \cdots, (h_{S_O}^{2n}, \widehat{h}_{S_O}^{2n}))$$

（2）单调性：如果对于 $i=1,2,\cdots,n$，$d_{\text{DHHFL}}(h_{S_O}^{1i}, h_{S_O}^{2i}) \leqslant d_{\text{DHHFL}}(\widehat{h}_{S_O}^{1i}, \widehat{h}_{S_O}^{2i})$，那么

$$\text{DHHFLOWLAD}((h_{S_O}^{11}, h_{S_O}^{21}), (h_{S_O}^{12}, h_{S_O}^{22}), \cdots, (h_{S_O}^{1n}, h_{S_O}^{2n}))$$
$$\leqslant \text{DHHFLOWLAD}((\widehat{h}_{S_O}^{11}, \widehat{h}_{S_O}^{21}), (\widehat{h}_{S_O}^{12}, \widehat{h}_{S_O}^{22}), \cdots, (\widehat{h}_{S_O}^{1n}, \widehat{h}_{S_O}^{2n}))$$

（3）无界性：对于 $i=1,2,\cdots,n$，令 $d_{\min} = \min_i d(h_{S_O}^{1i}, h_{S_O}^{2i})$ 且 $d_{\max} = \max_i d(h_{S_O}^{1i}, h_{S_O}^{2i})$，那么

$$d_{\min} \leqslant \text{DHHFLOWLAD}((h_{S_O}^{11}, h_{S_O}^{21}), (h_{S_O}^{12}, h_{S_O}^{22}), \cdots, (h_{S_O}^{1n}, h_{S_O}^{2n})) \leqslant d_{\max}$$

（4）幂等性：如果 $d_{\text{DHHFL}}(h_{S_O}^{1i}, h_{S_O}^{2i}) = d$ ($i=1,2,\cdots,n$)，那么

$$\text{DHHFLOWLAD}((h_{S_O}^{11}, h_{S_O}^{21}), (h_{S_O}^{12}, h_{S_O}^{22}), \cdots, (h_{S_O}^{1n}, h_{S_O}^{2n})) = d$$

(二)基于 DHHFLOWLAD 算子的推荐方法——以 COVID-19 的中药治疗方案为例

截至 2020 年 4 月 22 日,新冠确诊病例超过 250 万人,死亡人数超过 17 万人,世界卫生组织总干事根据评估,宣布本次疫情为全球大流行,对全球经济、文化和政治产生了巨大的影响。面对疫情的迅速蔓延,许多政府决定采取专门措施,努力寻找应对方案(Campbell,2020)。

COVID-19 患者的临床表现主要为发热、疲劳、干咳,少数为鼻塞、流涕甚至缺氧(Chen et al.,2020a)。然而,具体的个体表现差异很大,主要源于宿主因素,如年龄、淋巴细胞减少症及其相关的细胞因子风暴,病毒遗传变异对结果没有显著影响(Galanakis,2020)。如轻度患者出现鼻塞、流鼻涕,重度患者出现呼吸困难、高热,然后迅速发展为急性呼吸窘迫综合征、感染性休克、难治性代谢性酸中毒、凝血和多器官功能障碍。少数患者病情危重甚至死亡,但多数预后良好。根据目前有限的尸检和活检病理观察,肺泡腔内形成浆液和纤维蛋白渗出物,肺泡间隔血管充血(Tian et al.,2020;Cui et al.,2020;Guan et al.,2020;Guo et al.,2020)。在细胞方面,淋巴细胞减少,心脏心肌细胞变性,血管内皮脱落。此外,肝脏和胆囊也增大了。其他器官如肾、食管、胃等均出现不同程度的变性、坏死、脱落。一般情况下,每个人的具体情况都是不同且复杂的,只能用模糊的术语来表述,这导致医生对治疗的判断趋于主观。

中药治疗 COVID-19 是有效的。自中国暴发疫情以来,中西医结合方式已广泛用于治疗患者(Ren et al.,2020)。临床资料和病例证明,早期中医药干预对缓解症状、提高治愈率、降低死亡率有明显效果。对于轻型患者和普通型患者,中医药早期干预可明显阻止病情向危重症方向发展(Guan et al.,2020;Ren et al.,2020)。在重症案例中,它通过改善患者的症状延长了其生命。此外,中药还能有效对抗病毒,帮助身体系统切断炎症风暴,调节免疫反应,促进身体修复。从而在临床实践中证明了中西医结合治疗方案的有效性。

此外,中医作为一个有着几千年历史的医学分支,在治疗各种急性疾病特别是传染病方面有着无数的临床经验(Ren et al.,2020;Zhang et al.,2020;Chen et al.,2008;Kao et al.,2008;Zhang,2004)。在中医治疗理论中,人体是一个整体,强调以身体平衡和身心互动为基础的个体化。这种古老的药物可以作为严重疾病,如 SARS(严重急性呼吸综合征,severe acute respiratory syndrome)的补充,通过与西医结合,可以改善症状,吸收肺部浸润,减少皮质类固醇的剂量(Liu et al.,2012)。中药干预后,中国患者的死亡率由 15%下降到 6.53%。此外,在日本脑炎、脑膜炎、出血热和猪流感等其他传染病方面,中医药已经有了成功防治的记录。众所周知,明确诊断是确定西医临床策略的关键。相反,中医理论提供了一个评估特定症状和体征的框架，通过定义所有可能的系统代谢特征，可以在 $n$ 维向量空间的区域内对个体情况进行分类（Chang et al., 2014）。因此，在中医治疗中，症状和诊断是模糊和不确定的。

在医学诊断中，症状和治疗方案是由不确定的语言信息反映的，但如何科学、准确地表达它们是至关重要的（Sharma and Singh, 2019）。双层犹豫模糊语言术语集是一种处理模糊语言信息的有效工具。它在信息评价方面比其他语言模型更加准确和全面，能够对不同层次的信息进行细微的区分（Fu and Liao, 2019; Gou et al., 2019; Gou et al., 2017）。而且，双层犹豫模糊语言术语集的表达式直观、简单，可以用提前给定的语言标签表示任何复杂的语言信息（Gou et al., 2018; Gou et al., 2021）。此外，人们不需要计算就可以很容易地理解双层语言信息（Wang et al., 2020）。因此，双层犹豫模糊语言术语集可用于治疗方案评价中处理复杂的诊断信息。

事实证明，全球卫生系统对一场迅速蔓延的大流行病的准备和反应不足，需要在接到通知后立即提供适当治疗，以挽救更多生命。然而，由于医学界对新出现的未知病毒的认识不成熟以及医疗技术的限制，综合诊断往往耗费一定的时间，从而可能延误患者的治疗。

1. 患者的分类及相应症状

根据临床症状，可将患者分为轻型、普通型、重型和危重型。鉴于中医在早期治疗中作用较大的特点，本节研究所讨论的治疗方案仅针对轻型患者和普通型患者。轻症患者临床症状轻，肺部影像学无肺炎表现。普通型患者肺部显像有小斑点及间质改变，有发热、咳嗽、呕吐等症状，可发展为双肺多发磨玻璃影和其他肺炎表现。

2. 现行的中药治疗方案

根据国家卫生健康委员会发布的《新型冠状病毒肺炎诊疗方案（试行第七版）》，其中包含针对轻型和普通型患者的五种中医治疗方案（Yang et al., 2020）。以下是对这些方案的详细描述。

（1）清肺排毒汤。基础药材包括麻黄、炙甘草、杏仁、生石膏、桂枝、泽泻、猪苓、白术、茯苓、柴胡、黄芩、姜半夏、生姜、紫菀、冬花、射干、细辛、山药、枳实、陈皮和藿香。其中，生石膏、杏仁、炙甘草等用于治疗发热，桂枝、泽泻、猪苓、白术等可以缓解呕吐症状，陈皮、茯苓等利于化痰。据山西、河北、黑龙江、陕西试点临床观察显示，清肺排毒汤治疗新型冠状病毒感染的肺炎患者总有效率可达 90% 以上。

（2）寒湿郁肺证。基础药材包括生麻黄、生石膏、杏仁、羌活、葶苈子、贯众、地龙、徐长卿、藿香、佩兰、苍术、云苓、生白术、焦三仙、厚朴、焦槟榔、煨草果、生姜。其中，云苓和白术可以祛除体内湿气，也有显著提升免疫的功能。煨草果、苍术、生姜、厚朴用于化痰止咳。葶苈子、地龙可以代谢体内的寒湿。

（3）湿热蕴肺证。基础药材包括槟榔、草果、厚朴、知母、黄芩、柴胡、赤芍、连翘、青蒿、苍术、大青叶、生甘草。其中柴胡、连翘用于治疗发热，知母、黄芩用于治疗肺热咳嗽。

（4）湿毒郁肺证。基础药材包括生麻黄、苦杏仁、生石膏、生薏苡仁、茅苍术、广藿香、青蒿草、虎杖、马鞭草、干芦根、葶苈子、化橘红、生甘草。其中虎杖对冠状病毒的抑杀作用比较强，马鞭草对于冠状病毒引起的肺部的损伤，特别是小气道的损伤和微血栓，有很强大的作用。

（5）寒湿阻肺证。基础药材包括苍术、陈皮、厚朴、藿香、草果、生麻黄、羌活、生姜、槟榔。其中，陈皮、厚朴有化痰的功效，生姜、槟榔可以用于治疗呕吐。

3. 推荐步骤

在双层犹豫模糊语言环境下，利用 DHHFLOWLAD 算子构建一个推荐算法来解决模式识别问题（Ejegwa，2020；Singh et al.，2020；Gou et al.，2017；Hong and Wu，2013）。考虑一个包含 $m$ 个候选治疗方案 $T=(t_1,t_2,\cdots,t_m)$ 和 $n$ 个评价指标 $B=(B_1,B_2,\cdots,B_n)$ 的医疗诊断问题。根据现有信息，一般的模式识别算法包括以下步骤，见图 5-3。

第一步，将专家的语言评价信息聚合后转化为集合矩阵 $F=(f_{ij})_{m\times n}$ ($i=1,2,\cdots,m; j=1,2,\cdots,n$) 来描述治疗计划的潜在症状，其中 $f_{ij}$ ($i=1,2,\cdots,m; j=1,2,\cdots,n$) 为在可选的治疗方案 $t_i$ 下描述对症状 $B_j$ 的评价。

第二步，根据患者的症状描述，转换双层犹豫模糊语言术语集矩阵中的信息 $P=(p_{ij})_{m\times n}$ 并计算双层犹豫模糊语言元素之间的距离 $d_{\text{DHHFL}}(f_{ij},p_{ij})$：

$$d_{\text{DHHFL}}(f_{ij},p_{ij})=\left(\frac{1}{M}\sum_{m=1}^{M}(|F'(s^f_{\mu_m\langle o_{vm}\rangle})-F'(s^p_{\mu_m\langle o_{vm}\rangle})|)^2\right)^{\frac{1}{2}} \quad (5\text{-}14)$$

第三步，计算备选治疗方案集 $t_i$ ($i=1,2,\cdots,m$) 之间的距离并采用 DHHFLOWLAD 测度的患者症状描述矩阵 $P$：

$$\text{DHHFLOWLAD}(t_i,P)=\exp\left\{\sum_{i=1}^{n}w_i\ln(d_{\text{DHHFL}}(f_{\sigma(ij)},p_{\sigma(j)}))\right\} \quad (5\text{-}15)$$

其中，$w_i$ 为距离 $d_{\text{DHHFL}}(f_{\sigma(ij)},p_{\sigma(j)})$ 的权重，该权重是用正态分布的方法推导出来的。

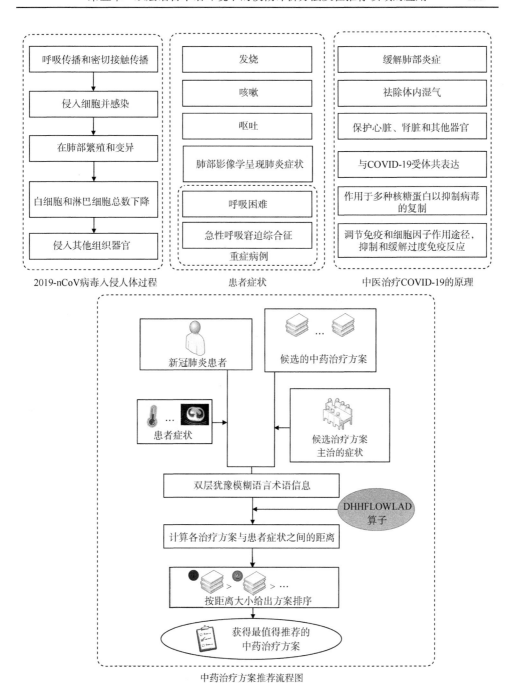

图 5-3 中药治疗方案推荐流程图

第四步，确定治疗计划的排列顺序。对于推荐方法来说，距离越小，每个患者的治疗方案就越合适。因此，所有可供选择的处理方案集 $t_i(i=1,2,\cdots,m)$ 都可以按照前一步结果的升序排列优先级。

第五步，选择距离最小的治疗方案为最佳中医治疗方案。

第六步，结束。

## 三、基于 DHHFLOWLAD 算子的综合推荐方法应用——以 COVID-19 的中药治疗方案为例

### （一）指标选取与样本选择

为了进一步说明所提出的推荐方法的运行流程，考虑以下四名患者。

患者 1（$p_1$）：发烧程度是非常高或者完全高的，咳嗽非常严重，有一点严重的呕吐，肺部影像学只有很轻微的肺炎表现。

患者 2（$p_2$）：只有一点轻微的发烧，有一点轻微的咳嗽，非常轻微或完全轻微的呕吐，并且肺部影像学显示几乎没有肺炎。

患者 3（$p_3$）：有非常轻微或完全轻微的发烧，几乎只有一点点轻微的咳嗽，几乎完全严重的呕吐，肺部图像显示几乎轻微程度的肺炎。

患者 4（$p_4$）：没有发烧和咳嗽的症状。但他有几乎非常严重的呕吐，肺部成像显示只有非常轻微的肺炎。

症状的表征常伴有不确定性和复杂性，因此使用双层犹豫模糊语言术语集对患者的症状进行总结。在双层犹豫模糊语言环境下，能够准确、充分地描述患者"发烧程度很高或完全高""轻微咳嗽或仅有一点咳嗽"等复杂症状。根据上述患者的描述，由双层犹豫模糊语言术语集表示的患者症状如表 5-11 所示。

表 5-11 由双层犹豫模糊语言术语集表示的患者症状

| | $f_1$ | $f_2$ | $f_3$ | $f_4$ |
| --- | --- | --- | --- | --- |
| $p_1$ | $\{s_{1\langle o_2\rangle}, s_{1\langle o_3\rangle}\}$ | $\{s_{1\langle o_1\rangle}, s_{1\langle o_2\rangle}\}$ | $\{s_{1\langle o_{-1}\rangle}, s_{1\langle o_0\rangle}\}$ | $\{s_{1\langle o_{-3}\rangle}, s_{0\langle o_3\rangle}\}$ |
| $p_2$ | $\{s_{-1\langle o_1\rangle}, s_{-1\langle o_2\rangle}\}$ | $\{s_{-1\langle o_1\rangle}, s_{-1\langle o_2\rangle}\}$ | $\{s_{-1\langle o_1\rangle}, s_{-1\langle o_{-2}\rangle}\}$ | $\{s_{-1\langle o_{-1}\rangle}, s_{-1\langle o_0\rangle}\}$ |
| $p_3$ | $\{s_{-1\langle o_2\rangle}, s_{-1\langle o_3\rangle}\}$ | $\{s_{-1\langle o_2\rangle}, s_{-1\langle o_3\rangle}\}$ | $\{s_{1\langle o_2\rangle}, s_{1\langle o_3\rangle}\}$ | $\{s_{-1\langle o_{-1}\rangle}, s_{-1\langle o_0\rangle}\}$ |
| $p_4$ | $\{s_{-2\langle o_0\rangle}, s_{-2\langle o_1\rangle}\}$ | $\{s_{-2\langle o_0\rangle}, s_{-2\langle o_1\rangle}\}$ | $\{s_{1\langle o_0\rangle}, s_{1\langle o_1\rangle}\}$ | $\{s_{-1\langle o_2\rangle}, s_{-1\langle o_3\rangle}\}$ |

在双层犹豫模糊语言环境下，可以准确地描绘出治疗方案所针对的症状、患者的临床表现等复杂而详细的语言信息。本节为轻型和普通型患者提供了五种医疗方案 $T=\{t_1,t_2,\cdots,t_5\}$，并考虑了四个评价因素 $F=\{f_1,f_2,f_3,f_4\}$，包括 $f_1$：发烧，$f_2$：咳嗽，$f_3$：呕吐，$f_4$：肺部影像学表现。基于下列两个语言术语集：

$S=\{s_{-2}=极低, s_{-1}=低, s_0=中等, s_1=高, s_2=极高\}$

$$O = \begin{cases} o_{-3} = 远非, o_{-2} = 仅有一点, o_{-1} = 有点, o_0 = 正好, o_1 = 很, o_2 = 非常, o_3 = 完全, s_\alpha \geqslant s_0 \\ o_{-3} = 完全, o_{-2} = 非常, o_{-1} = 很, o_0 = 正好, o_1 = 有点, o_2 = 仅有一点, o_3 = 远非, s_\alpha < s_0 \end{cases}$$

根据患者症状的不同特点，本节总结了双层犹豫模糊语言术语集对各备选方案针对各因素所表达的评价信息。包含所有评价信息的治疗方案矩阵如表 5-12 所示。

表 5-12　由双层犹豫模糊语言术语集表示的治疗方案

| | $f_1$ | $f_2$ | $f_3$ | $f_4$ |
|---|---|---|---|---|
| $t_1$ | $\{s_{-1\langle o_1\rangle}, s_{-1\langle o_2\rangle}\}$ | $\{s_{0\langle o_2\rangle}, s_{0\langle o_1\rangle}\}$ | $\{s_{2\langle o_{-2}\rangle}, s_{2\langle o_{-1}\rangle}\}$ | $\{s_{-2\langle o_1\rangle}, s_{-2\langle o_2\rangle}\}$ |
| $t_2$ | $\{s_{-1\langle o_0\rangle}, s_{-1\langle o_1\rangle}\}$ | $\{s_{0\langle o_1\rangle}, s_{0\langle o_2\rangle}\}$ | $\{s_{0\langle o_1\rangle}, s_{0\langle o_2\rangle}\}$ | $\{s_{-2\langle o_{-1}\rangle}, s_{-2\langle o_0\rangle}\}$ |
| $t_3$ | $\{s_{-2\langle o_2\rangle}, s_{-2\langle o_1\rangle}\}$ | $\{s_{-2\langle o_1\rangle}, s_{-2\langle o_2\rangle}\}$ | $\{s_{1\langle o_2\rangle}, s_{1\langle o_3\rangle}\}$ | $\{s_{-2\langle o_3\rangle}, s_{-1\langle o_{-3}\rangle}\}$ |
| $t_4$ | $\{s_{2\langle o_{-2}\rangle}, s_{2\langle o_{-3}\rangle}\}$ | $\{s_{1\langle o_2\rangle}, s_{1\langle o_3\rangle}\}$ | $\{s_{-2\langle o_2\rangle}, s_{-2\langle o_1\rangle}\}$ | $\{s_{0\langle o_0\rangle}, s_{0\langle o_1\rangle}\}$ |
| $t_5$ | $\{s_{1\langle o_0\rangle}, s_{1\langle o_{-1}\rangle}\}$ | $\{s_{2\langle o_{-2}\rangle}, s_{2\langle o_0\rangle}\}$ | $\{s_{1\langle o_1\rangle}, s_{1\langle o_2\rangle}\}$ | $\{s_{1\langle o_{-2}\rangle}, s_{1\langle o_{-1}\rangle}\}$ |

（二）距离测度和推荐结果分析

为了根据症状进行适当的治疗，计算治疗和患者之间的距离。距离越近，治疗对患者越合适。

以患者 $p_1$ 为例，根据症状描述可得到相应的症状评价矩阵，其中 $p_1$ 的双层犹豫模糊语言术语集为 $p_1 = \{\{s_{1\langle o_2\rangle}, s_{1\langle o_3\rangle}\}, \{s_{1\langle o_1\rangle}, s_{1\langle o_2\rangle}\}, \{s_{1\langle o_{-1}\rangle}, s_{1\langle o_0\rangle}\}, \{s_{1\langle o_{-3}\rangle}, s_{0\langle o_3\rangle}\}\}$。DHHFLOWLAD 算子的权向量为 $w = (0.16, 0.34, 0.34, 0.16)^T$，它是由基于正态分布的方法得到的。随后，根据上述五个治疗方案 $T = \{t_1, t_2, \cdots, t_5\}$ 中四个症状评价指标的双层犹豫模糊语言术语集，使用 DHHFLOWLAD 算子计算每个治疗方案与 $p_1$ 的距离，计算结果如下。

DHHFLOWLAD$(t_1, p_1) = 0.3474$，　DHHFLOWLAD$(t_2, p_1) = 0.3316$

DHHFLOWLAD$(t_3, p_1) = 0.5794$，　DHHFLOWLAD$(t_4, p_1) = 0.1138$

DHHFLOWLAD$(t_5, p_1) = 0.1200$

距离越小，治疗效果越好。因此，治疗方案的排序为

$$t_4 \succ t_5 \succ t_2 \succ t_1 \succ t_3$$

该结果表明，对于患者 $p_1$，最佳治疗方案为 $t_4$。

同样，推荐方法为其他患者提供了治疗选择的优先顺序，如表 5-13 所示。

表 5-13　各患者的治疗方案推荐结果

| | DHHFLOWLAD | 推荐方案 |
|---|---|---|
| $p_1$ | $t_4 \succ t_5 \succ t_2 \succ t_1 \succ t_3$ | $t_4$ |
| $p_2$ | $t_1 \succ t_2 \succ t_3 \succ t_4 \succ t_5$ | $t_1$ |
| $p_3$ | $t_1 \succ t_2 \succ t_5 \succ t_3 \succ t_4$ | $t_1$ |
| $p_4$ | $t_3 \succ t_1 \succ t_2 \succ t_5 \succ t_4$ | $t_3$ |

对于不同症状的患者，推荐算法提供不同的推荐治疗方案。患者 $p_1$ 以高热咳嗽为主，治疗方案 $t_4$ 针对高热咳嗽、呕吐较轻的患者。与之相比，$p_2$ 是一个症状轻微的患者，推荐方法推荐的治疗方案 $t_1$ 主要针对轻度患者。相似地，$p_3$ 除了呕吐稍微严重一些外，其症状与 $p_2$ 接近。因此，该方法为他推荐了 $t_1$，因为该方案具有较强的治疗呕吐的能力。$p_4$ 的呕吐严重，其他症状轻微，对他最好的治疗方案是 $t_3$，对呕吐有很好的治疗效果。

（三）对比与小结

为了比较，采用双层犹豫模糊语言加权对数平均距离（double hierarchy hesitate fuzzy linguistic weighted logarithmic averaging distance，DHHFLWLAD）算子和双层犹豫模糊语言有序加权平均距离（double hierarchy hesitate fuzzy linguistic ordered weighted averaging distance，DHHFLOWAD）算子计算治疗与患者 $p_1$ 之间的距离。利用 DHHFLWLAD 测度，距离计算如下。

$\mathrm{DHHFLWLAD}(t_1, p_1) = 0.2843$，$\mathrm{DHHFLWLAD}(t_2, p_1) = 0.2320$，
$\mathrm{DHHFLWLAD}(t_3, p_1) = 0.5013$，$\mathrm{DHHFLWLAD}(t_4, p_1) = 0.1415$，
$\mathrm{DHHFLWLAD}(t_5, p_1) = 0.1127$

治疗方案按距离排序为

$$t_5 \succ t_4 \succ t_2 \succ t_1 \succ t_3$$

这表明，对患者 $p_1$ 最好的治疗方案是 $t_5$。

此外，将 DHHFLOWAD 算子与上述两个算子进行对比，其为

$$\mathrm{DHHFLOWAD}(H_{S_O}^1, H_{S_O}^2) = \sum_{i=1}^{n} w_i d_{\mathrm{DHHFL}}(h_{S_O}^{1\tau(i)}, h_{S_O}^{2\tau(i)}) \tag{5-16}$$

其中，$d_{\mathrm{DHHFL}}(h_{S_O}^{1\tau(i)}, h_{S_O}^{2\tau(i)})$ 为在所有距离 $d_{\mathrm{DHHFL}}(h_{S_O}^{1i}, h_{S_O}^{2i})$（$i=1,2,\cdots,n$）中第 $i$ 大的值。权重向量 $w = \left\{ w_i | \sum_{i=1}^{n} w_i = 1, 0 \leqslant w_i \leqslant 1 \right\}$ 是基于正态分布的方法推导出来的。

根据上述定义，各中医治疗方案与患者 $p_1$ 之间的距离计算如下。

$\mathrm{DHHFLOWAD}(t_1, p_1) = 0.3819$，$\mathrm{DHHFLOWAD}(t_2, p_1) = 0.4113$

$\text{DHHFLOWAD}(t_3, p_1) = 0.6191$, $\quad \text{DHHFLOWAD}(t_4, p_1) = 0.1411$

$\text{DHHFLOWAD}(t_5, p_1) = 0.1366$

因此，治疗方案有如下排序：

$$t_5 \succ t_4 \succ t_1 \succ t_2 \succ t_3$$

这表明，$t_5$ 是针对患者 $p_1$ 最佳的治疗方案。

以上推荐结果的对比表明，对于患者 $p_1$ 来说，DHHFLWLAD 算子和 DHHFLOWAD 算子推荐的最佳治疗方案为 $t_5$，而 DHHFLOWLAD 算子推荐的最佳治疗方案为 $t_4$。此外，$t_3$ 在所有算子下都是最不合适的治疗方案。由此可见，本节提出的算子与传统算子所产生的治疗方案排序的差异是不可忽视的。与 $t_5$ 相比，$t_4$ 更适用于发热程度较高、咳嗽、呕吐程度较轻、肺部影像学上肺炎表现较少的患者。$t_4$ 的发热、咳嗽、肺炎等症状与患者 $p_1$ 相近，所以 $t_4$ 被认为优于 $t_5$，而这点在传统的 DHHFLWLAD、DHHFLOWAD 等算子下没有体现出来。因此，可以得出 DHHFLOWLAD 算子是有效的，优于其他算子的结论。DHHFLWLAD 算子在距离聚合过程中不考虑排序，而 DHHFLOWLAD 算子在给定的权重向量下考虑有序偏差的计算，可以减少极端偏差的权重，优化距离计算。另外，DHHFLOWLAD 还具有对距离进行对数变换的优点。如果治疗接近患者的症状，经过对数转换后其优势更加明显，使得针对不同患者的推荐算法更加合理。

根据四名患者的症状，三个算子下的治疗方案推荐结果见表5-14。

表 5-14 不同算子下各患者的治疗方案推荐结果

| 患者 | DHHFLOWLAD | DHHFLWLAD | DHHFLOWAD |
|---|---|---|---|
| $p_1$ | $t_4 \succ t_5 \succ t_2 \succ t_1 \succ t_3$ | $t_5 \succ t_4 \succ t_2 \succ t_1 \succ t_3$ | $t_5 \succ t_4 \succ t_1 \succ t_2 \succ t_3$ |
| $p_2$ | $t_1 \succ t_2 \succ t_3 \succ t_4 \succ t_5$ | $t_2 \succ t_1 \succ t_3 \succ t_4 \succ t_5$ | $t_2 \succ t_1 \succ t_3 \succ t_4 \succ t_5$ |
| $p_3$ | $t_1 \succ t_2 \succ t_5 \succ t_3 \succ t_4$ | $t_1 \succ t_2 \succ t_5 \succ t_3 \succ t_4$ | $t_1 \succ t_2 \succ t_5 \succ t_4 \succ t_3$ |
| $p_4$ | $t_3 \succ t_1 \succ t_2 \succ t_5 \succ t_4$ | $t_3 \succ t_1 \succ t_5 \succ t_2 \succ t_4$ | $t_3 \succ t_1 \succ t_2 \succ t_5 \succ t_4$ |

对于患者 $p_3$ 和 $p_4$，即使所有治疗方案的优先排序不同，但三个算子提供的最佳推荐治疗方案是一致的。对于患者 $p_1$ 和 $p_2$，DHHFLOWLAD 算子推荐的最佳治疗方案与其他算子不同，因为它的对数转换在准确性上具有优势。一般来说，本章提出的 DHHFLOWLAD 算子是一种在双层模糊语境下计算不同语言集之间距离的方法，可有效计算不同治疗方案主治的症状与患者症状的距离，为不同患者推荐治疗方案。

# 第六章 概率犹豫模糊环境下的综合评价方法及应用

如前所述，由于评价对象的复杂性、不确定性等特征，评价者往往难以快速做出准确、客观的评价，进而表现出犹豫不决或模棱两可的态度。为真实刻画评价者在给出评价值时的犹豫状态，相关学者提出了犹豫模糊数的概念。本章将在该基础上，讨论概率犹豫模糊环境下的综合评价问题。

## 第一节 概率犹豫模糊数及其拓展

### 一、概率犹豫模糊加权对数距离算子

（一）概率犹豫模糊数的运算法则

根据第二章关于概率犹豫模糊数的概念，对于 $h(p)$、$h(p_1)$ 和 $h(p_2)$ 任意三个不同的概率犹豫模糊数，满足以下运算法则（Gao et al., 2017）：

$$\alpha h(p) = \bigcup_{\gamma^\lambda | p^\lambda \in h(p)} \{1 - (1 - \gamma^\lambda)^\alpha | p^\lambda\} \qquad (6\text{-}1)$$

$$(h(p))^\alpha = \bigcup_{\gamma^\lambda | p^\lambda \in h(p)} \{(\gamma^\lambda)^\alpha | p^\lambda\} \qquad (6\text{-}2)$$

$$h(p_1) \oplus h(p_2) = \bigcup_{\gamma_1^\lambda | p_1^\lambda \in h(p_1), \gamma_2^\lambda | p_2^\lambda \in h(p_2)} \{\gamma_1^\lambda + \gamma_2^\lambda - \gamma_1^\lambda \gamma_2^\lambda | p_1^\lambda p_2^\lambda\} \qquad (6\text{-}3)$$

$$h(p_1) \otimes h(p_2) = \bigcup_{\gamma_1^\lambda | p_1^\lambda \in h(p_1), \gamma_2^\lambda | p_2^\lambda \in h(p_2)} \{\gamma_1^\lambda \gamma_2^\lambda | p_1^\lambda p_2^\lambda\} \qquad (6\text{-}4)$$

$$h^c(p) = \bigcup_{\gamma^\lambda | p^\lambda \in h(p)} \{(1 - \gamma^\lambda | p^\lambda)\} \qquad (6\text{-}5)$$

在汉明距离的基础上，将其运用到概率犹豫模糊环境，可以得到以下距离测度方法（Zhang et al., 2017）。

**定义 6-1** 令 $h(p_1)$ 和 $h(p_2)$ 为两个概率犹豫模糊数，并且 $l_1 = l_2 = l$，则二者

之间的汉明距离可以通过下式计算：

$$d_H(h(p_1),h(p_2)) = \sum_{i=1}^{l} | p_{1i}^{\lambda}\gamma_{1i}^{\lambda} - p_{2i}^{\lambda}\gamma_{2i}^{\lambda} | \quad (6\text{-}6)$$

其中，$\gamma_{1i}^{\lambda}$ 和 $\gamma_{2i}^{\lambda}$ 分别表示 $h(p_1)$、$h(p_2)$ 中第 $\lambda$ 大的隶属度。

特别地，如果 $l_1 \neq l_2$，则可以按照以下方式对较短的概率犹豫模糊数进行延长。首先，令 $l = \max\{l_{h(p_1)}, l_{h(p_2)}\}$，$h_i^+ = \max\{\gamma_i \cdot p_i\}$，以及 $h_i^- = \min\{\gamma_i \cdot p_i\}$。用 $h = \xi h_i^+ + (1-\xi) h_i^-$ 的值来对较短的概率犹豫模糊数进行延长。其中，$\xi$（$0 \leqslant \xi \leqslant 1$）是一个风险偏好系数，该系数的值越大，意味着风险也就越大。

### （二）概率犹豫模糊数的算子拓展

为进一步拓展概率犹豫模糊环境下的多指标评价方法，下面提出三种不同的距离算子。首先，本节提出的概率犹豫模糊加权对数平均距离（hesitant probabilistic fuzzy numbers weighted logarithmic averaging distance，HPFNWLAD）将对数集成的集成方法运用于解决概率犹豫模糊信息的个体偏差，这一算子能够考察个体和群体之间的距离偏差的重要性。

**定义 6-2** 令 $d_H[h(p_{1i}), h(p_{2i})]$ 为分别来自概率犹豫模糊集 $H_{p_1}$、$H_{p_2}$ 中的两个概率犹豫模糊数 $h(p_{1i})$ 和 $h(p_{2i})$ 之间的距离，进一步地，HPFNWLAD 算子的定义如下：

$$\text{HPFNWLAD}(H_{p_1}, H_{p_2}) = \exp\left\{\sum_{i=1}^{n} w_i \ln\left(d_H(h(p_{1i}), h(p_{2i}))\right)\right\} \quad (6\text{-}7)$$

其中，$w_i$ 为距离 $d_H[h(p_{1i}), h(p_{2i})]$ 对应的权重，且 $0 \leqslant w_i \leqslant 1$，$\sum_{i=1}^{l_i} w_i = 1$。特别地，若存在 $l_1 \neq l_2$ 的情况，则较短的可以通过前面提到的方式进行补长。

进一步，提出概率犹豫模糊有序加权对数平均距离（hesitant probabilistic fuzzy numbers ordered weighted logarithmic averaging distance，HPFNOWLAD）算子。该算子是对 OWLAD 算子在概率犹豫模糊环境下的拓展。同时，也可以看作 HPFNWLAD 算子的一种推广。但是，与 HPFNWLAD 算子不同的是，HPFNOWLAD 算子在集成过程中更注重有序机制。

**定义 6-3** 令 $d_H[h(p_{1i}), h(p_{2i})]$ 为分别来自概率犹豫模糊集 $H_{p_1}$ 和 $H_{p_2}$ 中的两个概率犹豫模糊数 $h(p_{1i})$ 和 $h(p_{2i})$ 之间的距离，则 HPFNOWLAD 算子可定义为

$$\text{HPFNOWLAD}(H_{p_1}, H_{p_2}) = \exp\left\{\sum_{i=1}^{n} w_i \ln\left(d_H(h^{\sigma(j)}(p_{1i}), h^{\sigma(j)}(p_{2i}))\right)\right\} \quad (6\text{-}8)$$

其中，$d_H(h^{\sigma(j)}(p_{1i}), h^{\sigma(j)}(p_{2i}))$ 表示所有 $d_H(h(p_{1i}), h(p_{2i}))$ 中第 $j$ 大的距离，其对

应的权重为 $\omega=(\omega_1,\omega_2,\cdots,\omega_n)^T$，且 $\omega_i \in [0,1]$，$\sum_{i=1}^{n}\omega_i = 1$。

作为 OWLAD 算子的拓展，HPFNOWLAD 算子和 OWLAD 算子具有相同的数理性质，具体包括单调性、有界性及非负性等，因此相关的证明本节不再赘述。

在考虑上述距离算子时，可以注意到 HPFNWLAD 算子考虑个体偏差的显著性，而 HPFNOWLAD 算子强调有序偏差以及评价过程中的复杂性。同时，HPFNWLAD 算子不能有序地汇总信息，而 HPFNOWLAD 算子不能像 HPFNWLAD 算子一样对指标的重要性进行考察。显然，这两种方法都有其局限性。因此，本节提出了一种新的距离算子方法，它结合了 HPFNWLAD 和 HPFNOWLAD 算子测量方法的优点，同时克服了它们的局限性。

**定义 6-4** 令 $d_H[h(p_{1i}),h(p_{2i})]$ 为分别来自概率犹豫模糊集 $H_{p_1}$、$H_{p_2}$ 中的两个概率犹豫模糊数 $h(p_{1i})$ 和 $h(p_{2i})$ 之间的距离。则概率犹豫模糊混合加权对数平均距离（hesitant probabilistic fuzzy numbers combined weighted logarithmic averaging distance，HPFNCWLAD）算子的定义如下：

$$\text{HPFNCWLAD}(H_{p_1},H_{p_2}) = \exp\left(\sum_{i=1}^{n}\overline{w}_i \ln\left(d_H(h^{\sigma(j)}(p_{1i}),h^{\sigma(j)}(p_{2i}))\right)\right) \quad (6\text{-}9)$$

其中，权重 $\overline{w}_i$ 经以下方式计算得到：

$$\overline{w}_i = \gamma\omega_i + (1-\gamma)w_{\sigma(i)} \quad (6\text{-}10)$$

其中，$\omega_i$（$i=1,2,\cdots,n$）表示算子的权重，且 $w_i \in [0,1]$，该权重的定义与 HPFNOWLAD 算子中的权重具有相同的含义。有序权向量 $w_{\sigma(i)}$ 表示指标对应的权重，$w_{\sigma(i)} \in [0,1]$ 且 $\sum_{i=1}^{n}w_{\sigma(i)} = 1$。$\gamma$ 为调整参数，满足 $\gamma \in [0,1]$。

对于 HPFNCWLAD 算子而言，当 $\gamma=1$ 时，它就变化为 HPFNOWLAD 算子；当 $\gamma=0$ 时，它则转化成为 HPFNWLAD 算子。因此，HPFNCWLAD 算子可以看作二者的组合：

$$\text{HPFNCWLAD}(H_{p_1},H_{p_2})$$
$$= \exp\left(\gamma\sum_{\lambda=1}^{l}w_{\sigma(i)}\ln\left(d_H(h^{\sigma(j)}(p_{1i}),h^{\sigma(j)}(p_{2i}))\right) + (1-\gamma)\sum_{\lambda=1}^{l}w_i\ln\left(d_H(h(p_{1i}),h(p_{2i}))\right)\right)$$

$$(6\text{-}11)$$

## 二、概率犹豫模糊环境下的信任网络

### (一) 概率犹豫模糊信任函数

**1. 信任函数的构建**

根据以上关于概率犹豫模糊集的定义,将其引入社会网络当中,用以表示评价者之间的信任关系以及其评价信息。为此,本节提出概率犹豫模糊信任函数(hesitant probabilistic fuzzy number trust function,HPFNTF)的概念。

**定义 6-5** 令 $h(p_{AB}) = \bigcup\{(\gamma^\lambda | p^\lambda), \lambda = 1, 2, \cdots, l\}$ 为一个概率犹豫模糊信任函数。其中,$AB$ 表示该函数反映了 $A$ 对 $B$ 的信任关系。$(\gamma^\lambda | p^\lambda)$ 表示一组信任关系强度。$\gamma^\lambda$ 表示 $A$ 对 $B$ 的信任强度大小,$\gamma^\lambda \in [0,1]$,$\gamma^\lambda$ 越大,则 $A$ 对 $B$ 的信任强度越大。且在 $h(p_{AB})$ 当中有 $\gamma^\lambda \prec \gamma^{\lambda+1}$,即信任强度按照从小到大的顺序进行排列。$p^\lambda$ 为与 $\gamma^\lambda$ 相对应的概率值,满足 $p^\lambda \in [0,1]$ 且 $\sum_{\lambda=1}^{l} p^\lambda = 1$。

**2. 概率犹豫模糊信任几何加权集成算子(HPFNT-GWA)**

在社会网络中,信任关系的传递一般需要满足信任的非增长性、不信任的非减少性这两点要求。为集成不同路径的信任关系、不同专家之间的评价信息。本节提出一种几何加权集成算子。

**定义 6-6** 令 $h(p_i) = \bigcup\{(\gamma_i^{\lambda_i} | p_i^{\lambda_i}), \lambda_i = 1, 2, \cdots, l_i\} (i = 1, 2, \cdots, n)$ 为一组概率犹豫模糊信任函数,$\theta_i$ 为相应的权重,则概率犹豫模糊信任几何加权集成算子(hesitant probabilistic fuzzy number trust - geometric weighted average,HPFNT-GWA)的定义如下:

$$\text{HPFNT-GWA}\{h(p_i)\} = \bigcup\left\{\prod_{i=1}^{n}(\gamma_i^{\lambda_i})^{\theta_i} \Big| \frac{\sum_{i=1}^{n} p_i^{\lambda_i}}{n}\right\} \quad (6-12)$$

其中,$\lambda_i = 1, 2, \cdots, l_i$。特别地,当不同的概率犹豫模糊信任函数中所包含的信任关系强度数量不一致时,即存在 $l_i \neq l_{i+1}$ 时,将数量较短的概率犹豫模糊信任函数进行补充,使得其与较长的数量相等。信任关系强度补充原则为:选取该路径(或群组)所有信任关系中最小的 $\gamma_i^{\lambda_i}$ 来进行填补,相应地,对于补充的 $\gamma_i^{\lambda_i}$,其对应的概率值均取 0。

### 3. 概率犹豫模糊信任下的评价信息的排序规则

信任度是社会网络中用于测度评价者、评价对象信任状况的常用指标。为此，首先将信任度的概念推广到概率犹豫模糊信任函数当中，并且进一步提出了概率犹豫模糊信任下的评价信息的排序规则。

**定义 6-7** 令 $h(p_{AB}) = \bigcup\{(\gamma^\lambda \mid p^\lambda), \lambda = 1, 2, \cdots, l\}$ 为任一组概率犹豫模糊信任函数，则该函数的信任度为

$$\text{TD} = E(h(p_{AB})) = \sum_{\lambda=1}^{l} \gamma^\lambda \cdot p^\lambda \tag{6-13}$$

一般地，对于两个任意不同的概率犹豫模糊信任函数 $h(p_1)$ 和 $h(p_2)$，按照其信任度的大小进行排序。函数对应的信任度越大，则说明该专家在社会网络中的地位就越重要，或者被评价对象的表现就越高。当满足下述（1）或者（2）时，信任函数 $h(p_1)$ 所代表的信任度优于 $h(p_2)$：

（1） $\text{TD}_1 \succ \text{TD}_2$。

（2） $\text{TD}_1 = \text{TD}_2$，且 $\max\{\gamma_1^{l_1}\} \succ \max\{\gamma_2^{l_2}\}$。

### （二）概率犹豫模糊信任社会网络的构建

信任网络具有社会关系矩阵、网络关系图以及代数式多重表现形式。本节以网络关系图（图 6-1）为基础，构建概率犹豫模糊信任社会网络（hesitant probabilistic fuzzy number trust social network，HPFN-TSN）。

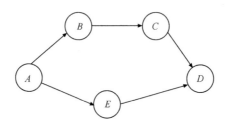

图 6-1 社会网络关系图

典型的社会网络关系图由一组节点和一组边所组成（陈晓红等，2020；曹清玮等，2020；Wolfe，1995；Wu et al.，2019；Xu and Zhou，2017）。在用于群组评价时，网络关系图中的节点表示群组中各个成员，有向边代表各个评价参与者之间的信任关系，箭头指向表示前者对后者具有信任关系。

在社会网络关系图的基础上，本节将概率犹豫模糊信任函数作为表示群组评价者之间的信任关系程度，即在有向边上赋予节点之间的信任关系信息，这为客观反映节点之间信任情况创造了条件。

## （三）概率犹豫模糊信任下的信任间接传递

在社会关系网络中，信任关系有直接信任、间接信任关系之分（Wu et al., 2016）。并且信任关系在社会网络中具备可传递性的特点。当各节点之间不具有直接信任关系时，不相邻的两个节点之间的信任关系就会通过二者之间的"媒介点"——trusted third partners（TTPs）进行传递，而并非两个节点之间不可能具备信任关系。在实际群组评价过程中，$A$ 评价者与 $C$ 评价者可能不具备直接的信任关系，但 $B$ 评价者作为 $A$ 与 $C$ 之间的"媒介点"，在 $B$ 的影响下，$A$ 会对 $C$ 的信任关系、评价信息做出反馈（Dong et al., 2017）。

在信任间接传递过程中，不相邻的两个点之间的信任路径有单路径传递、多路径传递两种情况，图 6-2、图 6-3 分别表示两种不同的情况。本节借鉴和引入概率论中"条件概率"的思想，认为信任在传递的过程中，信任度呈现"条件概型"的变化趋势。针对信任传递的路径不同，本节提出以下信任间接传递算子。

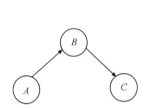

图 6-2　单路径信任间接传递

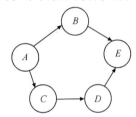

图 6-3　多路径信任间接传递

### 1. 单一路径

单路径的信任传递指的是不相邻的两个节点之间，有且仅有一条信任传递路径，如图 6-2 所示。因为此时有且仅有一条路径，所以在测度信任的间接传递时，只需考虑该路径上各相邻两节点之间的信任信息。

**定义 6-8**　在任意两个不相邻的节点 $A$ 和 $B$ 之间，有且仅有一条信任传递路径，该路径存在 $n$ 个不同的"媒介点"，令 $h(p_i)$ 表示第 $i$ 个节点对第 $(i+1)$ 个节点的信任函数，在此基础上构建以下信任传递算子：

$$P(A,B) = \bigcup \left\{ \left( \prod_{i=1}^{n-1} \gamma_i^\lambda \mid \frac{\sum_{i=1}^{n-1} p_i^\lambda}{n} \right) \right\} \quad (6\text{-}14)$$

### 2. 多路径

多路径的信任传递指的是在不相邻的两个节点之间，同时存在多条信任传递路径，如图 6-3 所示。此时存在多条不同的传递路径，各路径所包含的"媒介点"数量也有所不同，根据各传递路径的长短，采取加权的方式进行多路径的集成。通常，信任的传递路径越短，信任信息的损失也就越少，因此该路径在集成过程中的权重就越重要。

**定义 6-9** 在任意两个不相邻的节点 $A$ 和 $B$ 之间，存在 $g$ 条不同的传递路径，每条信任传递路径分别存在 $n_i$ 个不同的"媒介点"，令 $h(p_i)$ 表示第 $i$ 个节点对第 $(i+1)$ 个节点的信任函数，由此构建以下多信任路径传递算子：

$$P(A,B) = \bigcup \left\{ \left( \prod_{j=1}^{m} \left( \prod_{i=1}^{n_i-1} \gamma_{ji}^{\lambda} \right)^{\theta_j} \right) \Bigg| \frac{\sum_{j=1}^{m} p_{ji}^{\lambda}}{m \cdot n} \right\} \quad (6-15)$$

其中，$\theta_j$ 表示第 $j$ 条传递路径在集成过程中的权重，其计算方法如下所示：

$$\theta_j = \frac{1/l_j}{\sum_{j=1}^{m} 1/l_j} \quad (6-16)$$

其中，$l_j$ 表示第 $j$ 条传递路径的长度，即该条路径中所包含边的个数。

特别地，当一条信任传递路径中出现信任值为 0 的情况时，整体的传递结果受此影响也将等于 0，即当不存在直接信任关系的两个成员 $A$、$C$ 之间通过 $B$ 进行间接传递时，当 $B$ 对 $C$ 的信任值为 0，即 $B$ 完全不信任 $C$ 时，$A$ 受 $B$ 的影响也将完全不信任 $C$。这种信任传递关系，与实际情况较为符合。

（四）社会网络中各节点权重的确定

在社会网络中，由于各节点之间存在着直接、间接的不同程度的联系，为确定各节点的权重，通常利用各节点的中心度来进行权重的确定。本节构建了基于 HPFN-TSN 环境下的节点权重确定方式，具体步骤如下。

第一步，基于 HPFN-TSN 的节点中心度的构建。利用本节所提出的概率犹豫模糊信任几何加权集成算子来计算各成员的中心度，令 $h(p_i)$ 表示节点 $i$ 对节点 $j$ 的信任函数，则节点 $j$ 的中心度为

$$C(e_j) = \prod_{i=1, i \neq j}^{n} h(p_{ij}) = \bigcup \left\{ \prod_{i=1, i \neq j}^{n} (\gamma_i^{\lambda_i})^{\frac{1}{n-1}} \Bigg| \frac{\sum_{i=1, i \neq j}^{n} p_i^{\lambda_i}}{n-1} \right\} \quad (6-17)$$

第二步，群组中心度的构建。在得到节点中心度的基础上，进一步构建群组

中心度，有

$$C(g) = \prod_{j=1}^{m} C(e_j) = \bigcup \left\{ \prod_{j=1}^{m} (\gamma_j^{\lambda_j})^{\frac{1}{m}} \mid \frac{\sum_{j=1}^{m} p_j^{\lambda_j}}{m} \right\} \quad (6-18)$$

第三步，计算各节点与群组中心度的距离，有

$$d(C(e_j), C(g)) = \sum_{\lambda=1}^{l} | p_j^{\lambda} \gamma_j^{\lambda} - p_g^{\lambda} \gamma_g^{\lambda} | \quad (6-19)$$

第四步，确定各专家的权重。令 $\sigma_j = 1 - d(C(e_j), C(g))$，则节点 $j$ 的权重可以由下式确定：

$$w_j = \frac{\sigma_j}{\sum_{j=1}^{m} \sigma_j} \quad (6-20)$$

## 第二节 基于 OWLAD 的概率犹豫模糊评价方法及应用

### 一、问题提出

城市土地整合是在一定的空间范围内，通过改造、合并或再利用等环节，令土地使用更高效、经济效益和社会效益最大化。城市土地整合是提升城市治理能力的一种重要方式，特别是随着生活水平的提高，人们对生存资料的需求从简单的粗放式需求转变为复杂的高质量需求，对有限的城市土地资源造成了越来越大的压力。从对象看，城市土地整合主要包括城市用地、建制镇用地和散布在城市用地及建制镇用地之间的工业用地，由此延伸的城市土地整合内容包括整合城市城镇建设用地、城镇建设向中心镇聚集、工业建设向园区聚集等。

在城市土地整合的过程中，选址是首要考虑的问题。土地质量（即土壤质量及其适应性）、经济效益（即城市土地整合带来的预期经济效益）、基础设施（如现有交通和水利设施的完善情况）、社会和生态效益（如创造就业机会、保护生物多样性）构成了选址的基本要素（Wyatt, 1996；Muchová and Petrovič, 2019；Tezcan et al., 2020；Zhang et al., 2018）。但是，在这些影响因素当中，存在一些难以量化或准确获得评价信息的因素。比如，社会效益、经济效益等因素难以准确地进行衡量和测度。因此，在城市土地整合的选址问题评价过程中，评价者的评价信息可能是不确定的和具有主观性的。此外，由于专家的认知判断存在差异，其所提供的评价信息往往具有模糊性。因此，本节将尝试用概率犹豫模糊数去分析城

市土地整合中的选址评价问题。

## 二、城市土地整合选址的评价指标体系

首先,在对城市土地整合进行机制分析的基础上,提出了一个综合指标体系。城市土地整合的机制分析如图6-4所示。

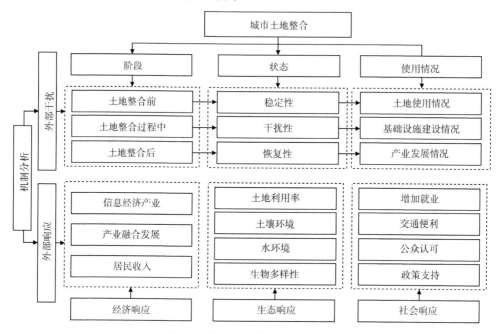

图6-4 城市土地整合的机制分析

城市土地整合与土地使用、基础设施建设和产业发展密切相关,对城市的生态环境系统也具有重大影响(杨廉和袁奇峰,2010;Zhang et al.,2005)。基于Shan等(2019)提出的土地整合指标框架,直接影响城市土地整合选址的因素主要包括经济、生态和社会状况。具体如下。

经济方面,城市土地整合项目的实施和经济产出能够刺激该地区的产业扩张和个人收入增长(Wyatt,1996;Tezcan et al.,2020;Gao et al.,2020)。

生态方面,城市土地整合项目实施和原有基础设施的再规划利用可以提高土地利用率,并可能进一步影响土壤、水和生物的特性(Muchová and Petrovič,2019;Zhang et al.,2018;Lin,2010;Varet et al.,2014)。

社会方面,城市土地整合项目的实施可以增加就业,提高原有区域的交通便利程度。同时,公众接受度和政策支持也是城市土地整合的关键因素(Tezcan et al.,2020)。总体来说,城市土地整合项目的实施会直接或间接地影响社会、经济

和生态的许多方面。

根据图 6-4 的机制分析过程和我国的实际情况，本节构建了包含以下三个方面的城市土地整合的综合指标体系，如表 6-1 所示。

表 6-1 城市土地整合的综合指标体系

| 影响方面 | 指标 | 简称 | 参考文献 |
| --- | --- | --- | --- |
| 经济 | 总成本 | $EC_1$ | Wyatt（1996） |
| | 潜在经济效益 | $EC_2$ | Tezcan 等（2020）；Gao 等（2020） |
| 社会 | 社会稳定性 | $SO_1$ | Muchová 和 Petrovič（2019）；Gao 等（2020） |
| | 潜在社会效益 | $SO_2$ | Gao 等（2020） |
| 生态 | 现有土地资源利用情况 | $EN_1$ | Tezcan 等（2020）；Varet 等（2014） |
| | 生态保护情况 | $EN_2$ | Zhang 等（2018）；Lin（2010） |

（一）经济方面

1. 总成本（$EC_1$）

城市土地整合的过程涉及原有建筑和设施的拆除与重新规划，甚至基础设施的重建。因此，$EC_1$ 具体包括土地整理、居民转移和基础设施建设的预期成本。

2. 潜在经济效益（$EC_2$）

实现经济效益，促进产业融合发展是城市土地整合的重要目标。$EC_2$ 主要衡量城市土地整合对产业发展、吸引投资和提高居民收入的拉动作用。

（二）社会方面

1. 社会稳定性（$SO_1$）

城市土地整合涉及多方面利益，包括居民利益、政府利益和企业利益。因此，在整合进程中维护社会稳定是非常重要的。$SO_1$ 主要用来衡量城市土地整合项目的认可度和可接受度。

2. 潜在社会效益（$SO_2$）

城市土地整合的实施可以改善一个地区的基础设施，增加就业，为该地区创造社会效益。因此，该指标主要衡量城市土地整合的实施对增加就业和促进区域产业融合发展的效果。

## （三）生态方面

**1. 现有土地资源利用情况（$EN_1$）**

土地利用现状和适应性在很大程度上决定了土地是否适合城市土地整合。$EN_1$ 主要衡量土地利用模式的现状和效率，判断土壤条件是否适合进行城市土地整合项目。

**2. 生态保护情况（$EN_2$）**

生态保护是我国当今城市土地整合的一项重要原则。$EN_2$ 主要衡量城市土地整合项目是否会对土壤质量、水质和生物多样性产生负面影响。

### 三、指标权重的确定

#### （一）基于信息熵权重确定

综合指标体系中各指标的权重分配对评价结果至关重要。目前主要的指标赋权方法分为主观赋权和客观赋权法两大类。两类方法各有侧重，同时也各有不足之处。其中主观方法获得的权重对个人因素比较敏感，结果可能不可靠。客观方法不能反映评价者的主观意见。针对以上主客观确权方法的不足，本节将熵值法客观赋权与层次分析法主观赋权相结合，提出一种熵-层次分析法的主客观混合方法来确定指标权重。

熵值法在确定指标准权重时考虑了指标的偏差，是一种客观的方法。在概率犹豫模糊领域中，现有的熵计算方法主要包括二元熵、模糊熵和犹豫熵（Zhao et al.，2015；Liu et al.，2019；Su et al.，2019）。本节中采用 Liu 等（2019）提出的熵计算方法。具体步骤如下。

第一步，对成本型指标的取值进行标准化（若存在成本型指标）。

第二步，计算每一个指标的模糊熵 $E_F(h_{ij}(p))$：

$$E_F(h_{ij}(p)) = 4^t \sum_{\lambda=1}^{l} p^\lambda \cdot (\gamma^\lambda)^t (1-\gamma^\lambda)^t, \quad t \in (0,1] \tag{6-21}$$

其中，$i$ 为第 $i$ 个备选方案；$j$ 为第 $j$ 个指标；$l$ 为概率犹豫模糊集 $h(p)$ 中元素的数量；$t$ 为用于调整隶属度、非隶属度的参数；$\lambda$ 为概率犹豫模糊数 HPFN 中的元素。

第三步，求每一个指标的犹豫熵 $E_H(h_{ij}(p))$：

$$E_H(h_{ij}(p)) = \sum_{c=1}^{l} \sum_{d=c+1}^{l} 4 p^c p^d \left( \frac{2u^{cd}}{u^{cd}+1} \right), \quad l > 1, \quad u^{cd} = |\gamma^c - \gamma^d| \tag{6-22}$$

其中，$c$ 和 $d$ 为概率犹豫模糊数中的元素，并且 $c \neq d$；当 $l=1$ 时，有 $E_H(h_{ij}(p))=0$。

第四步，计算各个指标的总熵 $E_T(h_{ij}(p))$：

$$E_T(h_{ij}(p)) = E_F(h_{ij}(p)) + E_H(h_{ij}(p)) - E_F(h_{ij}(p)) \cdot E_H(h_{ij}(p)) \quad (6-23)$$

第五步，在总熵 $E_T(h_{ij}(p))$ 的基础上，计算每个指标的熵值 $\overline{E}(a_j)$：

$$\overline{E}(a_j) = \frac{1}{m} \sum_{i=1}^{m} E_T(h_{ij}(p)) \quad (6-24)$$

其中，$m$ 为备选方案的数量。

第六步，确定每个指标的客观权重 $w_i^o$，有

$$w_i^o = \frac{1 - \overline{E}(a_j)}{n - \sum_{j=1}^{n} \overline{E}(a_j)} \quad (6-25)$$

其中，$n$ 为指标的数量。

（二）混合权重的确定

层次分析法通过对评价目标进行分层和比较指标之间的重要关系来确定指标的权重（Lu et al.，2017）。它可以灵活地比较多个指标之间的关系，这是多指标评价中常用的方法。同时，在城市土地定级与评价过程中，层次分析法是确定城市土地定级因子权重的常用方法之一（李斌，1998）。因此，本节选择这种方法作为确定权重的主观方法。层次分析法的具体步骤可简要总结如下（Ren et al.，2019b）。

在构建层次结构的基础上，利用 1～5 标度比较各层指标的重要程度，构造判断矩阵。然后，根据层次分析法的相应要求，根据判断矩阵计算各指标的主观权重。最终，将熵值法和层次分析法相结合，并构造一种由主观权重 $x_i$ 和客观权重 $x_i$ 相结合的混合权重：

$$w_i^c = \chi w_i^c + (1-\chi) w_i^o \quad (6-26)$$

其中，$\chi$ 为调节主客观权重在混合权重中比例的参数，且 $\chi \in [0,1]$。

## 四、基于 OWLAD 的概率犹豫模糊评价方法

前面在概率犹豫模糊环境下对 OWLAD 算子进行了拓展，提出了 HPFNCWLAD 算子。本节将基于 HPFNCWLAD 算子提出综合评价框架。

假设备选方案有 $f$ 个不同的备选对象，设为 $x_1, x_2, \cdots, x_f$，以及 $g$ 个有限指标，设为 $A_1, A_2, \cdots, A_g$。评价过程中有 $t$ 位专家被邀请对各备选方案进行评价。专家的

权重为 $w_e = (w_{e_1}, w_{e_2}, \cdots, w_{e_t})^T$，且 $\sum_{e=1}^{t} w_e = 1$，$w_e \in [0,1]$。

第一步，收集 $t$ 个专家的评价信息。令专家以概率犹豫模糊数的形式对各备选方案进行评价，得到相应的个体评价矩阵 $R^e = (r_{ij}^{(e)})_{f \times g}$。

第二步，集成个体评价矩阵。利用相应的运算法则对 $t$ 个不同专家的个体评价矩阵进行集成，可以得到集成评价矩阵 $R = (r_{ij})_{f \times g}$，其中 $r_{ij} = \sum_{e=1}^{t} w_e r_{ij}^{(e)}$（Su et al., 2019；Gao et al., 2017）。与运算规则有所区别，在进行以下运算时，采用一种新的计算方法：

$$h(p_1) \oplus h(p_2) = \bigcup_{\gamma_1^\lambda | p_1^\lambda \in h(p_1), \gamma_2^\lambda | p_2^\lambda \in h(p_2)} \{\gamma_1^\lambda + \gamma_2^\lambda - \gamma_1^\lambda \gamma_2^\lambda | \overline{p_1^\lambda + p_2^\lambda}\} \quad (6\text{-}27)$$

其中，$\overline{p_1^\lambda + p_2^\lambda} = \dfrac{p_1^\lambda + p_2^\lambda}{\sum_{\lambda=1}^{l} p_1^\lambda + p_2^\lambda}$。

第三步，对集成评价矩阵 $R = (r_{ij})_{f \times g}$ 中的成本型指标取值进行标准化处理。对于成本型指标，采取以下标准化处理的方式：

$$\tilde{h}_{ij}(p) = h_{ij}^c(p) = \bigcup_{\gamma^\lambda | p^\lambda \in h(p)} \{(1-\gamma^\lambda | p^\lambda)\}, \quad i = 1,2,\cdots,f; j = 1,2,\cdots,g \quad (6\text{-}28)$$

其中，$\tilde{h}_{ij}(p)$ 表示标准化处理之后的值。

第四步，计算和确定指标与算子的权重。这一权重确定过程包含以下两个方面。①计算指标的权重。首先，利用熵值法获得指标的客观权重 $w_i^o$；其次，根据层次分析法确定指标的主观权重 $w_i^s$；最后，混合指标权重 $w_i^c$ 根据式（6-26）可以求得。②确定算子的权重。目前主流的确定算子权重方法为专家确定，本节同样采取这一方法。

第五步，设定理想集 $I_g$。在这一步中，每个指标的理想解被选取并最终得到理想解。对于效益型指标，理想解为 $x_i(i=1,2,\cdots,f)$；对于成本型指标，理想解为 $x_i(i=1,2,\cdots,f)$。

第六步，计算备选方案与理想集之间的距离。根据各指标的权重向量、算子的权重向量以及式（6-9），权重 $\bar{w}_i$ 可以事先求得。进一步 HPFNCWLAD 算子被用于计算备选方案 $x_i(i=1,2,\cdots,f)$ 和理想集 $I_g$ 之间的距离。

第七步，排序和选择最优方案。根据距离的大小对上一步的结果进行排序。距离越小，备选方案距离理想集也就越近，方案的表现也就越优。最终可以得到最优的备选对象。

基于 OWLAD 的概率犹豫模糊评价框架如图 6-5 所示。

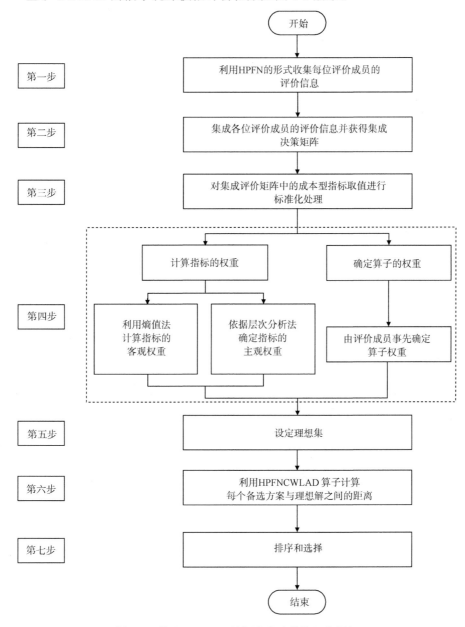

图 6-5 基于 OWLAD 的概率犹豫模糊评价框架

## 五、应用研究

### (一) 研究区域

本节结合杭州市各区域的经济水平、产业发展、土地使用等情况,以信息经济产业的长远发展为目标共选择五处研究区域,各研究区域的具体信息如下。

1. 研究区域1($SA_1$)

$SA_1$位于杭州市萧山区和富阳区之间的蛟山村东侧。土地利用方式以农田和水产养殖为主。由此可见,该地区土地整合的成本较低,实施城市土地整合可以提高经济效益。但是,$SA_1$距离杭州环线南线出口4 km,远离重要的交通枢纽;这个地区的交通很落后。现有的制造业产业结构削弱了$SA_1$的信息经济产业优势。

2. 研究区域2($SA_2$)

$SA_2$紧邻杭州市江干区东部边缘的制造业密集区。毗邻众多大学校园,距沪昆高速公路交通枢纽约2 km。这些条件使该地区拥有丰富的人才资源和便利的交通设施。此外,信息服务业是江干区发展的重点之一,增强了$SA_2$的信息经济产业基础。同时,$SA_2$靠近公寓和居民区,如汇澜公寓等,这可能会降低该区域开展土地整合的社会认可度。

3. 研究区域3($SA_3$)

$SA_3$位于杭州市滨江区和萧山区之间,兴义村南部。蔬菜种植是当地居民的主要收入来源。因此,潜在的社会效益和预期的经济效益是显著的。滨江区具有坚实的信息经济产业基础,增强了该区域的产业优势。同时$SA_3$紧邻杭州地铁一号线、萧山西站,交通便利。$SA_3$目前的基础设施是较为完善的,这增加了土地整合重新建设的成本。

4. 研究区域4($SA_4$)

$SA_4$位于杭州市萧山区北部钱塘江以南的冲积平原上。距萧山国际机场约15 km,毗邻杭甬高速公路枢纽,交通环境优越。但冲积地土壤质量较好,增加了开展土地整合的生态成本。此外,$SA_4$周边村落以传统制造业为主,削弱了信息经济产业的发展潜力。

## 5. 研究区域5（SA$_5$）

SA$_5$位于余杭、富阳、临安三区交界处。以山地森林（约480 hm$^2$）为主要土地利用模式，耕地面积有限（约60 hm$^2$），降低了SA$_5$地区开展土地整合的资金成本，增加了预期的经济效益。但SA$_5$距离杭州市主城区较远，主要被乡村包围，基础设施较差。

### （二）城市土地整合的选址——以杭州市为例

为了解决杭州市城市土地整合的选址问题，邀请了相关领域的四位专家，对选定的杭州市五个研究区域进行评估。以HPFN的形式对各备选地区在0到1之间按照适宜性原则对每个标准进行打分评级。这些专家被分配了相同的权重，因为专家来自相同的领域，拥有相似的知识水平。并且经专家确认，HPFNOWLAD算子的权向量被设定为$w_i' = (0.2, 0.25, 0.15, 0.1, 0.15, 0.15)^T$。

第一步，收集各专家的评价信息。每个专家的评价信息以HPFN个体评价矩阵$R^e$（$e=1,2,3,4$）的形式给出，如表6-2～表6-5所示。

**表6-2　专家$e_1$的评价信息**

| | SA$_1$ | SA$_2$ | SA$_3$ | SA$_4$ | SA$_5$ |
|---|---|---|---|---|---|
| EC$_1$ | {0.60\|0.70, 0.50\|0.30} | {0.80\|0.60, 0.70\|0.40} | {0.80\|0.70, 0.70\|0.30} | {0.50\|0.60, 0.40\|0.40} | {0.50\|0.40, 0.40\|0.60} |
| EC$_2$ | {0.50\|0.60, 0.40\|0.40} | {0.60\|0.70, 0.50\|0.30} | {0.80\|0.80, 0.70\|0.20} | {0.60\|0.60, 0.50\|0.40} | {0.50\|0.60, 0.40\|0.40} |
| SO$_1$ | {0.40\|0.70, 0.30\|0.20, 0.20\|0.10} | {0.50\|0.60, 0.40\|0.20, 0.30\|0.20} | {0.70\|0.60, 0.60\|0.30, 0.50\|0.10} | {0.40\|0.60, 0.30\|0.20, 0.20\|0.20} | {0.40\|0.30, 0.30\|0.50, 0.20\|0.20} |
| SO$_2$ | {0.30\|0.80, 0.20\|0.20} | {0.40\|0.70, 0.30\|0.30} | {0.70\|0.60, 0.60\|0.40} | {0.30\|0.70, 0.20\|0.30} | {0.40\|0.40, 0.30\|0.60} |
| EN$_1$ | {0.60\|0.50, 0.50\|0.30, 0.40\|0.20} | {0.80\|0.60, 0.70\|0.30, 0.60\|0.10} | {0.80\|0.70, 0.70\|0.20, 0.60\|0.10} | {0.50\|0.40, 0.40\|0.30, 0.30\|0.30} | {0.60\|0.40, 0.50\|0.40, 0.40\|0.20} |
| EN$_2$ | {0.80\|0.60, 0.70\|0.40} | {0.80\|0.70, 0.70\|0.30} | {0.80\|0.80, 0.70\|0.20} | {0.70\|0.60, 0.60\|0.40} | {0.80\|0.60, 0.70\|0.40} |

**表6-3　专家$e_2$的评价信息**

| | SA$_1$ | SA$_2$ | SA$_3$ | SA$_4$ | SA$_5$ |
|---|---|---|---|---|---|
| EC$_1$ | {0.50\|0.40, 0.40\|0.60} | {0.70\|0.40, 0.60\|0.60} | {0.70\|0.60, 0.60\|0.40} | {0.40\|0.50, 0.30\|0.50} | {0.40\|0.40, 0.30\|0.60} |
| EC$_2$ | {0.50\|0.30, 0.40\|0.70} | {0.50\|0.80, 0.40\|0.20} | {0.70\|0.90, 0.60\|0.10} | {0.50\|0.30, 0.40\|0.70} | {0.60\|0.80, 0.50\|0.20} |
| SO$_1$ | {0.40\|0.40, 0.30\|0.50, 0.20\|0.10} | {0.40\|0.70, 0.30\|0.20, 0.20\|0.10} | {0.60\|0.50, 0.50\|0.30, 0.40\|0.20} | {0.40\|0.50, 0.30\|0.30, 0.20\|0.20} | {0.30\|0.60, 0.20\|0.20, 0.10\|0.20} |
| SO$_2$ | {0.50\|0.40, 0.40\|0.60} | {0.50\|0.30, 0.40\|0.70} | {0.60\|0.70, 0.50\|0.30} | {0.40\|0.30, 0.30\|0.70} | {0.50\|0.20, 0.40\|0.80} |

|  | SA$_1$ | SA$_2$ | SA$_3$ | SA$_4$ | SA$_5$ |
|---|---|---|---|---|---|
| EN$_1$ | {0.50\|0.30, 0.40\| 0.50, 0.30\|0.20} | {0.70\|0.70, 0.60\| 0.20, 0.50\|0.10} | {0.70\|0.40, 0.60\| 0.30, 0.50\|0.30} | {0.60\|0.30, 0.50\| 0.50, 0.40\|0.20} | {0.70\|0.20, 0.60\| 0.50, 0.50\|0.30} |
| EN$_2$ | {0.70\|0.40, 0.60\|0.60} | {0.80\|0.60, 0.70\|0.40} | {0.80\|0.30, 0.70\|0.70} | {0.60\|0.40, 0.50\|0.60} | {0.70\|0.70, 0.60\|0.30} |

**表 6-4 专家 $e_3$ 的评价信息**

|  | SA$_1$ | SA$_2$ | SA$_3$ | SA$_4$ | SA$_5$ |
|---|---|---|---|---|---|
| EC$_1$ | {0.80\|0.60, 0.70\|0.40} | {0.60\|0.60, 0.50\|0.40} | {0.70\|0.60, 0.60\|0.40} | {0.80\|0.70, 0.70\|0.30} | {0.60\|0.30, 0.50\|0.70} |
| EC$_2$ | {0.60\|0.40, 0.50\|0.60} | {0.80\|0.40, 0.70\|0.60} | {0.90\|0.70, 0.80\|0.30} | {0.70\|0.40, 0.60\|0.60} | {0.60\|0.40, 0.50\|0.60} |
| SO$_1$ | {0.60\|0.30, 0.50\|0.40, 0.40\|0.30} | {0.40\|0.20, 0.30\|0.50, 0.20\|0.30} | {0.60\|0.50, 0.50\|0.30, 0.40\|0.20} | {0.40\|0.50, 0.30\|0.30, 0.20\|0.20} | {0.30\|0.70, 0.20\|0.20, 0.10\|0.10} |
| SO$_2$ | {0.60\|0.30, 0.50\|0.70} | {0.40\|0.60, 0.30\|0.40} | {0.80\|0.40, 0.70\|0.60} | {0.40\|0.60, 0.30\|0.40} | {0.30\|0.70, 0.20\|0.30} |
| EN$_1$ | {0.50\|0.40, 0.40\| 0.4, 00.30\|0.20} | {0.60\|0.30, 0.50\| 0.50, 0.40\|0.20} | {0.80\|0.70, 0.70\| 0.20, 0.60\|0.10} | {0.50\|0.40, 0.40\| 0.50, 0.30\|0.10} | {0.70\|0.60, 0.60\| 0.30, 0.50\|0.10} |
| EN$_2$ | {0.50\|0.30, 0.40\|0.70} | {0.06\|0.40, 0.50\|0.60} | {0.70\|0.40, 0.60\|0.60} | {0.60\|0.30, 0.50\|0.70} | {0.70\|0.80, 0.60\|0.20} |

**表 6-5 专家 $e_4$ 的评价信息**

|  | SA$_1$ | SA$_2$ | SA$_3$ | SA$_4$ | SA$_5$ |
|---|---|---|---|---|---|
| EC$_1$ | {0.70\|0.50, 0.60\|0.50} | {0.60\|0.70, 0.50\|0.30} | {0.80\|0.70, 0.70\|0.30} | {0.70\|0.60, 0.60\|0.40} | {0.60\|0.50, 0.50\|0.50} |
| EC$_2$ | {0.60\|0.70, 0.50\|0.30} | {0.70\|0.60, 0.60\|0.40} | {0.80\|0.60, 0.70\|0.40} | {0.70\|0.30, 0.60\|0.70} | {0.60\|0.60, 0.50\|0.40} |
| SO$_1$ | {0.50\|0.40, 0.40\| 0.50, 0.30\|0.10} | {0.40\|0.60, 0.30\| 0.30, 0.20\|0.10} | {0.60\|0.60, 0.50\| 0.30, 0.40\|0.10} | {0.70\|0.30, 0.60\| 0.40, 0.50\|0.30} | {0.50\|0.40, 0.40\| 0.30, 0.30\|0.30} |
| SO$_2$ | {0.70\|0.40, 0.60\|0.60} | {0.60\|0.50, 0.50\|0.50} | {0.70\|0.30, 0.60\|0.70} | {0.40\|0.70, 0.30\|0.30} | {0.40\|0.50, 0.30\|0.50} |
| EN$_1$ | {0.40\|0.60, 0.30\| 0.30, 0.20\|0.10} | {0.70\|0.60, 0.60\| 0.20, 0.50\|0.20} | {0.80\|0.40, 0.70\| 0.30, 0.60\|0.30} | {0.50\|0.60, 0.40\| 0.30, 0.30\|0.10} | {0.70\|0.60, 0.60\| 0.30, 0.50\|0.10} |
| EN$_2$ | {0.70\|0.70, 0.70\|0.30} | {0.60\|0.80, 0.50\|0.20} | {0.80\|0.70, 0.70\|0.30} | {0.70\|0.60, 0.60\|0.40} | {0.80\|0.70, 0.70\|0.30} |

第二步，集成 HPFN 个体评价矩阵并得到相应的集成评价矩阵 $R$（表 6-6）。

表 6-6　集成评价矩阵 $R$

|  | SA$_1$ | SA$_2$ | SA$_3$ | SA$_4$ | SA$_5$ |
|---|---|---|---|---|---|
| EC$_1$ | {0.67\|0.55, 0.56\|0.45} | {0.61\|0.58, 0.50\|0.42} | {0.73\|0.65, 0.62\|0.35} | {0.67\|0.60, 0.56\|0.40} | {0.53\|0.40, 0.43\|0.60} |
| EC$_2$ | {0.60\|0.50, 0.50\|0.50} | {0.71\|0.63, 0.61\|0.37} | {0.83\|0.80, 0.73\|0.20} | {0.63\|0.40, 0.53\|0.60} | {0.65\|0.48, 0.55\|0.52} |
| SO$_1$ | {0.46\|0.45, 0.36\|0.40, 0.26\|0.15} | {0.40\|0.53, 0.30\|0.37, 0.20\|0.10} | {0.63\|0.55, 0.52\|0.30, 0.43\|0.15} | {0.56\|0.48, 0.46\|0.30, 0.36\|0.22} | {0.38\|0.50, 0.28\|0.30, 0.18\|0.20} |
| SO$_2$ | {0.55\|0.52, 0.38\|0.48} | {0.48\|0.53, 0.38\|0.47} | {0.71\|0.50, 0.60\|0.50} | {0.38\|0.57, 0.28\|0.43} | {0.38\|0.45, 0.28\|0.55} |
| EN$_1$ | {0.53\|0.45, 0.43\|0.35, 0.33\|0.18} | {0.67\|0.55, 0.58\|0.30, 0.47\|0.15} | {0.80\|0.55, 0.70\|0.25, 0.60\|0.20} | {0.56\|0.43, 0.46\|0.40, 0.35\|0.17} | {0.71\|0.45, 0.61\|0.38, 0.51\|0.17} |
| EN$_2$ | {0.61\|0.5, 0.51\|0.5} | {0.65\|0.625, 0.55\|0.375} | {0.75\|0.55, 0.65\|0.45} | {0.58\|0.48, 0.48\|0.52} | {0.71\|0.70, 0.61\|0.30} |

第三步，由于集成评价矩阵 $R$ 中不包括成本型指标，故无须对其数值进行标准化处理。进一步根据本节的方法计算指标的混合权重。

首先，利用层次分析法计算指标的主观权重。将城市土地整合的选址作为评价目标，指标作为准则层。使用 1～5 标度来比较判断矩阵中各指标的重要性。最终，主观权重可确定为

$$w_i^s = (0.0673, 0.2237, 0.1485, 0.1392, 0.2923, 0.1290)^T$$

其次，根据熵值法计算各指标的客观权重。令参数 $t=0.5$，模糊熵、犹豫熵根据式（6-21）和式（6-22）可以分别求得，鉴于篇幅有限，具体计算过程在此处不再展示。在此基础上，可以求得各指标对应的总熵（表 6-7）。

表 6-7　各指标对应的总熵

|  | SA$_1$ | SA$_2$ | SA$_3$ | SA$_4$ | SA$_5$ |
|---|---|---|---|---|---|
| EC$_1$ | 0.97 | 0.99 | 0.93 | 0.97 | 0.99 |
| EC$_2$ | 0.99 | 0.95 | 0.81 | 0.99 | 0.98 |
| SO$_1$ | 0.96 | 0.93 | 0.96 | 0.98 | 0.89 |
| SO$_2$ | 0.99 | 0.99 | 0.95 | 0.95 | 0.94 |
| EN$_1$ | 0.98 | 0.95 | 0.84 | 0.99 | 0.94 |
| EN$_2$ | 0.99 | 0.97 | 0.92 | 0.99 | 0.94 |

进一步，各指标的熵值、权重根据式（6-24）和式（6-25）可以分别求得

$$\bar{E}(A_i) = (0.9709, 0.9434, 0.9470, 0.9654, 0.9405, 0.9635)^T$$

$$w_i^o = (0.1082, 0.2102, 0.1970, 0.1285, 0.2207, 0.1354)^T$$

最后，确定各指标的混合权重。令参数 $\chi = 0.5$ 最终可得混合权重如下：
$$w_i^c = (0.0878, 0.2169, 0.1727, 0.1339, 0.2565, 0.1322)^T。$$

第四步，设置理想集。本节五个专家根据适宜性的原则对各备选对象进行打分，故各指标的理想解可以设定为 $h_i^I(p) = \{1 \mid p_i^1, 1 \mid p_i^2, \cdots, 1 \mid p_i^{l_i}\}$。在此基础上，将各指标的理想解进行汇总，可以得到理想集 $I_g$。

第五步，利用 HPFNCWLAD 算子计算备选对象 $A_i$ 和理想集之间的距离，并令参数 $\gamma = 0.5$，此时有 $\overline{w}_i = 0.5w_i' + 0.5w_{\sigma(j)}^c$。最终距离结果如下：

$$\text{HPFNCWLAD}[H_{SA_1}(p), I_1] = 0.4955, \quad \text{HPFNCWLAD}[H_{SA_2}(p), I_2] = 0.4515$$

$$\text{HPFNCWLAD}[H_{SA_3}(p), I_3] = 0.2962, \quad \text{HPFNCWLAD}[H_{SA_4}(p), I_4] = 0.4946$$

$$\text{HPFNCWLAD}[H_{SA_5}(p), I_5] = 0.4822$$

在上述结果中，值越小，表示备选方案 $A_i$ 距离理想集越近，故可得排序如下：
$$A_3 \succ A_2 \succ A_5 \succ A_4 \succ A_1$$

综上，最优的备选对象为 $SA_3$，其强大的信息经济、便捷的交通、完善的基础设施，已成为五个区域中最适合实施城市土地整合以促进杭州市信息经济产业发展的地区。

## （三）敏感性分析与比较分析

下面对所提出的 HPFNCWLAD 算子进行敏感性分析，并将其与其他的距离测度算子进行比较分析，进一步证明该算子的稳定性和有效性。

### 1. 敏感性分析

本节所提出的 HPFNCWLAD 算子包含 $\gamma$ 和 $\chi$ 两个不同的参数：

$$\text{HPFNCWLAD}(H_{p_1}, H_{p_2}) = \exp\left(\sum_{i=1}^{n} \overline{w}_i \ln\left(d_H(h^{\sigma(j)}(p_{1i}), h^{\sigma(j)}(p_{2i}))\right)\right)$$

其中，$\overline{w}_i = \gamma \omega_i + (1-\gamma) w_{\sigma(i)} = \gamma w_i + (1-\gamma)\left(\chi w_i^s + (1-\chi) w_i^o\right)$，并且 $0 \leqslant \gamma \leqslant 1$，$0 \leqslant \chi \leqslant 1$。

假定 $0.1 \leqslant \gamma \leqslant 0.9$，$\gamma$ 以 0.4 为单次变化长度。而 $0.1 \leqslant \chi \leqslant 0.9$，其以 0.2 为单次变化长度。在不同的参数取值下，评价结果如图 6-6 所示。

从图 6-6 可以发现，无论两个参数如何进行调整，$SA_3$ 始终是最优的备选对象。同时，各备选对象的排序持续稳定，这也很好地体现和证明了本节提出的

HPFNCWLAD 算子的稳定性。

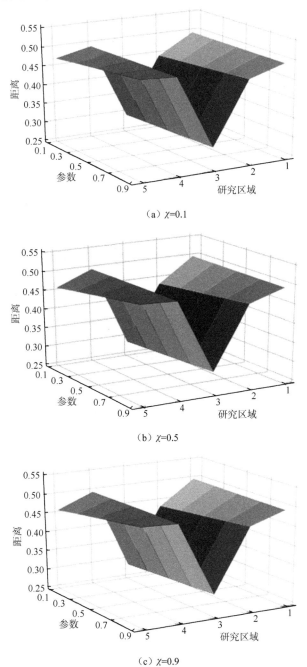

(a) $\chi=0.1$

(b) $\chi=0.5$

(c) $\chi=0.9$

图 6-6　不同参数取值下的 HPFNCWLAD 排序结果

## 2. 比较分析

为进行比较分析，HPFNCWLAD 算子的两种特殊形式 HPFNOWLAD 算子和 HPFNWLAD 算子也被运用到计算各备选方案和理想集之间的距离并进行评价排序。此外，OWAD 算子和 WAD 算子也被运用到其中。具体的结果如表 6-8 所示。

表 6-8 不同算子的排序结果

| 距离算子 | 排序结果 |
| --- | --- |
| HPFNOWAD | $A_3 \succ A_2 \succ A_1 \succ A_4 \succ A_5$ |
| HPFNWAD | $A_3 \succ A_2 \succ A_5 \succ A_4 \succ A_1$ |
| HPFNOWLAD | $A_3 \succ A_2 \succ A_1 \succ A_4 \succ A_5$ |
| HPFNWLAD | $A_3 \succ A_2 \succ A_5 \succ A_4 \succ A_1$ |
| HPFNCWLAD | $A_3 \succ A_2 \succ A_5 \succ A_4 \succ A_1$ |

从表 6-8 可以看出，$SA_3$ 是所有情况下的最佳选择。在 HPFN 环境下，OWLAD 算子和 WLAD 算子比 OWAD 算子和 WAD 算子更能反映距离差异，说明本节提出的 HPFNCWLAD 算子比 HPFNOWLAD 算子和 HPFNWLAD 算子更准确。然而，在不同的算子下，各研究区域的排序不尽相同。造成这种差异的主要原因如下：HPFNWAD 算子和 HPFNWLAD 算子只考虑了个体偏差的重要性，并未强调有序偏差。HPFNCWLAD 算子结合了 HPFNWLAD 算子和 HPFNOWLAD 算子的优点，可以较好地测度评价对象之间的距离。

### （四）小结

城市土地整合是解决城市发展中建设用地不足问题的重要手段之一。选址问题是进行城市土地整合的关键，关系到土地整合的效果和城市的布局。本节提出一种基于概率犹豫模糊多指标群组评价的城市土地整合选址评价框架，用于城市土地整合中选址问题的评价。该评价框架依赖于一个新的综合指标体系，考虑到选址过程中涉及的经济、社会和环境等方面的影响因素。此外，所提出的框架采用了一种新的 HPFNCWLAD 算子用于距离测度和方案的排序，该方法基于 OWLAD 算子、WLAD 算子和概率犹豫模糊数，同时考虑了有序和个体偏差。为弥补指标赋权方法中主观赋权、客观赋权方法的不足，本节运用熵值法和层次分析法构建了一种由主客观赋权方法相结合的指标混合权重确定方法。为了进一步验证所提出评价框架的效果，本节以杭州市城市土地整合的选址问题为例进行了验证。分析表明，本节所构建的 HPFNCWLAD 算子是稳定可行的。因此，所提出的框架对于解决城市土地整合选址问题具有一定的实用价值。此外，本节提出的 HPFNCWLAD 算子及评价框架可用于解决供应商选择、投资项目选择等其他不同类型的多指标评价问题。但在所提出的框架中，熵值法被用于计算指标的客观权重，这意味着在获得客观权重之前需要计算模糊熵、犹豫熵，这一方法计算量较大，计算过程复杂。因此，下一步计划对概率犹豫模糊环境下确定指标客观权重的方法进行进一步探索和优化。

## 第三节　融入社会网络的概率犹豫模糊评价方法及应用

### 一、问题提出

工业革命以来，能源已经逐渐成为人类赖以生存、发展的重要物质基础，充分的能源供给对于保障人类的生产生活具有重要意义。但是，随着传统化石能源的大量开采和使用，资源日趋匮乏和环境污染加剧，能源消费结构的调整和可再生能源的开发成为各国关注的焦点。作为一种绿色低碳能源，可再生能源与化石能源相比，具备了环境低害化甚至无害化的特征。从构成种类来看，可再生能源具体包括风能、太阳能、水能和生物能等。作为保护改善生态环境、实现社会可持续发展的重要手段，实施可再生能源项目的开发迫在眉睫。从过程上看，可再生能源项目的选择与评估是相关计划实施的前提。从内容上看，可再生能源项目的选择是一个地区在充分发挥、利用区域内资源优势的基础上，综合经济、社会、生态等多方面因素，选取最适合本地区的可再生资源在本地区进行开发的过程。

目前广泛使用的可再生能源项目选择方法主要包括多指标群组评价法（Zhang et al.，2019b；Büyüközkan and Güleryüz，2017；Haddad et al.，2017；Afsordegan et al.，2016）和以净现值分析、实物期权分析为主的财务分析法（Ren et al.，2019a；Kyeongseok et al.，2017；Colak and Kaya，2017；Torriti，2012）两大类。但是，在相关研究中均未考虑决策者之间的信任关系，这与实际决策中评价信息相互影响（如存在博弈、交互等）相违背。此外，区间模糊集、犹豫模糊集等已被大量用于可再生能源项目的选择与评估中，但决策者在评价过程中的模糊性和犹豫性问题尚未得到有效解决。因此，本节将尝试社会网络分析与概率犹豫模糊数相结合，用以解决可再生能源项目选择的评价问题。

### 二、可再生能源的评价指标体系

可再生能源作为为人类生产、生活提供动力的资源，与经济、生态、社会具有密切的联系。因此，目前大多数研究的指标体系从科技、经济、环境以及社会等角度出发。根据对现有研究的梳理，本节从经济成本、技术水平、社会效益、环境影响等方面构建评价指标体系，如表6-9所示。

表 6-9　可再生能源项目综合评价指标体系

| 影响方面 | 指标 | 缩写 | 参考文献 |
| --- | --- | --- | --- |
| 经济成本 | 使用寿命 | $EC_1$ | Şengül 等（2015）；Chatzimouratidis 和 Pilavachi（2009） |
|  | 总投资 | $EC_2$ | Cavallaro 和 Ciraolo（2005）；Daim 等（2009） |
| 技术水平 | 技术成熟度 | $TE_1$ | Theodorou 等（2010）；Amer 和 Daim（2011） |
|  | 供给效率 | $TE_2$ | Talinli 等（2010）；Goletsis 等（2003） |
| 社会效益 | 社会认可度 | $SO_1$ | Iskin 等（2012）；AI Garni 等（2016） |
|  | 就业创造 | $SO_2$ | Malkawi 等（2017）；Troldborg 等（2014） |
| 环境影响 | 占地需求 | $EN_1$ | Bernhard 和 Missaoui（2014） |
|  | 节能情况 | $EN_2$ | Hanneman 和 Riddle（2005） |

（一）经济成本

1. 使用寿命（$EC_1$）

可再生能源项目在建成投入使用后便面临着使用寿命的问题。$EC_1$ 用以反映可再生能源项目在建成投产之后使用寿命的长短。通常使用寿命越长，项目的长期潜力也就越大，经济效益也将更持久。

2. 总投资（$EC_2$）

可再生能源的建设、推广需要投入一定的资金成本。$EC_2$ 用以反映在可再生能源项目建设过程中所需的投资成本，包括可再生能源设备安装、配套设施建设、运行维护等方面的资金花费。

（二）技术水平

1. 技术成熟度（$TE_1$）

技术成熟度用来反映可再生能源项目现有技术的成熟性、稳定性以及可靠性，即 $TE_1$ 用以衡量现有技术成果能否足够成熟高效地支撑可再生能源项目建设。

2. 供给效率（$TE_2$）

可再生能源在效率、稳定性等方面与传统的化石能源存在差异。$TE_2$ 用以衡量可再生能源供应效率、稳定性、持续性方面的能力，考察其对化石能源的替代效果和替代能力。

## （三）社会效益

**1. 社会认可度（$SO_1$）**

社会认可度指居民对可再生能源项目是否支持，是可再生能源项目能否落实的关键。$SO_1$衡量居民对推行可再生能源项目的接受程度。

**2. 就业创造（$SO_2$）**

可再生能源项目对增加就业岗位具有一定的促进作用。$SO_2$用以反映不同的可再生能源项目在增加就业岗位方面的能力，以测度该项目的社会效益大小，反映其做出社会贡献的能力。

## （四）环境影响

**1. 占地需求（$EN_1$）**

可再生能源项目在建设过程中需要占用一部分土地。$EN_1$用来反映项目建设所需土地数量的情况。

**2. 节能情况（$EN_2$）**

可再生能源的一大优势就是减少污染物的排放。因此$EN_2$用来衡量可再生能源项目落地之后，对该区域的污染物排放所产生的影响。

## 三、基于概率犹豫模糊信任网络的共识调整

共识调整是社会网络群组评价的重要环节（Mata et al.，2009；Dong et al.，2019）。本节构建三级共识指标及相应的识别指标。进一步地，从群组成员意见修改、权重调整两个方面构建一致性推荐机制。

### （一）群组评价下的共识识别

**1. 共识指标的构建**

本节构建由评价元素层、方案层和评价矩阵层组成的三层共识指标。

（1）评价元素层共识指标。利用群组成员的信任评价信息与群组平均水平之间的距离作为测度其自身共识水平的方式，构建共识指标$CE_{ij}^h$，以反映群组成员$e_h$在方案$x_i$上的共识度。

$$CE_{ij}^h = 1 - d(h_{ij}(p), \overline{h_{ij}(p)}) \quad (6-29)$$

（2）方案层共识指标。通过均值的手段计算群组成员$e_h$在方案$x_i$上的共识

度 $CA_i^h$。

$$CA_i^h = \frac{1}{n}\sum_{i=1}^{n} CE_{ij}^h \qquad (6\text{-}30)$$

(3) 评价矩阵层共识指标。在方案层共识指标 $CA_i^h$ 的基础上，可以进一步得到成员 $e_h$ 在评价矩阵上层的共识度，计算方法如下：

$$CI^h = \frac{1}{m}\sum_{i=1}^{n} CA_i^h \qquad (6\text{-}31)$$

2. 不满足共识水平的评价成员识别

在社会网络群组综合评价中，群组成员的原始意见往往会存在偏差和分歧，为进一步提高群组评价效率和一致性水平，需要进行共识度的调整。共识识别是共识调整的基础，本节根据构建的三层共识指标入手进行评价成员的共识识别。

(1) 根据评价前事先给定的一致性阈值 $\rho$，在评价矩阵层对各群组成员的共识度 $CI^h$ 进行识别，找出低于阈值的群组成员。

$$ExpC = \{h \mid CI^h < \rho\} \qquad (6\text{-}32)$$

(2) 共识度 $CA_i^h$ 低于阈值 $\rho$ 的成员方案识别。在所识别出的低于阈值的成员的基础上，进一步识别未达标评价成员在哪项方案上的共识水平低于给定的阈值。

$$AltC = \{(h,i) \mid h \in ExpC \cap CA_i^h < \rho\} \qquad (6\text{-}33)$$

(3) 评价元素共识度 $CE_{ij}^h$ 的识别。在识别出的共识度不满足阈值 $\rho$ 的评价成员及其对应的具体方案的基础上，对其评价元素共识度进行识别，并最终确定不满足阈值 $\rho$ 的评价元素。

$$EvaC = \{(h,i,j) \mid (h,i) \in AltC \cap CE_{ij}^h < \rho\} \qquad (6\text{-}34)$$

(二) 群组评价下的共识调整——推荐机制的建立

在识别出未满足共识水平阈值 $\rho$ 的群组成员及其评价元素的基础上，需要对其进行针对性的调整。在共识调整的过程中，会出现有部分成员愿意修改自身的原始意见而部分评价成员坚持自身原始意见不愿修改的情况（徐选华和张前辉，2020b）。针对这种情况，本节提出了一种双重共识调整机制。

1. 愿意修改自身意见的评价成员反馈机制

对于愿意修改自身意见的评价成员，本节提出一种基于共识偏差度的概念，并以此作为确定共识调整参数的依据。其定义如下。

**定义 6-10** 共识偏差度以评价成员在评价矩阵层次的共识度为基础，通过成员的评价矩阵共识度与共识水平阈值之间的偏差程度来决定其共识调整参数 $\mu_h (0 \leqslant h \leqslant m)$。

$$\mu_h = 1 - \frac{\rho - \mathrm{CI}^h}{\sum(\rho - \mathrm{CI}^h)} \quad (6\text{-}35)$$

由此，可以进一步得到不满足共识水平阈值的评价成员意见修改反馈机制：

$$h_{ij}(p)' = \mu_h \cdot h_{ij}(p) + (1 - \mu_h) \cdot \overline{h_{ij}(p)} \quad (6\text{-}36)$$

即当群组成员的共识水平与阈值差距越大时，其共识调整参数 $\mu_h$ 相应地就越小，在意见修改的过程中该成员自身的原始信息保留程度也就越低。这一参数通过与偏差程度的结合，可以利用不同评价成员偏差程度的大小进行差异化的共识调整，避免采用单一不变参数在调整过程中出现的因为参数过小（过大）而导致的调整结果对部分专家不明显（调整力度过大），优化共识调整效果。

#### 2. 不愿修改自身意见的评价成员权重调整机制

在不满足共识水平阈值的群组成员中，有时会存在部分成员坚持自身的原始意见不愿修改的情况。对于这类成员，应当对其意见进行审慎考虑和充分重视（徐选华和张前辉，2020a）。在允许其坚持自身原始意见的情况下，需要该类成员付出一定的代价作为其坚持原始意见的成本。本节以降低评价成员的权重作为其坚持原始意见的成本。

根据式（6-35）的共识调整参数 $\mu_h$，假定该类成员共有 $s$ 个，可确定该类评价成员的权重调整系数 $\mu_k^w (0 \leqslant k \leqslant s \leqslant m)$：

$$\mu_k^w = 1 - \frac{\rho - \mathrm{CI}^k}{\sum(\rho - \mathrm{CI}^k)} \quad (6\text{-}37)$$

因此，该类成员调整后的权重为

$$w_k' = \mu_k^w \times w_k^0 \quad (6\text{-}38)$$

其中，$w_k'$ 为调整之后成员 $k$ 的权重；$w_k^0$ 为最初成员 $k$ 的权重。

对于该评价成员在调整权重过程中所减少的 $(1 - \mu_k^w)w_k$ 权重部分，在所有满足一致性阈值及愿意修改自身意见的评价成员中采取 RIM（regularly increased monotoni，定期增加单调量）的方法进行差异化分配。首先，先将其他成员按照评价矩阵层的共识水平进行排序，然后按照以下方法计算其在获取 $(1 - \mu_k^w)w_k$ 部分权重的比例。

$$p_i = Q\left(\frac{i}{m-s}\right) - Q\left(\frac{i-1}{m-s}\right) \quad (6\text{-}39)$$

其中，$p_i$ 为评价矩阵层共识水平第 $i$ 大的成员从 $(1-\mu_k^w)w_k$ 部分所获取的比例，$Q(r)=r^a$ $(0 \leqslant a \leqslant 1)$，此时该成员的权重为

$$w_i' = w_i^0 + p_i \cdot \sum_{k=0}^{s}(1-\mu_k^w)w_k \qquad (6-40)$$

其中，$w_i'$ 为评价矩阵层共识水平第 $i$ 大的成员增加后的权重；$w_i^0$ 为其初始的权重。

当评价成员的共识度水平越低时，权重调整系数 $\mu_k^w$ 也就越小，即其权重的调整程度也就越大，该成员不得不为坚持自身意见而付出更大的代价。但对该类评价成员的权重进行调整，会使得其最终无法满足一致性阈值的要求。因为在其原始意见未做出修改的前提下，当群组中其他成员进行意见修改时，群组的意见水平将更为集中，同时也会更偏离不愿修改自身意见的成员，在其权重进一步减小的情况下，由此计算而来的个体共识水平也会相应地减小。但经过权重的调整，整体的群评价效果和一致性水平将有所提高，这也将在实例中得到证实。

3. 共识调整的停止

在利用以上双重共识调整机制进行 $t(t \geqslant 1)$ 次共识调整之后，当满足以下条件中的任一条时，即可退出共识调整过程。

（1）调整次数达到事先规定的上限。

（2）除了不愿修改自身意见的评价成员，其余评价成员均达到一致性水平阈值的要求。

（三）方案的选择与排序

在经过共识调整并满足退出条件之后，根据概率犹豫模糊信任的排序标准及规则，利用所提出的信任度对备选方案进行排序，通常信任度越高，排序也就越高，最终选出最优备选方案。

## 四、融入社会网络的概率犹豫模糊评价方法

在复杂的评价问题中，除了受到多重因素的影响，评价者之间也不可避免地存在着社会网络关系。考虑评价者之间的社会网络关系将能更好地优化评价流程，提高群体评价效果。因此，本节将多指标评价、社会网络分析相结合，提出融入信任网络的概率犹豫模糊评价方法，流程如图 6-7 所示。

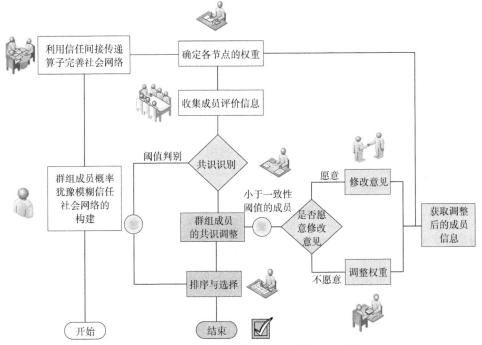

图 6-7 融入社会网络的概率犹豫模糊评价流程

第一步,群组成员概率犹豫模糊信任社会网络的构建。基于本节所提出的概率犹豫模糊信任函数,作为群组综合评价成员之间表述信任关系强度的手段,反映成员之间的社会网络关系,构建群组综合评价成员之间的社会网络 HPFN-$TSN_0$。

第二步,利用信任间接传递算子完善社会网络。利用本节提出的信任间接传递算子计算群组综合评价成员之间的间接信任关系,搭建不具备直接信任关系的群组成员之间的社会网络关系,进而得到完善后的社会网络 HPFN-$TSN_1$。

第三步,确定各节点的权重。在得到完善的社会网络 HPFN-$TSN_1$ 后,依据群组综合评价成员的信任信息,根据本节所提出的确定社会网络中节点权重的方法,计算群组中各成员的权重 $w_j$。

第四步,收集成员评价信息。以概率犹豫模糊信任的形式收集各成员关于被评价对象的评价信息,形成个体评价信息矩阵 $R^j$。利用所提出的几何加权集成算子(HPFNT-GWA)对各群组成员的评价信息进行集成,得到群组评价矩阵 $R$。

第五步,共识识别。在矩阵 $R^j$ 和 $R$ 的基础上,对各群组成员的共识水平进行识别判断,并与给定的阈值进行比较。对于不满足共识水平阈值的群组成员,进入第六步。若全部成员此时均满足要求,则直接进入第七步。

第六步,群组成员的共识调整。对于以上不满足共识水平阈值的群组成员,若其愿意修改自身原始评价意见，则根据本节的反馈机制令其进行修改。若成员不愿对自身意见进行修改，则按照本节的权重调整机制，对其权重进行调整，以改善群评价一致性水平。

在完成上述共识调整之后，重复第五步、第六步。

第七步，排序与选择。按照本节的排序规则，对概率犹豫模糊信任环境下的评价信息进行排序，并最终选择最优的备选方案。

## 五、基于概率犹豫模糊信任网络的可再生能源评价应用

### （一）应用背景

作为经济大省，浙江省能源消费量巨大。国家统计局数据显示，2017年浙江省能源消费量合计为2.1亿吨标准煤，处于国内较高水平。同时，浙江省是资源小省，能源自给率低，对外依存度高，且石油、煤炭等化石能源消费占比高。与此相对，浙江省可再生能源种类丰富，建设和开发的起步较早，积累了丰富的发展经验（吴跃进和谢子远，2009）。因此，研究浙江省的可再生能源项目问题对于解决中国乃至世界其他地区的可再生能源选择问题都具有极大的借鉴价值。

近年来，浙江省高度重视能源的供应与保障工作，着力优化能源消费结构，促进能源市场建设。2019年，浙江省重大能源项目累计完成投资665.2亿元。"十四五"期间，浙江省进一步提出将大力探索能源商品市场化改革，为能源企业营造良好的市场环境，并且计划每年投资不低于500亿～700亿元以推动"能源新基建"的建设。2015年浙江省就曾设立可再生能源发展专项资金，可再生能源示范县至多可得到1800万元的资金补贴，积极引导和促进可再生能源项目的建设。在浙江省的政策号召和市场前景双重吸引下，一家能源公司拟在浙江省开展可再生能源建设项目。由于该公司目前规模和技术水平有限，在进入浙江地区的初期拟集中资金发展一种可再生能源项目，抢占市场份额，为后期多元化项目开发奠定基础。因此，该企业需结合当前浙江省主要的可再生能源品类和分布情况，选定最优的可再生能源项目开展建设。经过前期市场调查发现浙江省目前主要存在以下五种可再生能源，具体情况如下。

1. 风能（$A_1$）

浙江省位于中国东海沿岸的亚热带季风气候区，大陆海岸线长达2253 km，省内风力资源丰富，尤以东部沿海的温州、台州、舟山等城市风力资源较为突出，沿海区域平均风速在5 m/s以上，年平均有效风速时数在6000小时以上，具备开发利用风能的天然条件（吴跃进和谢子远，2009）。浙江省"十四五"专项规划提出2025年装机达到600万kW的目标，市场前景广阔。但是，海上风力发电机组

价格较高，单个风机基础造价在 1300 万～2000 万元，投资成本高、工程量大。而且浙江省沿海区域台风、强对流等气象灾害多发，对发电机组运行构成了一定威胁，进一步增加了项目后期运行、维护成本。

2. 潮汐能（$A_2$）

依靠沿海独特的区位优势，浙江省潮汐能开发潜力充足。数据显示，沿海地区平均潮差为 4.29 m，全省潮汐能的理论蕴藏量约为 $8.63×10^{10}$（kW·h）/a，理论装机容量约为 2897 万 kW，潜力巨大（梁亮等，2013）。浙江省建有中国最早的潮汐能发电站，开发历史悠久，积累了充足的发展经验。然而，潮汐能电站在开发过程中，水库容易产生泥沙淤积的问题，同时也易对水体及周围的生态环境产生不良影响，增加了能源开发的难度和社会压力。

3. 生物能（$A_3$）

作为人口大省，浙江省人口数量大、密度大，每天都会产生数量巨大的生活垃圾，近年来，浙江省高度重视生活垃圾的再利用和生物能源的开发。2019 年，浙江省生活垃圾产生量为 3794 万吨，居全国第 3 位，为充分利用生活垃圾，浙江省设定了在 2035 年生物质发电装机 350 万 kW 的目标。截至 2018 年底，浙江省投运垃圾焚烧规模为 5.68 万吨/日，焚烧产生的热能用以发电，但目前的产能利用率相对较低。此外，农村地区的农作物秸秆、可用于生产沼气的畜禽粪便等生物质能同样较为丰富。生物能具有来源稳定、持续性强的特点，但生物能存在市场规模较小且易饱和的问题，缺乏稳定的长远投资利益。

4. 水能（$A_4$）

浙江省河流密集，省内主要河流域上中游多流经丘陵山区，水流落差大，全省水力资源蕴藏量达 606 万 kW，具备良好的水能资源开发条件（Fu et al., 2011）。与风能、太阳能相比，水能具有持续稳定、经济成本低、寿命周期长等特点，是可再生能源中的重要组成部分，"十四五"期间浙江省预计建成、开工抽水蓄能电站 9 个。但浙江省水能资源较为分散，水能资源蕴藏量在 1 万 kW 以上的河流就多达 140 条，因此单个项目的收益规模受限。

5. 太阳能（$A_5$）

由于浙江省地处北半球中低纬度地区（27°10′N~31°31′N），日照时数较为充足，年均在 1710~2100 小时，各地年太阳总辐射为 4091~4604 $MJ·m^{-2}$（吴跃进和谢子远，2009；黄艳等，2014）。太阳能的主要利用方式——光伏发电价格在 0.55~0.75 元/W，同时浙江省的光伏发电项目可享受 0.18 元/W 的政府补贴，寿命在 25~30

年,项目总体收益率可达20%~28%,市场效益可观。但浙江省太阳能资源的时间分布差异显著,受气候影响春夏季节太阳辐射量多,秋冬季节辐射量少,在一定程度上影响了能源的稳定、持续供应。

(二)评价过程

为解决这一复杂的多指标群组评价问题,该公司专门邀请五位业内的知名专家和学者($e_1 \sim e_5$),对五种备选可再生能源项目利用本节所提出的概率犹豫模糊信任网络评价模型进行评估。评价群组五位成员之间的初始社会网络关系如图6-8所示。事先设定一致性水平的阈值为0.9,若需调整部分群组成员的权重,设定调整次数为2。指标的权重经群组成员共同商定依次为$w = (0.11, 0.13, 0.14, 0.16, 0.09, 0.12, 0.11, 0.14)^T$。

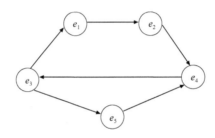

图6-8 群组成员初始社会网络关系

**1. 群组成员概率犹豫模糊信任社会网络的构建**

在评价群组五位成员之间的初始社会网络关系基础上,可进一步构建群组成员之间的概率犹豫模糊社会网络关系。利用本节所提出的概率犹豫模糊信任函数来表示成员之间的社会网络信任关系 HPFN-TSN$_0$,见表6-10。

表6-10 群组成员初始概率犹豫模糊信任关系 HPFN-TSN$_0$

| | $e_1$ | $e_2$ | $e_3$ | $e_4$ | $e_5$ |
|---|---|---|---|---|---|
| $e_1$ | — | | {0.70\|0.40, 0.80\|0.60} | | {0.30\|0.80, 0.40\|0.20} |
| $e_2$ | {0.60\|0.40, 0.70\|0.40, 0.80\|0.20} | — | | | |
| $e_3$ | | | — | {0.40\|0.30, 0.50\|0.60, 0.60\|0.10} | |
| $e_4$ | | {0.70\|0.60, 0.80\|0.30, 0.90\|0.10} | | — | |
| $e_5$ | | | {0.80\|0.40, 0.90\|0.30, 1.00\|0.30} | {0.50\|0.40, 0.60\|0.40, 0.70\|0.20} | — |

## 2. 利用信任间接传递算子完善社会网络

利用本节所提出的信任间接传递算子，根据式（6-14）和式（6-15）对群组成员之间的间接信任关系进行补充完善。

对于成员 $e_1$ 而言，除了对成员 $e_2$，对其他成员均不具备直接信任关系，但通过社会网络关系下的信任传递，$e_1$ 与 $e_3$、$e_4$ 和 $e_5$ 之间存在间接信任关系，计算过程如下。

$e_1$ 和 $e_3$ 之间、$e_1$ 和 $e_4$ 之间只存在一条信任传递路径，因此根据式（6-14）得其信任关系分别为

$$P(e_1,e_3)=\{0.17|0.43, 0.28|0.43, 0.43|0.14\}$$
$$P(e_1,e_4)=\{0.42|0.5, 0.56|0.35, 0.72|0.15\}$$

$e_1$ 和 $e_5$ 之间具有 2 条传递路径，利用多路径的信任间接传递算子可以求得 $e_1$ 对 $e_5$ 的间接信任关系。

对于路径 1，$P^1(e_1,e_5)=\{0.21|0.47, 0.34|0.37, 0.50|0.16\}$。

对于路径 2，$P^2(e_1,e_5)=\{0.42|0.5, 0.56|0.35, 0.72|0.15\}$。

根据式（6-16）可得，路径 1 与路径 2 的权重分别为 $\theta_1=0.57$，$\theta_2=0.43$。

按照式（6-15），可以将两条路径的信任关系进行集成进一步得出 $e_1$ 对 $e_5$ 的信任关系 $P(e_1,e_5)=\{0.17|0.45, 0.30|0.39, 0.47|0.16\}$。由此，可以求得成员 $e_1$ 对其他成员的间接信任关系。

利用类似的方法，可以将所有成员之间的概率犹豫模糊信任关系进行完善，计算结果如表 6-11 所示。

表 6-11 群组成员概率犹豫模糊信任关系 HPFN-TSN$_1$

| | $e_1$ | $e_2$ | $e_3$ | $e_4$ | $e_5$ |
|---|---|---|---|---|---|
| $e_1$ | — | {0.11\|0.32, 0.20\|0.46, 0.33, 0.22} | {0.70\|0.40, 0.80\|0.60} | {0.15\|0.18, 0.25\|0.55, 0.37\|0.27} | {0.30\|0.80, 0.40\|0.20} |
| $e_2$ | {0.60\|0.40, 0.70\|0.40, 0.80\|0.20} | — | {0.25\|0.24, 0.34\|0.45, 0.49\|0.31} | {0.08\|0.26, 0.15\|0.51, 0.27\|0.23} | {0.18, 0.20, 0.21\|0.60, 0.32\|0.20} |
| $e_3$ | {0.17\|0.43, 0.28\|0.43, 0.43\|0.14} | {0.28\|0.45, 0.40\|0.45, 0.54\|0.10} | — | {0.40\|0.30, 0.50\|0.60, 0.60\|0.10} | {0.05\|0.32, 0.08\|0.53, 0.17\|0.15} |
| $e_4$ | {0.42\|0.50, 0.56\|0.35, 0.72\|0.15} | {0.70\|0.60, 0.80\|0.30, 0.90\|0.10} | {0.17\|0.34, 0.26\|0.41, 0.43\|0.25} | — | {0.13\|0.33, 0.17\|0.50, 0.29\|0.17} |
| $e_5$ | {0.17\|0.45, 0.30\|0.39, 0.47\|0.16} | {0.29\|0.47, 0.43\|0.38, 0.59\|0.15} | {0.80\|0.40, 0.90\|0.30, 1.00\|0.30} | {0.50\|0.40, 0.60\|0.40, 0.70\|0.20} | — |

## 3. 确定各节点的权重

为得到各成员的权重，首先根据式（6-17）计算各成员在群组中的中心度：
$C(e_1)=\{0.12|0.12,0.32|0.55,0.44|0.33\}$，$C(e_2)=\{0.22|0.27,0.29|0.49,0.43|0.24\}$，$C(e_3)=\{0.18|0.38,0.26|0.50,0.39|0.12\}$，$C(e_4)=\{0.28|0.44,0.38|0.39,0.53|0.17\}$，$C(e_5)=\{0.37|0.43,0.51|0.37,0.66|0.20\}$。

根据式（6-18），进一步可以求得群组中心度如下：
$$C(g)=\{0.22|0.33,0.34|0.46,0.48|0.21\}$$

按照式（6-19）来计算各成员中心度与群组中心度之间的距离，得到 $d(C(e_1),C(g))=0.1222$，$d(C(e_2),C(g))=0.0299$，$d(C(e_3),C(g))=0.0846$，$d(C(e_4),C(g))=0.0695$，$d(C(e_5),C(g))=0.15$。

最后，可以由式（6-20）求得群组中各成员的权重，见表6-12。

**表 6-12　群组成员权重**

|  | $e_1$ | $e_2$ | $e_3$ | $e_4$ | $e_5$ |
|---|---|---|---|---|---|
| $\theta$ | 0.88 | 0.97 | 0.92 | 0.93 | 0.85 |
| $w$ | 0.19 | 0.22 | 0.20 | 0.20 | 0.19 |

## 4. 收集成员评价信息

依照本节所构建的可再生能源项目综合评价指标体系，邀请五位群组成员对浙江省的五种潜在的可再生能源项目开展评估，五位成员被要求按照概率犹豫模糊信任函数的形式从备选对象在各指标的恰当性角度出发对备选对象进行评价，具体的评价信息如表6-13~表6-17所示。

**表 6-13　群组成员 $e_1$ 的评价信息 $R^1$**

|  | $A_1$ | $A_2$ | $A_3$ | $A_4$ | $A_5$ |
|---|---|---|---|---|---|
| $EC_1$ | {0.80\|0.60, 0.90\|0.40} | {0.50\|0.70, 0.60\|0.30} | {0.70\|0.70, 0.80\|0.30} | {0.40\|0.30, 0.50\|0.70} | {0.80\|0.40, 0.90\|0.60} |
| $EC_2$ | {0.60\|0.50, 0.70\|0.50} | {0.50\|0.30, 0.60\|0.70} | {0.60\|0.40, 0.70\|0.60} | {0.70\|0.40, 0.80\|0.60} | {0.60\|0.40, 0.70\|0.60} |
| $TE_1$ | {0.40\|0.60, 0.50\|0.40} | {0.70\|0.50, 0.80\|0.50} | {0.50\|0.60, 0.60\|0.40} | {0.40\|0.60, 0.50\|0.40} | {0.70\|0.60, 0.80\|0.40} |
| $TE_2$ | {0.50\|0.70, 0.60\|0.30} | {0.40\|0.30, 0.50\|0.70} | {0.80\|0.70, 0.90\|0.30} | {0.60\|0.70, 0.70\|0.30} | {0.70\|0.40, 0.80\|0.60} |
| $SO_1$ | {0.70\|0.60, 0.80\|0.40} | {0.70\|0.60, 0.80\|0.40} | {0.70\|0.80, 0.80\|0.20} | {0.50\|0.20, 0.60\|0.80} | {0.80\|0.70, 0.90\|0.30} |

|  | $A_1$ | $A_2$ | $A_3$ | $A_4$ | $A_5$ |
|---|---|---|---|---|---|
| $SO_2$ | {0.30\|0.80, 0.40\|0.20} | {0.60\|0.70, 0.70\|0.30} | {0.80\|0.40, 0.90\|0.60} | {0.60\|0.70, 0.70\|0.30} | {0.80\|0.60, 0.90\|0.40} |
| $EN_1$ | {0.50\|0.60, 0.60\|0.40} | {0.40\|0.60, 0.50\|0.40} | {0.50\|0.70, 0.60\|0.30} | {0.50\|0.60, 0.60\|0.40} | {0.40\|0.70, 0.50\|0.30} |
| $EN_2$ | {0.80\|0.40, 0.90\|0.60} | {0.50\|0.60, 0.60\|0.40} | {0.80\|0.60, 0.90\|0.40} | {0.80\|0.60, 0.90\|0.40} | {0.70\|0.30, 0.80\|0.70} |

表 6-14　群组成员 $e_2$ 的评价信息 $R^2$

|  | $A_1$ | $A_2$ | $A_3$ | $A_4$ | $A_5$ |
|---|---|---|---|---|---|
| $EC_1$ | {0.50\|0.40, 0.60\|0.60} | {0.60\|0.70, 0.70\|0.30} | {0.40\|0.80, 0.50\|0.20} | {0.30\|0.60, 0.40\|0.40} | {0.70\|0.30, 0.80\|0.70} |
| $EC_2$ | {0.60\|0.70, 0.70\|0.30} | {0.50\|0.80, 0.60\|0.20} | {0.60\|0.40, 0.70\|0.60} | {0.50\|0.70, 0.60\|0.30} | {0.60\|0.70, 0.70\|0.30} |
| $TE_1$ | {0.60\|0.60, 0.70\|0.40} | {0.40\|0.60, 0.50\|0.40} | {0.50\|0.70, 0.60\|0.30} | {0.60\|0.40, 0.70\|0.60} | {0.40\|0.40, 0.50\|0.60} |
| $TE_2$ | {0.80\|0.40, 0.90\|0.60} | {0.70\|0.60, 0.80\|0.40} | {0.50\|0.50, 0.60\|0.50} | {0.60\|0.70, 0.70\|0.30} | {0.80\|0.60, 0.90\|0.40} |
| $SO_1$ | {0.40\|0.40, 0.50\|0.60} | {0.80\|0.40, 0.90\|0.60} | {0.30\|0.60, 0.40\|0.40} | {0.50\|0.40, 0.60\|0.60} | {0.60\|0.40, 0.70\|0.60} |
| $SO_2$ | {0.60\|0.50, 0.70\|0.50} | {0.50\|0.60, 0.60\|0.40} | {0.60\|0.60, 0.70\|0.40} | {0.60\|0.60, 0.70\|0.40} | {0.50\|0.80, 0.60\|0.20} |
| $EN_1$ | {0.50\|0.60, 0.60\|0.40} | {0.40\|0.40, 0.50\|0.60} | {0.50\|0.80, 0.60\|0.20} | {0.40\|0.60, 0.50\|0.40} | {0.70\|0.60, 0.80\|0.40} |
| $EN_2$ | {0.60\|0.40, 0.70\|0.60} | {0.50\|0.60, 0.60\|0.40} | {0.40\|0.60, 0.50\|0.40} | {0.60\|0.70, 0.70\|0.30} | {0.50\|0.40, 0.60\|0.60} |

表 6-15　群组成员 $e_3$ 的评价信息 $R^3$

|  | $A_1$ | $A_2$ | $A_3$ | $A_4$ | $A_5$ |
|---|---|---|---|---|---|
| $EC_1$ | {0.70\|0.40, 0.80\|0.60} | {0.50\|0.70, 0.60\|0.30} | {0.60\|0.60, 0.70\|0.40} | {0.60\|0.70, 0.70\|0.30} | {0.50\|0.60, 0.60\|0.40} |
| $EC_2$ | {0.50\|0.30, 0.60\|0.70} | {0.40\|0.40, 0.50\|0.60} | {0.30\|0.40, 0.40\|0.60} | {0.40\|0.60, 0.50\|0.40} | {0.80\|0.30, 0.90\|0.70} |
| $TE_1$ | {0.60\|0.40, 0.70\|0.60} | {0.60\|0.60, 0.70\|0.40} | {0.40\|0.60, 0.50\|0.40} | {0.80\|0.60, 0.90\|0.40} | {0.60\|0.40, 0.70\|0.60} |
| $TE_2$ | {0.40\|0.60, 0.50\|0.40} | {0.40\|0.60, 0.50\|0.40} | {0.70\|0.30, 0.80\|0.70} | {0.70\|0.30, 0.80\|0.70} | {0.60\|0.30, 0.70\|0.70} |
| $SO_1$ | {0.60\|0.60, 0.70\|0.40} | {0.70\|0.60, 0.80\|0.40} | {0.80\|0.70, 0.90\|0.30} | {0.60\|0.70, 0.70\|0.30} | {0.70\|0.40, 0.80\|0.60} |
| $SO_2$ | {0.40\|0.40, 0.50\|0.60} | {0.50\|0.70, 0.60\|0.30} | {0.80\|0.40, 0.90\|0.60} | {0.40\|0.40, 0.50\|0.60} | {0.80\|0.60, 0.90\|0.40} |
| $EN_1$ | {0.70\|0.70, 0.80\|0.30} | {0.60\|0.40, 0.70\|0.60} | {0.50\|0.80, 0.60\|0.20} | {0.50\|0.60, 0.60\|0.40} | {0.50\|0.60, 0.60\|0.40} |
| $EN_2$ | {0.60\|0.60, 0.70\|0.40} | {0.80\|0.60, 0.90\|0.40} | {0.70\|0.40, 0.80\|0.60} | {0.50\|0.60, 0.60\|0.40} | {0.60\|0.80, 0.70\|0.20} |

表 6-16　群组成员 $e_4$ 的评价信息 $R^4$

|  | $A_1$ | $A_2$ | $A_3$ | $A_4$ | $A_5$ |
|---|---|---|---|---|---|
| $EC_1$ | {0.60\|0.40, 0.70\|0.60} | {0.50\|0.60, 0.60\|0.70} | {0.70\|0.40, 0.80\|0.60} | {0.60\|0.70, 0.70\|0.30} | {0.70\|0.40, 0.80\|0.60} |
| $EC_2$ | {0.50\|0.30, 0.60\|0.70} | {0.60\|0.40, 0.70\|0.60} | {0.80\|0.70, 0.90\|0.30} | {0.50\|0.60, 0.60\|0.40} | {0.70\|0.60, 0.80\|0.40} |
| $TE_1$ | {0.40\|0.60, 0.50\|0.40} | {0.70\|0.60, 0.80\|0.40} | {0.50\|0.60, 0.60\|0.40} | {0.60\|0.80, 0.70\|0.20} | {0.60\|0.70, 0.70\|0.30} |
| $TE_2$ | {0.60\|0.60, 0.70\|0.40} | {0.50\|0.30, 0.60\|0.70} | {0.40\|0.30, 0.50\|0.70} | {0.70\|0.40, 0.80\|0.60} | {0.40\|0.30, 0.50\|0.70} |
| $SO_1$ | {0.30\|0.40, 0.40\|0.60} | {0.60\|0.70, 0.70\|0.30} | {0.60\|0.40, 0.70\|0.60} | {0.80\|0.60, 0.90\|0.40} | {0.60\|0.70, 0.70\|0.30} |
| $SO_2$ | {0.70\|0.60, 0.80\|0.40} | {0.70\|0.70, 0.80\|0.30} | {0.50\|0.60, 0.60\|0.40} | {0.70\|0.60, 0.80\|0.40} | {0.80\|0.60, 0.90\|0.40} |
| $EN_1$ | {0.50\|0.80, 0.60\|0.20} | {0.60\|0.70, 0.70\|0.30} | {0.70\|0.60, 0.80\|0.40} | {0.60\|0.40, 0.70\|0.60} | {0.60\|0.80, 0.70\|0.20} |
| $EN_2$ | {0.70\|0.60, 0.80\|0.40} | {0.70\|0.60, 0.80\|0.40} | {0.60\|0.80, 0.70\|0.20} | {0.50\|0.40, 0.60\|0.60} | {0.60\|0.70, 0.70\|0.30} |

表 6-17　群组成员 $e_5$ 的评价信息 $R^5$

|  | $A_1$ | $A_2$ | $A_3$ | $A_4$ | $A_5$ |
|---|---|---|---|---|---|
| $EC_1$ | {0.50\|0.40, 0.60\|0.60} | {0.60\|0.60, 0.70\|0.40} | {0.50\|0.60, 0.60\|0.40} | {0.70\|0.70, 0.80\|0.30} | {0.40\|0.60, 0.50\|0.40} |
| $EC_2$ | {0.60\|0.70, 0.70\|0.30} | {0.70\|0.60, 0.80\|0.40} | {0.70\|0.80, 0.80\|0.20} | {0.40\|0.60, 0.50\|0.40} | {0.60\|0.70, 0.70\|0.30} |
| $TE_1$ | {0.60\|0.40, 0.70\|0.60} | {0.80\|0.60, 0.90\|0.40} | {0.60\|0.40, 0.70\|0.60} | {0.50\|0.70, 0.60\|0.30} | {0.50\|0.60, 0.60\|0.40} |
| $TE_2$ | {0.70\|0.60, 0.80\|0.40} | {0.70\|0.40, 0.80\|0.60} | {0.80\|0.70, 0.90\|0.30} | {0.30\|0.60, 0.40\|0.40} | {0.80\|0.60, 0.90\|0.40} |
| $SO_1$ | {0.20\|0.60, 0.30\|0.40} | {0.60\|0.80, 0.70\|0.20} | {0.40\|0.60, 0.50\|0.40} | {0.60\|0.80, 0.70\|0.20} | {0.70\|0.40, 0.80\|0.60} |
| $SO_2$ | {0.80\|0.60, 0.90\|0.40} | {0.50\|0.60, 0.60\|0.40} | {0.70\|0.60, 0.80\|0.40} | {0.70\|0.60, 0.80\|0.40} | {0.60\|0.70, 0.70\|0.30} |
| $EN_1$ | {0.60\|0.40, 0.70\|0.60} | {0.40\|0.40, 0.50\|0.60} | {0.50\|0.70, 0.60\|0.30} | {0.50\|0.60, 0.60\|0.40} | {0.70\|0.60, 0.80\|0.40} |
| $EN_2$ | {0.40\|0.60, 0.50\|0.40} | {0.50\|0.70, 0.60\|0.30} | {0.60\|0.40, 0.70\|0.60} | {0.40\|0.30, 0.50\|0.70} | {0.60\|0.80, 0.70\|0.20} |

在得到群组成员各自的评价信息之后，利用式（6-14）所提出的几何加权平均算子（HPFNT-GWA），对五位群组成员的评价信息进行集成。经计算得群组集成评价信息如表 6-18 所示。

表 6-18　群组集成评价信息 $R$

|  | $A_1$ | $A_2$ | $A_3$ | $A_4$ | $A_5$ |
|---|---|---|---|---|---|
| $EC_1$ | {0.61\|0.44, 0.71\|0.56} | {0.54\|0.66, 0.64\|0.34} | {0.57\|0.62, 0.67\|0.38} | {0.49\|0.60, 0.60\|0.40} | {0.60\|0.46, 0.71\|0.54} |
| $EC_2$ | {0.56\|0.50, 0.66\|0.50} | {0.53\|0.50, 0.63\|0.50} | {0.57\|0.54, 0.68\|0.46} | {0.49\|0.58, 0.59\|0.42} | {0.66\|0.54, 0.76\|0.46} |
| $TE_1$ | {0.51\|0.52, 0.61\|0.48} | {0.62\|0.58, 0.72\|0.42} | {0.49\|0.58, 0.60\|0.42} | {0.57\|0.62, 0.67\|0.38} | {0.55\|0.54, 0.65\|0.46} |
| $TE_2$ | {0.58\|0.58, 0.69\|0.42} | {0.52\|0.44, 0.63\|0.56} | {0.61\|0.50, 0.71\|0.50} | {0.56\|0.54, 0.67\|0.46} | {0.64\|0.44, 0.74\|0.56} |
| $SO_1$ | {0.40\|0.52, 0.51\|0.48} | {0.68\|0.62, 0.78\|0.38} | {0.52\|0.62, 0.63\|0.38} | {0.59\|0.54, 0.69\|0.46} | {0.67\|0.52, 0.77\|0.48} |
| $SO_2$ | {0.53\|0.58, 0.63\|0.42} | {0.55\|0.66, 0.65\|0.34} | {0.67\|0.52, 0.77\|0.48} | {0.59\|0.58, 0.69\|0.42} | {0.69\|0.66, 0.79\|0.34} |
| $EN_1$ | {0.55\|0.62, 0.65\|0.38} | {0.47\|0.50, 0.57\|0.50} | {0.54\|0.72, 0.64\|0.28} | {0.49\|0.56, 0.60\|0.44} | {0.57\|0.66, 0.67\|0.34} |
| $EN_2$ | {0.61\|0.52, 0.71\|0.48} | {0.59\|0.62, 0.69\|0.38} | {0.60\|0.56, 0.71\|0.44} | {0.55\|0.52, 0.65\|0.48} | {0.59\|0.60, 0.70\|0.40} |

### 5. 共识识别

通过三级共识指标，按照式（6-29）、式（6-30）对群组成员的个体共识水平进行计算，得到群组成员方案层次共识度，如表 6-19 所示。

表 6-19　群组成员方案层次共识度

|  | $e_1$ | $e_2$ | $e_3$ | $e_4$ | $e_5$ |
|---|---|---|---|---|---|
| $A_1$ | 0.85 | 0.92 | 0.89 | 0.93 | 0.86 |
| $A_2$ | 0.94 | 0.89 | 0.90 | 0.92 | 0.88 |
| $A_3$ | 0.89 | 0.89 | 0.87 | 0.87 | 0.92 |
| $A_4$ | 0.89 | 0.94 | 0.92 | 0.91 | 0.88 |
| $A_5$ | 0.88 | 0.88 | 0.90 | 0.92 | 0.90 |

进一步，根据式（6-31）可以求得群组成员在评价矩阵层次的共识度，如表 6-20 所示。

表 6-20　群组成员评价矩阵层次共识度

| 成员 | $e_1$ | $e_2$ | $e_3$ | $e_4$ | $e_5$ |
|---|---|---|---|---|---|
| 层次共识度 | 0.89 | 0.91 | 0.89 | 0.91 | 0.89 |

根据以上共识度计算结果，识别出 $e_1$、$e_3$ 和 $e_5$ 这三位成员的共识度低于事先给定的阈值 0.9。因此，需要对三位成员的原始意见进行调整。经初步了解，成员

$e_1$、$e_5$ 愿意对自身初始意见进行修改,但成员 $e_3$ 拒绝对自身初始意见进行修改,此时,需要运用本节所提出的共识调整方法分别对其评价意见进行调整。

对于愿意对自身初始意见进行修改的成员 $e_1$ 和 $e_5$,根据式(6-32)~式(6-34),进一步求得对其共识识别到评价元素层次,可得 (1,1,1),(1,1,3),(1,1,5),(1,1,6),(1,1,8),(1,3,1),(1,3,4),(1,3,5),(1,3,6),(1,3,8),(1,4,3),(1,4,8),(1,5,1),(1,5,3),(1,5,5),(1,5,6),(1,5,7),(1,5,8),(5,1,1),(5,1,3),(5,1,4),(5,1,5),(5,1,6),(5,1,8),(5,2,2),(5,2,3),(5,2,4),(5,4,1),(5,4,4),(5,4,6),(5,4,8) 均不满足共识水平阈值的要求。

6. 群组成员的共识调整

由于在共识度不满足阈值的成员中,存在不愿意修改自身初始意见的成员,为此共识调整过程分为两个方面。

首先,对愿意修改自身意见的成员进行调整。根据式(6-35),可以求得 $e_1$ 和 $e_5$ 的调整系数分别为 0.6287 和 0.5571。按照该系数,根据式(6-36)分别对不满足阈值的评价元素层次的评价信息进行修改。经过一次意见调整之后,成员 $e_1$、$e_5$ 的共识度水平分别达到 0.9104 和 0.9132,二者均符合共识水平阈值的要求,即可结束共识调整过程。

其次,对成员 $e_3$ 而言,由于其拒绝修改自身意见,需对其权重进行调整。根据式(6-37),可以求得成员 $e_3$ 的权重调整系数为 0.8141,按照这一系数开展第一轮调整。

按照式(6-38)~式(6-40),可以得到第一轮权重调整之后所有群组成员的新权重。由于篇幅有限,共识测度过程此处省略。经过调整之后的权重、评价矩阵层面的共识度如表 6-21 所示。

表 6-21 第一轮权重调整结果

| | $e_1$ | $e_2$ | $e_3$ | $e_4$ | $e_5$ |
| --- | --- | --- | --- | --- | --- |
| 初始权重 | 0.19 | 0.22 | 0.20 | 0.20 | 0.18 |
| 调整权重 | 0.20 | 0.22 | 0.16 | 0.22 | 0.20 |
| 一致性水平 | 0.91 | 0.91 | 0.89 | 0.91 | 0.91 |

在第一轮调整的基础上,进行第二轮权重调整。同样以 0.8141 作为调整系数,根据式(6-38)~式(6-40)进行权重再次调整。经过第二轮调整之后的权重、评价矩阵层面的共识度如表 6-22 所示。

表 6-22　第二轮权重调整结果

|  | $e_1$ | $e_2$ | $e_3$ | $e_4$ | $e_5$ |
|---|---|---|---|---|---|
| 初始权重 | 0.20 | 0.22 | 0.16 | 0.22 | 0.19 |
| 调整权重 | 0.21 | 0.23 | 0.13 | 0.23 | 0.20 |
| 一致性水平 | 0.92 | 0.91 | 0.89 | 0.91 | 0.92 |

经过意见修改、成员权重调整两方面的共识调整之后，如图 6-9 所示，除不愿修改自身初始意见的成员 $e_3$ 之外，群组成员的共识水平均有不同程度的提高，群整体的一致性水平也有所改善。

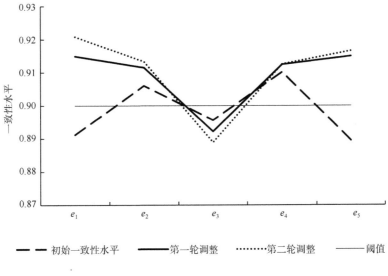

图 6-9　群组成员一致性水平变化图

### 7. 排序与选择

经过以上共识调整之后，成员评价信息、集成评价矩阵以及成员的权重等信息均发生了变化，成员的权重依次变为 $w=(0.2144,0.2254,0.1335,0.2284,0.1983)^{\mathrm{T}}$，最终的群组集成评价矩阵如表 6-23 所示。

表 6-23　群组集成评价信息 $R'$

|  | $A_1$ | $A_2$ | $A_3$ | $A_4$ | $A_5$ |
|---|---|---|---|---|---|
| $EC_1$ | {0.60\|0.44, 0.70\|0.56} | {0.54\|0.66, 0.64\|0.34} | {0.56\|0.62, 0.66\|0.38} | {0.47\|0.60, 0.58\|0.40} | {0.60\|0.46, 0.71\|0.54} |
| $EC_2$ | {0.56\|0.50, 0.66\|0.50} | {0.53\|0.50, 0.63\|0.50} | {0.60\|0.54, 0.71\|0.46} | {0.49\|0.58, 0.59\|0.42} | {0.65\|0.54, 0.75\|0.46} |

续表

|  | $A_1$ | $A_2$ | $A_3$ | $A_4$ | $A_5$ |
|---|---|---|---|---|---|
| $TE_1$ | {0.51\|0.52, 0.61\|0.48} | {0.61\|0.58, 0.71\|0.42} | {0.50\|0.58, 0.60\|0.42} | {0.57\|0.62, 0.67\|0.38} | {0.54\|0.54, 0.64\|0.46} |
| $TE_2$ | {0.59\|0.58, 0.69\|0.42} | {0.52\|0.44, 0.62\|0.56} | {0.59\|0.50, 0.69\|0.50} | {0.59\|0.54, 0.69\|0.46} | {0.64\|0.44, 0.74\|0.56} |
| $SO_1$ | {0.40\|0.52, 0.50\|0.48} | {0.68\|0.62, 0.78\|0.38} | {0.50\|0.62, 0.60\|0.38} | {0.59\|0.54, 0.69\|0.46} | {0.66\|0.52, 0.76\|0.48} |
| $SO_2$ | {0.54\|0.58, 0.64\|0.42} | {0.56\|0.66, 0.66\|0.34} | {0.65\|0.52, 0.75\|0.48} | {0.60\|0.58, 0.70\|0.42} | {0.67\|0.66, 0.77\|0.34} |
| $EN_1$ | {0.54\|0.62, 0.64\|0.38} | {0.46\|0.50, 0.56\|0.50} | {0.54\|0.72, 0.64\|0.28} | {0.50\|0.56, 0.60\|0.44} | {0.59\|0.66, 0.69\|0.34} |
| $EN_2$ | {0.62\|0.52, 0.72\|0.48} | {0.58\|0.62, 0.68\|0.38} | {0.58\|0.56, 0.68\|0.44} | {0.55\|0.52, 0.65\|0.48} | {0.59\|0.60, 0.69\|0.40} |

已知各指标的权重，利用式（6-12）中的 HPFNT-GWA 算子对各备选对象的概率犹豫模糊信任信息进行集成，结果如表 6-24 所示。

表 6-24 备选对象集成评价信息

|  | $A_1$ | $A_2$ | $A_3$ | $A_4$ | $A_5$ |
|---|---|---|---|---|---|
| 集成 | {0.54\|0.54, 0.65\|0.46} | {0.55\|0.57, 0.658\|0.43} | {0.56\|0.58, 0.67\|0.42} | {0.54\|0.57, 0.64\|0.43} | {61\|0.55, 0.71\|0.45} |

在集成评价信息的基础上，计算各成员的概率犹豫模糊信任函数的信任度，根据式（6-13）可得 $TD_{A_1}=0.5937$，$TD_{A_2}=0.6153$，$TD_{A_3}=0.6069$，$TD_{A_4}=0.5857$，$TD_{A_5}=0.6572$。

根据相应的排序规则，可得备选对象为 $A_5$，即太阳能是最优选择。

（三）比较分析

为解决可再生能源项目的选择问题，将社会网络关系首次引入该多指标评价问题中，并实现概率犹豫模糊与社会网络关系的第一次结合，提出了概率犹豫模糊信任网络评价模型。与目前主要的模糊社会网络方法相比，本节所提出的概率犹豫模糊信任网络具备以下优点。

第一，信任关系的表示上更具精准度。直觉模糊数、区间直觉模糊以及语义数是社会网络中常用的几种模糊数，但以上几种模糊数在信任关系的表达上均存在不足之处。直觉模糊数在社会网络中刻画信任关系虽然得到了广泛应用（Chen et al.，2020b；Zheng and Xu，2018），但是以点值的形式来表示的，表现形式单一，难以对信任关系进行全面的刻画。区间直觉模糊可以通过区间的形式对信任关系进行刻画，避免使用点值的形式，放宽了信息表达的形式限制，对于全面反映信任关系起到了很好的作用。但区间的形式使得其对信任关系强度的表示不精确，增加了信任关系强度的比较难度。此外，语义数凭借着对直观信任信息的转换可以对其进行直接地反映（Ren et al.，2019a；Wu et al.，2015），然而，语义数多以离散的形式出现，在简化信任信息收集的同时，使得节点间信任信息的传递关系与实际情况相差较大。与目前主要社会网络关系中主要的模糊数相比，本节所利用的概率犹豫模糊数可以通过多个连续的数字而非语义词、区间数值，对评价者的评价信息进行描述，这一特性使得概率犹豫模糊数能够让社会网络成员更真实、更贴切地反映自身信任信息，从而更细致地描述社会网络下各评价者之间的信任关系，可以将信任关系更好地进行量化表示。

第二，信任关系的传递更加明确。目前三角模（t-norm，T）和三角余模（t-conorm，S）在构建信任传递算子、集成算子时是比较适用的，在社会网络分析中的多种不同模糊环境下得到了推广与应用（Zheng and Xu，2018；Liang et al.，2021）。然而，现有研究多数通过将三角模和三角余模理论引入或改进的方式来构建信任间接传递算子。在性质上虽适用于构建信任传递算子，但二者的思路和计算方法使得"信任传递"这一人类复杂行为过于简化和统一，并且由此得出的信任传递关系呈现出线性变化的特点，这与信任关系的真实传递情况有所区别。并且在某些信任关系的表现形式之下，如区间直觉模糊数、语义数等中，这种计算更容易与实际情况发生偏差。本节基于概率犹豫模糊信任网络所构建的信任间接传递算子，并没有借助以往常用的三角模和三角余模理论，直接从信任关系自身入手，引入概率论中"条件概率"的思想，对信任传递算子进行构建，这保证了信任传递过程中信任衰减的性质，并且这一算子更符合实际中人们处理间接信任的情形。因此，在概率犹豫模糊信任网络下能够更深刻地反映信任传递的过程。

（四）小结

气候异常、环境恶化、温室效应加剧等一系列严峻的挑战正在威胁着地球生态，生态保护不得不被世界各国所重视。可再生能源作为污染物低排放甚至零排放的能源，正在逐渐成为未来世界各国能源开发建设的重点方向。做好可再生能源项目的选择，对于地区生态环境改善具有深刻且长远的意义。本节构建了基于概率犹豫模糊信任网络的可再生能源多指标群组评价模型，为可再生能源项目的选择提供了全新的方法。该模型首先将社会网络引入可再生能源项目的选择过程中，解决了以往方法中忽视评价者之间关系的不足，提高了群组评价效率并进一步优化了可再生能源项目的评价效果。同时，该模型中首次将概率犹豫模糊与社会网络相结合，提出了一种新的社会网络信任关系。进一步，本节对该社会网络信任关系的传递做了进一步创新和探讨，为丰富和发展社会网络理论，更好地解决实际评价问题提供了新的工具。为验证所提出的模型，该模型被用于中国浙江省的可再生能源项目选择中,经比较分析,该模型具有信任关系表述更精准、信任传递更客观的特点。

　　社会网络群组评价正在被越来越多地运用于综合评价和评价问题。本节所提出的概率犹豫模糊信任网络作为一种新的社会网络表现形式,具备一定的优点,因此可用于解决供应商选择、人事安排等其他多种评价问题,但这一新形式仍有需要改进和调整之处。本节在共识调整过程中,针对不愿修改意见的成员采取降低权重的方式,但这样对于部分成员的评价信息,尤其是权威学者,可能存在误解的情况,因此,下一步仍可以对这一调整机制进行探索。

# 第七章　混合情形下的模糊综合评价方法及应用

如前所述，因评价问题的复杂性、评价对象的模糊性，评价者难以给出准确的信息。从实际角度看，不同评价者还存在表达偏好的问题。比如，部分评价者偏好用直觉模糊数表达评价信息，也有部分评价偏好用概率犹豫模糊数表达。因此，本章将考虑评价者不同表达偏好下的评价方法问题，即考虑混合情形下的模糊数集成与评价问题。

## 第一节　混合情形下基于 MULTIMOORA 的评价方法及应用

推动可持续能源的发展是促进当代经济发展的重要举措（Hu et al.，2018；Sony and Mekoth，2018；Wang and Wu，2017；Song et al.，2018a，2018b；He et al.，2018；Wang et al.，2018；Chen et al.，2018；Song and Wang，2018），推广智能电网技术对于推动可持续能源的发展具有重要意义。在智能电网的构成中，储能技术十分关键。在储能技术评价中，不同指标存在一定的冲突，且储能技术的选择是一个多指标群组评价问题。目前，Barin 等（2011）、Raza 等（2014）及 Ren（2018）介绍了一些选择储能技术的研究，但这些研究所考虑的储能技术种类与指标数量均较少。本节在直觉模糊环境下提出一种 MULTIMOORA-IFN 方法，该方法能根据不同技术在经济、社会和环境等三方面的表现来识别最优储能技术。

### 一、基于 MULTIMOORA-IFN2 的模糊评价方法

（一）混合信息转化与融合

在多指标评价过程中，需要对无法用实数表示的不确定数据进行转化。本节研究了不同种类的数据（混合数据）向直觉模糊数的转化方式。

设有一个 $m \times n$ 的矩阵 $A$，其包含由初始决策数据 $a_{ij}(i=1,2,\cdots,m; j=1,2,\cdots,n)$

组成的混合信息。通过数据转化，旨在构建直觉模糊决策矩阵 $\tilde{A} = (\alpha_{ij})_{m \times n} = (\mu_{ij}, \upsilon_{ij}, \pi_{ij})$。

1. 区间数

区间数可以用某个评价变量预期值的下限和上限来表示。对于某一备选方案 $i$ 和某一指标 $j$，区间评分表示为 $a_{ij} = \left(a_{ij}^{\mathrm{L}}, a_{ij}^{\mathrm{U}}\right)$。初始值按如下公式归一化：

$$a_{ij}^* = \left(\bar{a}_{ij}^{\mathrm{L}}, \bar{a}_{ij}^{\mathrm{U}}\right) \tag{7-1}$$

其中，$\bar{a}_{ij}^{\mathrm{L}} = \dfrac{a_{ij}^{\mathrm{L}}}{\sqrt{\sum\limits_{i=1}^{m}\left(\left(a_{ij}^{\mathrm{L}}\right)^2 + \left(a_{ij}^{\mathrm{U}}\right)^2\right)}}$ 为评价值的下限，$\bar{a}_{ij}^{\mathrm{U}} = \dfrac{a_{ij}^{\mathrm{L}}}{\sqrt{\sum\limits_{i=1}^{m}\left(\left(a_{ij}^{\mathrm{L}}\right)^2 + \left(a_{ij}^{\mathrm{U}}\right)^2\right)}}$ 为评价值的上限。

然后，用归一化后的数值来构建相应的直觉模糊数。基于归一化数值的平均值和分布情况，根据 Guo（2013）所得的直觉模糊数定义为

$$a_{ij} = \left(\mu_{ij}, \upsilon_{ij}, \pi_{ij}\right) \tag{7-2}$$

其中，$\mu_{ij} = \bar{a}_{ij}^{\mathrm{L}}, \upsilon_{ij} = 1 - \bar{a}_{ij}^{\mathrm{U}}, \pi_{ij} = \bar{a}_{ij}^{\mathrm{U}} - \bar{a}_{ij}^{\mathrm{L}}$ $(i = 1, 2, \cdots, m; j = 1, 2, \cdots, n)$。

因此，区间数的平均值（或预期值）的增大会增加对应的直觉模糊数的隶属度。同时，区间数分布范围的缩小则能降低犹豫度。如果某个备选方案的信息可以用实数来表示，根据上述公式进行类似的操作，可将区间数转化为实数。

2. 实数

只有当所有备选方案的信息都可以用实数来描述时，实数才适用于多准则评价过程。在这种情况下首先要对数据进行向量归一化，归一化的公式如下：

$$a_{ij}^* = \dfrac{a_{ij}}{\sqrt{\sum\limits_{i=1}^{m} a_{ij}^2}} \tag{7-3}$$

其中，$a_{ij}$ 为初始决策值。实数向直觉模糊数转换的计算方式如下：

$$a_{ij} = \left(\mu_{ij}, \upsilon_{ij}, \pi_{ij}\right) \tag{7-4}$$

其中，$\mu_{ij} = a_{ij}^*, \upsilon_{ij} = 1 - a_{ij}^*, \pi_{ij} = 0$ $(i = 1, 2, \cdots, m; j = 1, 2, \cdots, n)$。

3. 语义数

如果备选方法的信息只能用语义数来描述（如低、高等），则需要将其转换成

相对应的直觉模糊数。根据 Guo（2013）的研究，表 7-1 列出了一组语义数及其与直觉模糊数的转换方式。从表中可以看出，接近"中等"的语义数转换后的犹豫度相对更高，靠近两个极端的犹豫度则更低。

表 7-1 直觉模糊多准则评价中的语义数

| 语义数 | 直觉模糊数 |
| --- | --- |
| 很高，很长 | （0.90，0.10，0.00） |
| 高，长 | （0.75，0.20，0.05） |
| 中等 | （0.50，0.45，0.05） |
| 低，短 | （0.35，0.60，0.05） |
| 很低，很短 | （0.10，0.90，0.00） |

4. 直觉模糊数

资深的评价者可以直接用直觉模糊数来表达其态度，由此直接构建直觉模糊数评价矩阵。此外，一组评价者提供的评分可以汇总如下：IFN(0.1,0.7,0.2)，这表示在评价某个备选方案时，1 位专家赞成，7 位专家反对，2 位专家弃权。

根据以上方法能够构建一个直觉模糊数评价矩阵 $\tilde{A} = (\alpha_{ij})_{m \times n} = (\mu_{ij}, v_{ij}, \pi_{ij})$。矩阵中的每个元素都是直觉模糊数。因为其中部分指标是效益指标，部分为成本指标，需要对其进一步处理。将指标集分为效益指标 $B \in j$ 和成本指标 $C \in j$ 两个子集。效益指标不需要任何转换，但成本指标应该进行逆变换。对任一个直觉模糊数 $\alpha = (\mu_\alpha, v_\alpha)$，其逆变换的具体方式如下：

$$\text{neg}(\alpha) = (v_\alpha, \mu_\alpha) \tag{7-5}$$

因此，可根据以下公式建立修正后的直觉模糊评价矩阵 $\tilde{\tilde{A}} = (\beta_{ij})_{m \times n} = (\tilde{\mu}_{ij}, \tilde{v}_{ij}, \tilde{\pi}_{ij})$：

$$\beta_{ij} = \begin{cases} \alpha_{ij}, & j \in B \\ \text{neg}(\alpha_{ij}), & j \in C \end{cases} \tag{7-6}$$

于是，修正后的直觉模糊评价矩阵包含了效益指标。通过运用多准则评价方法 MULTIMOORA-IFN，可以进一步集成上述矩阵中的数据。

（二）基于 MULTIMOORA-IFN2 的综合评价方法

为了对涉及多个指标的备选方案进行排序，需要对评价信息进行集成。目前存在多种方法能够对备选方案进行排序。本节采用 MULTIMOORA 方法（Brauers and Zavadskas，2006，2010），该方法的优势在于它包括加法效用函数（比率系统）、参照点法和乘法效用函数（全乘法形式）。事实上，参照点方法代表非补偿性集成，MULTIMOORA 方法的其他部分则代表补偿性集成。本节根据 Opricovic 和 Tzeng（2004）的研究，为 MULTIMOORA 的三个部分设计了集成原则。本节基于 Baležentis 等（2014）提出的 MULTIMOORA-IFN2 的原理，并做了改进（效用函数集成）。

MULTIMOORA-IFN2 方法的步骤如下。

第一步，构建具有 $m$ 个备选方案，$n$ 个指标的评价矩阵。根据 4.2 节的信息集成方法，可直接构建关于 $\beta_{ij}$ 的修正直觉模糊决策矩阵。这些元素不需要进一步标准化，因为它们已经用直觉模糊数表示。设指标权重向量为 $w=(w_1,w_2,\cdots,w_n)$ 并且 $\sum_{i=1}^{n} w_i = 1$。

第二步，MULTIMOORA-IFN 的比率系统是基于加法效用函数的。因此直接可以使用 IFAWA 算子（Xu，2007），每个备选方案的直观模糊效用可根据以下公式计算：

$$U_i^{RS} = \text{IFAWA}(\beta_{ij} | j=1,2,\cdots,n;\omega)$$
$$= 1 - \left(\prod_{j=1}^{n}(1-\tilde{\mu}_i)^{\omega_i}, \prod_{j=1}^{n}\tilde{\upsilon}_i^{\omega_i}\right)$$
$$= (\mu_i^{RS}, \upsilon_i^{RS}), \quad i=1,2,\cdots,m \tag{7-7}$$

第三步，第二步中取得的直觉模糊效用可根据定义 2-2 的直觉模糊数得分函数去模糊化。

$$\hat{U}_i^{RS} = \mu_i^{RS} - \upsilon_i^{RS}, \quad i=1,2,\cdots,m \tag{7-8}$$

所得的实数效用值可根据以下公式标准化：

$$\bar{U}_i^{RS} = \frac{\hat{U}_i^{RS}}{\max_i \hat{U}_i^{RS}}, \quad i=1,2,\cdots,m \tag{7-9}$$

其中，$\bar{U}_i^{RS} \in [0,1]$，其值等于 1 时代表最大相对效用。

第四步，参照点方法的步骤是：①确定参考点；②计算每个备选方案的切比雪夫距离。若使用了经验参照点 $R=(r_1,r_2,\cdots,r_n)=((\mu_1',\upsilon_1'),(\mu_2',\upsilon_2'),\cdots,(\mu_n',\upsilon_n'))$，则其坐标定义如下：

$$r_j = (\mu_j',\upsilon_j'), \mu_j' = \max_i \tilde{\mu}_{ij}, \upsilon_j' = \min_i \tilde{\upsilon}_{ij}, \quad j=1,2,\cdots,n \tag{7-10}$$

在使用理论参考点的情况下，具有最大隶属度的理想情况决定了参考点 $R=(r_1,r_2,\cdots,r_n)=((1,0),(1,0),\cdots,(1,0))$。

距离矩阵 $D=(d_{ij})_{m\times n}$ 根据以下元素建立：

$$d_{ij} = d(w_j\beta_{ij}, w_j r_j), \quad i=1,2,\cdots,m; j=1,2,\cdots,n \tag{7-11}$$

其中，$d(\cdot)$ 为汉明距离 [见式（2-3）]；$r_j$ 为参照点向量的一个元素。根据切比雪夫距离的原理，确定每个备选方案与参照点的最大偏差（距离）：

$$U_i^{\text{RP}} = \max_j d_{ij}, \quad i = 1, 2, \cdots, m \tag{7-12}$$

该距离可被视为基于非补偿性方法的效用估计。其值越低则所代表的效用值越高。

第五步，在第四步得到的效用得分根据以下公式归一化：

$$\bar{U}_i^{\text{RP}} = \frac{\min_i U_i^{\text{RP}}}{U_i^{\text{RP}}}, \quad i = 1, 2, \cdots, m \tag{7-13}$$

其中，$\bar{U}_i^{\text{RP}} \in [0,1]$，其值等于 1 则代表最大相对效用值。

第六步，全乘法形式能够在乘法效用函数的基础上计算所考虑的备选方案的效用值。在这种情况下，可以采用 IFGWA 算子（Xu and Yager，2006）。由此产生的每个备选方案的直觉模糊效用可计算如下：

$$\begin{aligned} U_i^{\text{MF}} &= \text{IFGWA}\left(\beta_{ij} \mid j = 1, 2, \cdots, n; \omega\right) \\ &= \left(\prod_{j=1}^{n} \tilde{\mu}_i^{\omega_i}, 1 - \prod_{j=1}^{n}(1 - \tilde{\upsilon}_i)^{\omega_i}\right) \\ &= \left(\mu_i^{\text{MF}}, \upsilon_i^{\text{MF}}\right), \quad i = 1, 2, \cdots, m \end{aligned} \tag{7-14}$$

其中，$U_i^{\text{MF}} (i = 1, 2, \cdots, m)$ 是直觉模糊数。

第七步，运用定义 2-2 的得分函数，对第六步得到的直觉模糊效用去模糊化。

$$\hat{U}_i^{\text{MF}} = \mu_i^{\text{MF}} - \upsilon_i^{\text{MF}}, \quad i = 1, 2, \cdots, m \tag{7-15}$$

由此得到的实数效用根据以下公式标准化：

$$\bar{U}_i^{\text{MF}} = \frac{\hat{U}_i^{\text{MF}}}{\max_i \hat{U}_i^{\text{MF}}}, \quad i = 1, 2, \cdots, m \tag{7-16}$$

若所有的实数效用得分 $\bar{U}_i^{\text{MF}}$ 均为负值，式（7-16）可替换为以下公式：

$$\bar{U}_i^{\text{MF}} = \frac{\min_i \hat{U}_i^{\text{MF}}}{\hat{U}_i^{\text{MF}}}, \quad i = 1, 2, \cdots, m \tag{7-17}$$

其中，$\bar{U}_i^{\text{MF}} \in [0,1]$，其值等于 1 则代表最大相对效用值。

第八步，从第三、第五、第七步得到的标准化后的相对效用得分可根据以下公式汇总为总效用得分：

$$U_i = \delta_1 \bar{U}_i^{\text{RS}} + \delta_2 \bar{U}_i^{\text{RP}} + \delta_3 \bar{U}_i^{\text{MF}}, \quad i = 1, 2, \cdots, m \tag{7-18}$$

其中，$\delta_1$、$\delta_2$、$\delta_3$ 分别为由比率法、参照点法和全乘法形式得出的相对效用的重要性系数，且 $\sum_{k=1}^{3}\delta_k=1$。总效用得分的数值越大，说明方案越可取。

## 二、能源存储技术及评价指标体系的构建

### （一）能源存储技术的选择

目前，不同储能技术的成熟度有所不同。比如，抽水蓄能方面已经有非常成熟的技术，电池和飞轮作为电力系统规划的工具近年来才出现，技术方面尚不成熟。另外，还有许多储能技术仍在开发之中，并在小范围内进行应用。由于应用规模的不同，不同技术的应用情况可能会有所不同。以热储能为例，其早已能够小规模应用，但若涉及长期供应的大规模应用情形，其技术水平仍然不足[①]。本节需要确定用于多指标分析的储能技术。

储能技术可分两类。第一类包括能够在一定时间内储存能量的技术。第二类技术的重点是即时提供电力。从技术上讲，可以用功率容量（以 MW 为单位）和存储容量（以 MW·h 为单位）来描述技术性能。比如，对于短期（或长期）应用，功率容量比存储容量更重要（或功率容量不如存储容量重要）。以下是储能技术的主要类别。

1. 热储能

热储能依赖于所使用的热敏材料，其可以感应过程中（工业过程）产生的热（或冷）量。不同的热储能技术储能时间有所不同（Kousksou et al.，2014），储存热量的材料可以是液体也可以是固体。在固体介质中，熔融盐是普遍的选择，全球的功率容量约为 170MW（SBC Energy Institute，2013）。热储能不仅可以用于住宅和商业建筑，还可以与太阳能资源进行整合（Kousksou et al.，2014）。

2. 电化学储能（传统电池、高级电池和流动电池）

电化学储能装置通过化学反应储存和分配能量，这些反应在电池中发生。电化学储能装置中可使用不同类型的金属，其中铅酸电池和镍基电池是市场上两种主要类型。在这类电池中，不同产品在能源密度、寿命周期和成本等方面存在一定的差异。电化学储能装置的主要类型包括镍氢（Ni-MH）电池、镍镉（Ni-Cd）电池、铅酸电池、锂离子（Li-ion）电池、钠硫（NaS）电池、钠-氯化镍（Na-NiCl）电池、钒氧化还原（VRB）电池和锌溴（ZnBr）电池（SBC Energy Institute，2013；International Energy Agency，2014a，2014b）。

---

① 资料来源：http://hid-europe.de/energy_storage/。

### 3. 化学储能（氢、合成天然气）

化学储能装置依赖于水被分解成氢气和氧气的化学反应。通过将氢气转化为甲烷（甲烷化），可以促进能源生产，这一过程也称为"电转气"技术（SBC Energy Institute，2013）。

### 4. 电储能（电容器、超导磁储能）

电储能装置可以分为超导磁储能和电容器。超导磁储能依赖于超导导线线圈内感应的磁场，电容器将能量储存在由电介质绝缘的两个电极之间的电场中。还有一种称为超级电容器的电容器，类似于电化学储能装置，其主要依赖电解液。电力存储设备具有运行快的特性，但通常它们相对比较昂贵（SBC Energy Institute，2013；Sandia，2013）。

### 5. 机械储能（压缩空气、飞轮、抽水蓄能）

机械储能技术依赖于压缩空气储能、液体空气或氮气（低温储能）、抽水蓄能或动能（飞轮），并利用涡轮机来发电（International Energy Agency，2014a；Sandia，2013；EASE/EERA，2013）。压缩空气和抽水蓄能装置能够长期储存。飞轮有低响应时间的特性，并且可以安装在集群中，这使得存储设施可以达到几十兆瓦。水电储能依靠抽水，全球功率容量为127GW（International Energy Agency，2014a），这表明其普及性非常高。

## （二）评价指标体系

前面讨论了不同类型的储能技术，本节重点讨论评价储能系统在可持续性和能源安全方面表现情况的指标体系。首先，本节提出了评价指标体系，然后将其应用于选定的储能系统，这就产生了一个多指标群组评价问题的评价矩阵。

由于储能技术应有助于提高能源的可持续性，欧盟能源政策中的重点考虑事项可以作为构建指标体系的基础。欧盟能源政策的重点包括供应安全、竞争力、能源可负担性和环境可持续性。根据这一指导方针，建立了评价储能技术的三组指标：可达性、经济性和环境友好性（Wimmler et al.，2015）。可达性可以评估技术的可靠性和确保能源供应安全的能力；经济性考虑了与储能技术安装相关的成本以及其对能源价格的影响，这在一定程度上反映了储能技术的竞争力和可负担性问题；环境友好性考虑了技术的可持续性问题。虽然没有在社会层面设立单独的指标，但从社会角度来看，可负担性是最重要的。因此，在该指标体系中，储能技术可持续性的社会维度被经济指标所涵盖。

储能技术评估中的可达性指标如下。

（1）容量规模，其单位是 MW，衡量了装置的容量。该值往往越大越好，因为更高的容量在精简能源供应方面提供了更多的灵活性。

（2）能源规模，是指以小时为单位的放电时间。放电时间越长越好，因为这样可以更好地缓解能源短缺问题。

（3）响应时间，是指激活装置所需的时间。该变量是以语义数来衡量的。面对能源需求冲击时，反应越快越好，所以其数值越低越好。

（4）能源密度，衡量单位物理尺寸的装置所含的能量。以 W·h/kg 为单位，其密度越高越好。

（5）自放电时间，表示在一段时期内，若不使用该装置而损失的电力份额。这个指标是以每天的百分比来衡量的，其数值越低越好。

（6）往返效率，是指装置所能提供的能量与前次充电时消耗的能量之比。这个标准是以百分比来衡量的，其数值越高越好。

（7）寿命周期，是指装置可以运行的时间。它是以年为单位衡量的，数值越高，说明装置的耐久性越强。

（8）操作（充电和放电）周期数，代表了装置的耐久性。循环周期数越多越好。

经济性包括与容量（功率容量）和能源供应量相关的两类成本。这些成本可能因装置的特性而不同，例如，面向短期储存的技术和面向长期储存的技术在该方面成本差距较大。经济性所考虑的两个指标如下。

（1）功率成本，以 Eur/kW 计算，代表了一般的安装成本，成本越低越好。

（2）能源成本，以 Eur/（k·Wh）计算，代表能源供应的成本，数值越低越好。

环境友好性仅包括一个指标，即环境影响度，分为五个等级（从无影响到影响非常高），环境影响度越小越好。

以上评估指标具有以下几方面的特性：第一，不同指标的测量单位有所不同。第二，有的指标越接近最大值越好，也有的指标越接近最小值越好，因此指标的优化方向不同。第三，有些指标是用具有不确定性的语义数来评估的（如环境影响度）。因此，为了解决基于能源可持续性目标的储能技术选择问题，需要使用模糊多指标评价方法。表 7-1 定义了语义数转换为模糊数的方式。

观察附表 A-4 可以发现，不同技术的评价水平和范围都有所不同。例如，像抽水蓄能和压缩空气储能这样的技术旨在大规模应用，其功率容量值均超过 100MW。然而，抽水蓄能技术可以扩展到更高的程度，其功率容量的上界比压缩空气储能技术的相应值大 16 倍左右。某种技术在某一指标下的区间值可能被另一种技术的区间值所包括。例如，抽水蓄能的能源成本在 50～150Eur/（k·Wh），而钠-氯化镍（Na-NiCl）的能源成本在 70～150Eur/（k·Wh）。以上例子说明了应用模糊理论处理储能技术选择问题的必要性。

## 三、应用举例

本节应用 MULTIMOORA-IFN2 方法根据所构建的指标对储能技术进行排序。首先，本节应用了多重权向量的 MULTIMOORA-IFN2 方法，以分析结果对所考虑指标权重变化的敏感性。其次，将 MULTIMOORA-IFN2 与 VIKOR、TOPSIS（传统和改进的方法）进行比较分析。

### （一）基于 MULTIMOORA-IFN2 方法的评价结果

首先对附表 A-4 给出的初始数据按照 4.2 节所述的数据集成原则进行转换，将所有数据都转化为直觉模糊数，然后对与成本指标有关的数据进一步进行逆变换运算。所得到的直觉模糊评价矩阵如附表 A-5 所示。

根据潜力的评价体系，评价指标被分为三组（储能技术的可达性、经济性和环境友好性）。为了检验结果对权重向量变化的稳健性，采用了几种不同的权重设置方法。权重的变化表明评价者看待问题的优先级可能存在的差异。表 7-2 列出了所应用的四种权重向量（表中计算结果保留两位小数）。第一组采用平均法构造权重，即三个维度的指标所占权重相等。其他三组（分别为重技术法、重经济法、重环境法）分别赋予可达性、经济性或环境友好性等 0.5 的权重，另外两个对应的维度的权重则为 0.25。在细分指标内，各个指标均相等。为了使所得权重值更精确，除了平均分配，还可以采用内部专家打分法来确定权重。

表 7-2  多准则分析中使用的加权方案

| 指标 | 平均法 | 重技术法 | 重经济法 | 重环境法 |
| --- | --- | --- | --- | --- |
| **可达性维度** | **0.33** | **0.50** | **0.25** | **0.25** |
| 容量规模/MW | 0.04 | 0.06 | 0.03 | 0.03 |
| 能源规模（放电时间）/h | 0.04 | 0.06 | 0.03 | 0.03 |
| 响应时间 | 0.04 | 0.06 | 0.03 | 0.03 |
| 能源密度/（W·h/kg） | 0.04 | 0.06 | 0.03 | 0.03 |
| 存储或自放电时间/(%/天) | 0.04 | 0.06 | 0.03 | 0.03 |
| 往返效率/% | 0.04 | 0.06 | 0.03 | 0.03 |
| 寿命周期/a | 0.04 | 0.06 | 0.03 | 0.03 |
| 操作周期数 | 0.04 | 0.06 | 0.03 | 0.03 |
| **经济性维度** | **0.33** | **0.25** | **0.50** | **0.25** |
| 功率成本/（Eur/kW） | 0.17 | 0.13 | 0.25 | 0.13 |
| 能源成本/[Eur/（k·Wh）] | 0.17 | 0.13 | 0.25 | 0.13 |
| **环境友好性维度** | **0.33** | **0.25** | **0.25** | **0.50** |
| 环境影响度 | 0.33 | 0.25 | 0.25 | 0.50 |

不同权重下的储能技术排名结果如表 7-3 所示（表中计算结果保留两位小数）。在这三种方法中，表现最好的储能技术保持不变，熔融盐、钠-氯化镍和锌溴是目前最顶尖的三种技术。然而，除了重技术法（在该情况下它的排名是第 2），镍镉在其他方法中均排第 4。这表明镍镉在可达性方面优于钠-氯化镍，尽管钠-氯化镍在部分方法下是第 2 甚至是最受欢迎的技术（在平均法和重经济法下均排第 2，在重环境法下则排名第 1）。

表 7-3  不同加权方案下的储能技术排名

| 技术类别 | 效用得分 | | | | 排名 | | | | 排名差 |
| --- | --- | --- | --- | --- | --- | --- | --- | --- | --- |
| | 平均法 | 重技术法 | 重经济法 | 重环境法 | 平均法 | 重技术法 | 重经济法 | 重环境法 | |
| 氢 | 0.73 | 0.87 | 0.71 | 0.56 | 6 | 6 | 5 | 9 | 4 |
| 抽水蓄能 | 0.68 | 0.88 | 0.63 | 0.50 | 9 | 5 | 9 | 11 | 6 |
| 压缩空气 | 0.70 | 0.88 | 0.67 | 0.52 | 8 | 4 | 7 | 10 | 6 |
| 飞轮 | 0.76 | 0.73 | 0.68 | 0.83 | 5 | 10 | 6 | 5 | 5 |
| 超导磁储能 | 0.43 | 0.51 | 0.39 | 0.30 | 14 | 14 | 14 | 14 | 0 |
| 超级电容器 | 0.64 | 0.69 | 0.56 | 0.61 | 11 | 11 | 11 | 8 | 3 |
| 铅酸 | 0.62 | 0.76 | 0.60 | 0.44 | 12 | 9 | 10 | 12 | 3 |
| 镍镉 | 0.83 | 0.93 | 0.72 | 0.86 | 4 | 2 | 4 | 4 | 2 |
| 锂离子 | 0.65 | 0.77 | 0.55 | 0.63 | 10 | 8 | 12 | 7 | 5 |
| 钠硫 | 0.70 | 0.68 | 0.66 | 0.70 | 7 | 12 | 8 | 6 | 6 |
| 钠-氯化镍 | 0.85 | 0.84 | 0.83 | 0.91 | 2 | 7 | 2 | 1 | 6 |
| 钒氧化还原 | 0.51 | 0.64 | 0.49 | 0.34 | 13 | 13 | 13 | 13 | 0 |
| 锌溴 | 0.85 | 0.89 | 0.74 | 0.89 | 3 | 3 | 3 | 2 | 1 |
| 熔融盐 | 0.97 | 0.96 | 0.99 | 0.87 | 1 | 1 | 1 | 3 | 2 |

注：排名差是指每个备选方案的最高和最低排名之间的差值

由于侧重点的变化（即不同权重向量），不同储能技术的排名变化非常大。例如，飞轮在平均法中排名第 5，但在重技术法中排名第 10。相反，抽水蓄能和压缩空气储能在重技术法中排名较为靠前，但在重环境法下表现比较差。因此，指标重要程度的变化更有可能影响中等表现的技术的排名。

排名最靠后的技术是钒氧化还原和超导磁储能，这些技术分别排在第 13 位和第 14 位，而且其排名与所采取的方法无关。在不同权重向量下，铅酸技术的排名有所不同：其在重环境法下的表现要比重技术法的差。在重经济法下，锂离子技术是最差的技术之一，但在其余方法下，其表现要好一些。

（二）不同方法的比较

为了检验本节提出的 MULTIMOORA-IFN2 的稳健性，与直觉模糊 TOPSIS

（表中记为 TOPSIS[1]）（Boran et al., 2009）、带有补充负理想解的直觉模糊 TOPSIS（表中记为 TOPSIS[2]）（Yue, 2014）和直觉模糊 VIKOR（Büyüközkan et al., 2019）方法进行了比较。不失一般性，在比较分析中所用的权重相等。

表 7-4 描述了不同方法下的结果。不难发现，四种方法所得的结果相似，但在效用得分数值上差别较大（此表中为体现得分差距，计算结果保留四位小数）。

表 7-4 比较分析的结果（平均法）

| 技术类别 | MULTIMOORA-IFN2 | | TOPSIS[1] | | TOPSIS[2] | | VIKOR | |
|---|---|---|---|---|---|---|---|---|
| | 效用得分 | 排名 | 效用得分 | 排名 | 效用得分 | 排名 | 效用得分 | 排名 |
| 氢 | 0.7306 | 6 | 0.4963 | 5 | 0.8321 | 5 | 0.3807 | 7 |
| 抽水蓄能 | 0.6826 | 9 | 0.4862 | 7 | 0.8226 | 7 | 0.5933 | 12 |
| 压缩空气 | 0.7017 | 8 | 0.4880 | 6 | 0.8289 | 6 | 0.5740 | 10 |
| 飞轮 | 0.7607 | 5 | 0.4535 | 8 | 0.8107 | 10 | 0.5708 | 9 |
| 超导磁储能 | 0.4291 | 14 | 0.2681 | 14 | 0.7628 | 14 | 1.0000 | 14 |
| 超级电容器 | 0.6423 | 11 | 0.3980 | 10 | 0.8066 | 11 | 0.4218 | 8 |
| 铅酸 | 0.6164 | 12 | 0.4124 | 9 | 0.8135 | 8 | 0.5832 | 11 |
| 镍镉 | 0.8276 | 4 | 0.5272 | 3 | 0.8480 | 3 | 0.0596 | 3 |
| 锂离子 | 0.6537 | 10 | 0.3741 | 11 | 0.8120 | 9 | 0.1679 | 5 |
| 钠硫 | 0.7038 | 7 | 0.3553 | 12 | 0.8063 | 12 | 0.2310 | 6 |
| 钠-氯化镍 | 0.8517 | 2 | 0.5730 | 1 | 0.8562 | 2 | 0.1493 | 4 |
| 钒氧化还原 | 0.5082 | 13 | 0.3336 | 13 | 0.7814 | 13 | 0.7053 | 13 |
| 锌溴 | 0.8469 | 3 | 0.5191 | 4 | 0.8462 | 4 | 0.0267 | 2 |
| 熔融盐 | 0.9732 | 1 | 0.5440 | 2 | 0.8574 | 1 | 0.0000 | 1 |

在比较分析的四种方法中，除了 TOPSIS[1] 外的其他三种方法所得结果均为熔融盐是最优技术。在这方面，MULTIMOORA-IFN2 得出的结论与同时考虑正负理想解的两种方法（即带有补充负理想解的 TOPSIS 和 VIKOR）相同，尽管 MULTIMOORA-IFN2 实际上只考虑了正理想解。

对排名的进一步分析揭示了不同多准则评价方法间更多的差异。例如，在 MULTIMOORA-IFN2 和 TOPSIS[2] 中，钠-氯化镍被认为是第二好的选择，但其他两种方法对这技术的排名是第 1 和第 4。此外，MULTIMOORA-IFN2 认为锌溴是第三好的选择，而基于 TOPSIS 的两种方法的建议排名为第 4，VIKOR 认为它是第二好的技术。根据四种多指标评价方法，钒氧化还原和超导磁储能的排名最低（排名为第 13 和第 14）。其他排名靠后的技术在不同的 MCDM 方法中的排名也有所不同。

表 7-5 展示了不同多准则评价方法所产生的效用得分和排名的相关性（表中

计算结果保留两位小数）。在效用得分方面，MULTIMOORA-IFN2 与 VIKOR 法之间的相关系数最小，为–0.85。MULTIMOORA-IFN2 与 TOPSIS[1] 法之间的相关系数为 0.89。MULTIMOORA-IFN2 与 TOPSIS[2] 法之间的相关系数最高，为 0.94。在排名方面，MULTIMOORA-IFN2 与其他三种方法的相关系数都很接近，处于 0.84~0.87。这些结果表明与 TOPSIS 和 VIKOR 方法相比，MULTIMOORA-IFN2 得到的结果总体上更稳健，但仍有一定的差异。

表 7-5　不同的评价方法所呈现的效用得分和排名的相关性（平均法）

| | | MULTIMOORA-IFN2 | TOPSIS[1] | TOPSIS[2] | VIKOR |
|---|---|---|---|---|---|
| 效用得分 | MULTIMOORA-IFN2 | 1 | | | |
| | TOPSIS[1] | 0.89 | 1 | | |
| | TOPSIS[2] | 0.94 | 0.96 | 1 | |
| | VIKOR | –0.85 | –0.66 | –0.82 | 1 |
| 排名 | MULTIMOORA-IFN2 | 1 | | | |
| | TOPSIS[1] | 0.87 | 1 | | |
| | TOPSIS[2] | 0.83 | 0.97 | 1 | |
| | VIKOR | 0.84 | 0.69 | 0.73 | 1 |

注：除 VIKOR 外，所有方法的效用得分越高越好。

然后，对表 7-2 的不同加权方案进行敏感性分析，比较分析结果见表 7-6~表 7-8（为体现方法之间的差距，表中计算结果保留四位小数），效用得分与排名情况的相关性分析结果见附表 A-6~附表 A-8。

表 7-6　比较分析的结果（重技术法）

| 技术类别 | MULTIMOORA-IFN2 | | TOPSIS[1] | | TOPSIS[2] | | VIKOR | |
|---|---|---|---|---|---|---|---|---|
| | 效用得分 | 排名 | 效用得分 | 排名 | 效用得分 | 排名 | 效用得分 | 排名 |
| 氢 | 0.8688 | 6 | 0.4730 | 3 | 0.8181 | 4 | 0.1534 | 5 |
| 抽水蓄能 | 0.8811 | 5 | 0.5221 | 1 | 0.8279 | 1 | 0.2488 | 6 |
| 压缩空气 | 0.8814 | 4 | 0.4913 | 2 | 0.8220 | 3 | 0.2837 | 7 |
| 飞轮 | 0.7299 | 10 | 0.3678 | 10 | 0.7754 | 11 | 0.9441 | 14 |
| 超导磁储能 | 0.5140 | 14 | 0.2355 | 14 | 0.7507 | 14 | 0.8042 | 13 |
| 超级电容器 | 0.6936 | 11 | 0.3680 | 9 | 0.7859 | 10 | 0.4516 | 10 |
| 铅酸 | 0.7642 | 9 | 0.3890 | 8 | 0.7999 | 8 | 0.3030 | 8 |
| 镍镉 | 0.9323 | 2 | 0.4544 | 6 | 0.8167 | 5 | 0.0252 | 2 |
| 锂离子 | 0.7736 | 8 | 0.3571 | 11 | 0.7964 | 9 | 0.0671 | 4 |
| 钠硫 | 0.6771 | 12 | 0.2891 | 13 | 0.7748 | 12 | 0.5147 | 12 |
| 钠-氯化镍 | 0.8395 | 7 | 0.4625 | 4 | 0.8094 | 7 | 0.3853 | 9 |

续表

| 技术类别 | MULTIMOORA-IFN2 | | TOPSIS[1] | | TOPSIS[2] | | VIKOR | |
|---|---|---|---|---|---|---|---|---|
| | 效用得分 | 排名 | 效用得分 | 排名 | 效用得分 | 排名 | 效用得分 | 排名 |
| 钒氧化还原 | 0.6387 | 13 | 0.3503 | 12 | 0.7740 | 13 | 0.5034 | 11 |
| 锌溴 | 0.8880 | 3 | 0.4382 | 7 | 0.8133 | 6 | 0.0355 | 3 |
| 熔融盐 | 0.9596 | 1 | 0.4617 | 5 | 0.8231 | 2 | 0.0000 | 1 |

表 7-7 比较分析的结果（重经济法）

| 技术类别 | MULTIMOORA-IFN2 | | TOPSIS[1] | | TOPSIS[2] | | VIKOR | |
|---|---|---|---|---|---|---|---|---|
| | 效用得分 | 排名 | 效用得分 | 排名 | 效用得分 | 排名 | 效用得分 | 排名 |
| 氢 | 0.7078 | 5 | 0.5608 | 3 | 0.8897 | 4 | 0.1608 | 6 |
| 抽水蓄能 | 0.6306 | 9 | 0.5182 | 7 | 0.8401 | 8 | 0.2837 | 10 |
| 压缩空气 | 0.6721 | 7 | 0.5491 | 4 | 0.8582 | 6 | 0.2229 | 8 |
| 飞轮 | 0.6785 | 6 | 0.4655 | 9 | 0.8232 | 10 | 0.4753 | 13 |
| 超导磁储能 | 0.3927 | 14 | 0.3192 | 14 | 0.7805 | 14 | 1.0000 | 14 |
| 超级电容器 | 0.5629 | 11 | 0.4167 | 10 | 0.8182 | 12 | 0.4329 | 12 |
| 铅酸 | 0.6019 | 10 | 0.5016 | 8 | 0.8488 | 7 | 0.2256 | 9 |
| 镍镉 | 0.7159 | 4 | 0.5433 | 5 | 0.8625 | 3 | 0.0522 | 3 |
| 锂离子 | 0.5519 | 12 | 0.3773 | 12 | 0.8192 | 11 | 0.1800 | 7 |
| 钠硫 | 0.6574 | 8 | 0.4023 | 11 | 0.8278 | 9 | 0.1167 | 5 |
| 钠-氯化镍 | 0.8249 | 2 | 0.6403 | 1 | 0.8860 | 2 | 0.0528 | 4 |
| 钒氧化还原 | 0.4918 | 13 | 0.3573 | 13 | 0.8004 | 13 | 0.3576 | 11 |
| 锌溴 | 0.7359 | 3 | 0.5339 | 6 | 0.8595 | 5 | 0.0364 | 2 |
| 熔融盐 | 0.9911 | 1 | 0.6283 | 2 | 0.8880 | 1 | 0.0000 | 1 |

表 7-8 比较分析的结果（重环境法）

| 技术类别 | MULTIMOORA-IFN2 | | TOPSIS[1] | | TOPSIS[2] | | VIKOR | |
|---|---|---|---|---|---|---|---|---|
| | 效用得分 | 排名 | 效用得分 | 排名 | 效用得分 | 排名 | 效用得分 | 排名 |
| 氢 | 0.5608 | 9 | 0.4461 | 6 | 0.8231 | 9 | 0.5184 | 9 |
| 抽水蓄能 | 0.4960 | 11 | 0.4126 | 10 | 0.8061 | 11 | 0.8419 | 12 |
| 压缩空气 | 0.5157 | 10 | 0.4173 | 8 | 0.8116 | 10 | 0.8311 | 10 |
| 飞轮 | 0.8280 | 5 | 0.5301 | 5 | 0.8441 | 5 | 0.2663 | 8 |
| 超导磁储能 | 0.2955 | 14 | 0.2341 | 14 | 0.765 | 14 | 1.0000 | 14 |
| 超级电容器 | 0.6084 | 8 | 0.4274 | 7 | 0.8286 | 8 | 0.1910 | 7 |
| 铅酸 | 0.4439 | 12 | 0.3454 | 12 | 0.7993 | 12 | 0.8373 | 11 |
| 镍镉 | 0.8609 | 4 | 0.5973 | 2 | 0.8750 | 2 | 0.0235 | 3 |
| 锂离子 | 0.6282 | 7 | 0.4130 | 9 | 0.8335 | 6 | 0.0827 | 5 |
| 钠硫 | 0.6945 | 6 | 0.4002 | 11 | 0.8298 | 7 | 0.0881 | 6 |

续表

| 技术类别 | MULTIMOORA-IFN2 | | TOPSIS¹ | | TOPSIS² | | VIKOR | |
|---|---|---|---|---|---|---|---|---|
| | 效用得分 | 排名 | 效用得分 | 排名 | 效用得分 | 排名 | 效用得分 | 排名 |
| 钠-氯化镍 | 0.9072 | 1 | 0.6320 | 1 | 0.8828 | 1 | 0.0358 | 4 |
| 钒氧化还原 | 0.3360 | 13 | 0.2883 | 13 | 0.7786 | 13 | 0.8988 | 13 |
| 锌溴 | 0.8867 | 2 | 0.5940 | 3 | 0.8747 | 3 | 0.0038 | 1 |
| 熔融盐 | 0.8709 | 3 | 0.5498 | 4 | 0.8689 | 4 | 0.0051 | 2 |

可以看到，无论在不同的多准则评价方法中应用何种加权方案，熔融盐和锌溴储能技术都是表现最好的技术。如果与其他权重设置方法（附表 A-7 和附表 A-8）相比，重技术法（附表 A-6）所得的排名相关系数最小。对于重技术法，排名的相关系数在 0.57~0.93，重经济法和重环境法下的相应数值分别为 0.67~0.95 和 0.81~0.98。

# 第二节　混合情形下基于 WTrFNPMSM 的评价方法及应用

随着全球气候的变化，海洋灾害频繁发生。其中，风暴潮灾害产生的损失尤为严重，其造成的直接经济损失占所有海洋灾害直接经济损失的比例已达 95%以上，这使得选择、制订有效的减灾救援应急方案尤为重要。为了提升风暴潮海洋灾害防范和应对能力、减轻风暴潮灾害的损失，对风暴潮应急方案进行系统评估成为必不可少的环节，故本章将对该问题的综合评价方法开展讨论。

## 一、问题提出

根据世界气象组织 2021 年 4 月发布的《2020 年全球气候状况》报告，全球平均气温比工业化前的基线高出 1.2°C，海平面上升、海冰融化等环境问题的恶化，导致海洋等自然灾害频繁发生。《2020 年中国海洋灾害公报》显示，我国海洋灾害以风暴潮和海浪灾害为主，海冰、赤潮、绿潮等灾害也有不同程度的影响。其中，风暴潮灾害造成直接经济损失 8.10 亿元，占所有海洋灾害直接经济损失的 95%以上。为了提升风暴潮海洋灾害防范和应对能力、减轻风暴潮灾害的损失，选择和制订有效的减灾救援应急方案尤为重要。

由于风暴潮灾害具有爆发时间短、持续时间长和破坏程度大的特点以及经济损失、资源损耗与人员伤亡的社会影响，风暴潮灾害的应急方案在选择评价时考虑的影响因素较多，且在风暴潮应急救援行动的过程中充满了人员组织、资源调配以及天气变化的复杂性、模糊性和不确定性。所以专家在评估其应急方案时，需要综合考虑灾害的发生特点、应急行动的根本要求和主客观现实条件，建立多指标综合评价体系。在此基础上，需要进一步结合实际情况，快速地给出应急措施。

因此，本节将构建风暴潮应急方案的综合评价指标体系，并基于 TrFNPMSM 算子给出风暴潮应急方案的评估方法。

## 二、风暴潮应急方案的评价指标体系及权重

### （一）风暴潮应急方案的评价指标体系

风暴潮应急方案是针对当前发生风暴潮突发事件的现场情况所制订的直接、具体、有针对性的详细应对方案。其根本目的是提高应对风暴潮灾害的能力，最大限度地减少风暴潮灾害可能带来的人民群众生命和财产损失。基于此，专家制订的应急方案还需符合应急处置行动的安全性、有效性、可操作性和灵活性等特点，尽可能全面地满足应急处置现场的实际需求，同时确保能够较好地改善民众的负面情绪和缓解社会压力。

本节的指标体系则是基于上述应急方案制订的根本目的、处置行动的特点、现场的实际需求以及实施后的社会性结果等方面来构建的（薛元杰等，2015），最终融合形成了包含可行性、经济性和社会性三大维度、七个指标的风暴潮应急方案评价框架（张浩，2014；尹念红，2016；乔铭，2017）。具体的评价指标体系如表 7-9 所示。

表 7-9　风暴潮应急处置方案评价体系

| 一级指标 | 二级指标 | 解释 | 指标类型 |
| --- | --- | --- | --- |
| 可行性 | 时效性 | 方案实施后，在尽可能短的时限内，以尽可能小的代价达成减小风暴潮灾害的程度。专家根据此标准给出方案的评价信息，用语言数表示 | 效益型 |
| | 灵活性 | 方案实施后，面对风暴潮减灾过程中出现的复杂多变情况的灵活应变能力。专家根据方案的相似处置流程合并或调整等情况，给出各方案的评价信息，用语言数表示 | 效益型 |
| | 抗风险性 | 方案在实施过程中，应对工作人员和被困人员的生命安全受威胁时或可能频繁发生的次生危害和衍生灾害方面的防范保障能力。专家根据此标准目标给出方案的抗风险系数，用直觉模糊数表示 | 效益型 |
| 经济性 | 资源消耗程度 | 方案在实施过程中，所需要消耗的应急资源程度。考虑到优良的应急处置方案应当在保证突发事件应急处置效果的前提下，尽可能减少应急资源的消耗，专家据此目标估算各方案资源的消耗性，用三角模糊数表示 | 成本型 |
| | 资源匹配程度 | 在满足应急处置效果的前提下，方案的实施需要考虑应急资源的合理匹配和使用程度。专家根据风暴潮发生的不同情况，评价各方案匹配应急资源的合理比例，用直觉模糊数表示 | 效益型 |

续表

| 一级指标 | 二级指标 | 解释 | 指标类型 |
|---|---|---|---|
| 社会性 | 财产损失程度 | 在应急处置过程中,专家根据以往经验以及风暴潮的发生特点和各方案的应急处置能力,预估其造成的财产损失,用三角模糊数表示 | 成本型 |
| | 社会舆论力 | 在应急处置过程中,对民族团结、政府形象产生正面或负面的舆论评价。专家凭借以往的应对经验,预估各方案的社会舆论影响程度,用梯形模糊数表示 | 效益型 |

根据风暴潮应急处置方案评价指标体系,可行性是指不同的应急方案在利用现有的人员、装备、技术手段和风暴潮灾害现场客观条件下能够灵活应对复杂多变的灾害情况、防范次生危害和衍生灾害、保障人员的生命安全以及在尽可能短的时间内达成减灾目标的可操作或可实施的程度(薛元杰等,2015;董秀成和郭杰,2016;刘明和张培勇,2018)。具体包括时效性、灵活性和抗风险性三个指标。

经济性是指在应急方案实施过程中所需要的人力、物力、财力等资源的消耗情况以及这些资源调配使用的合理性等经济上的影响程度(林波,2012;韩金和戴尔阜,2021)。具体包括资源消耗程度和资源匹配程度两个指标。

社会性是指在应急方案实施过程中,给受灾群众、受灾区域以及整个社会舆论环境等方面带来的社会稳定性上的影响程度(王博等,2011;张浩,2014)。具体包括财产损失程度和社会舆论力两个指标。

(二)权重确定

1. 专家权重的确定

按照王硕等(2000)提出的方法根据专家有关的先验信息(如知识、经验、能力、水平、期望及偏好等)为专家赋权。假设有 $n$ 个专家,根据专家构造权重分析表(表7-10),得到专家评价值,其具体公式为

$$R_i = a_i \times b_i \times c_i \times d_i \quad (7\text{-}19)$$

其中,$R_i$ 为专家 $i$ 的总得分;$a_i, b_i, c_i, d_i$ 分别为专家 $i$ 的知名度、职称、对指标的熟悉程度和对评审的自信度这四个分析指标的得分。

表7-10 专家构造权重分析表

| 分析指标 | 具体内容 | | | 得分 |
|---|---|---|---|---|
| 知名度($a_i$) | 科学工程院士 | 国内著名学者 | 国内知名学者 | 10、5、1 |
| 职称($b_i$) | 高级 | 副高级 | 中级 | 10、5、1 |
| 对指标的熟悉程度($c_i$) | 符合本专业、熟悉 | 相关专业、较熟悉 | 相关专业、一般 | 10、5、1 |
| 对评审的自信度($d_i$) | 自信 | 较自信 | 一般 | 10、5、1 |

专家 $i$ 的权重为

$$e_i = \frac{R_i}{\sum_{i=1}^{n} R_i} \tag{7-20}$$

2. 指标权重的确定

本节使用层次分析法来确定评价指标的权向量，具体做法如下：①对同一层的每个因素，用成对比较法和 1~9 比例标度法构造成对比较阵 $A$，直到最下层；②根据对比较阵 $A$，使用行算术平均法（row arithmetic mean，RAM），求解权值 $w$ 和比较矩阵的最大特征根 $\lambda_{\max}$；③根据一致性比率法，得到一致性比率 CR，以检验所构造的对比较阵 $A$ 及由之导出的权向量的合理性。若检验通过，特征向量（归一化后）即为权向量，若检验不通过，则需要重新构造对比较阵，直到满足一致性检验。

设评价指标的对比矩阵为 $A = (a_{ij})_{n \times n}$，其中，$a_{ij}$ 为指标 $a_i$ 对指标 $a_j$ 的相对重要性。其第 $i$ 行算术平均值为

$$\overline{R}_i = \frac{1}{n} \sum_{j=1}^{n} a_{ij}, \quad i = 1, 2, \cdots, n \tag{7-21}$$

对行算术平均值进行归一化，其第 $i$ 个指标的权重为

$$w_i = \frac{\overline{R}_i}{\sum_{i=1}^{n} \overline{R}_i}, \quad i = 1, 2, \cdots, n \tag{7-22}$$

判断矩阵 $A$ 的最大特征根为

$$\lambda_{\max} = \frac{1}{n} \sum_{i=1}^{n} \frac{(Aw)_i}{w_i} \tag{7-23}$$

其中，$(Aw)_i$ 为 $Aw$ 的第 $i$ 个元素。

## 三、基于 WTrFNPMSM 算子的风暴潮应急方案综合评价方法

### （一）WTrFNPMSM 算子

根据 Mu 等（2021）提出区间值毕达哥拉斯模糊幂麦克劳林对称均值算子，将该集成算子用于梯形模糊数信息中。本算子可解决存在不合理的评价值和指标相关性的模糊群多指标评价（fuzzy multi-attribute group decision making，FMAGDM）问题。

**定义 7-1** 设 $\{\psi_1, \psi_2, \cdots, \psi_n\}$ 是梯形模糊数（TrFN）的集合。然后，映射

$$\text{TrFNPMSM}^{(K)}(\psi_1,\psi_2,\cdots,\psi_n)=\left[\frac{\underset{1\leqslant i_1<\cdots<i_k\leqslant n}{\oplus}\overset{k}{\underset{j=1}{\otimes}}\frac{n(1+T(\psi_{i_j}))}{\sum_{l=1}^{n}(1+T(\psi_l))}\psi_{i_j}}{C_n^k}\right]^{\frac{1}{k}} \quad (7\text{-}24)$$

称为 TrFNPMSM 算子。其中，$n$ 为平衡点系数；$C_n^k$ 为二项式系数；$(i_1,i_2,\cdots,i_k)$ 为 $(1,2,\cdots,n)$ 的任意 $k$ 元组组合；$T(\psi_i)=\sum_{l=1,l\neq i}^{n}\text{Sup}(\psi_i,\psi_l)$；$\text{Sup}(\psi_i,\psi_j)$ 满足以下情形。

（1）$0<\text{Sup}(\psi_i,\psi_j)<1$。

（2）$\text{Sup}(\psi_i,\psi_j)=\text{Sup}(\psi_j,\psi_i)$。

（3）若 $|\psi_i-\psi_j|<|\psi_i-\psi_k|$，则 $\text{Sup}(\psi_i,\psi_j)\geqslant\text{Sup}(\psi_i,\psi_k)$。

本节使用公式 $\text{Sup}(\psi_i,\psi_j)=1-D(\psi_i,\psi_j)$ 来计算 $\text{Sup}(\psi_i,\psi_j)$。其中，$D(\psi_i,\psi_j)$ 为 $\psi_i$ 和 $\psi_j$ 的距离。

令 $\lambda_{i_j}=\dfrac{(1+T(\psi_{i_j}))}{\sum_{l=1}^{n}(1+T(\psi_l))}$，则算子 $\text{TrFNPMSM}^{(K)}$ 被简化为

$$\text{TrFNPMSM}^{(K)}(\psi_1,\psi_2,\cdots,\psi_n)=\left[\frac{\underset{1\leqslant i_1<\cdots<i_k\leqslant n}{\oplus}\overset{k}{\underset{j=1}{\otimes}}n\lambda_{i_j}\psi_{i_j}}{C_n^k}\right]^{\frac{1}{k}} \quad (7\text{-}25)$$

其中，显然 $\lambda_i>0$，且 $\sum_{i=1}^{n}\lambda_i=1$。

1. 幂等函数

对所有的 $j=1,2,\cdots,n$，若 $\psi_j=\psi=(a,b,c,d)$，则有

$$\text{TrFNPMSM}^{(K)}(\psi,\psi,\cdots,\psi)=\psi \quad (7\text{-}26)$$

2. 交换性

若 $(\psi_1,\psi_2,\cdots,\psi_n)$ 是梯形模糊数的一个集合，且 $(\psi_1',\psi_2',\cdots,\psi_n')$ 是

$(\psi_1,\psi_2,\cdots,\psi_n)$ 的任意置换，则

$$\text{TrFNPMSM}^{(K)}(\psi_1,\psi_2,\cdots,\psi_n)=\text{TrFNPMSM}^{(K)}(\psi_1',\psi_2',\cdots,\psi_n') \tag{7-27}$$

3. 有界性

设 $(\psi_1,\psi_2,\cdots,\psi_n)$ 是梯形模糊数的一个集合，令 $\psi^+=\max\{\psi_1,\psi_2,\cdots,\psi_n\}=(a^+,b^+,c^+,d^+)$，$\psi^-=\min\{\psi_1,\psi_2,\cdots,\psi_n\}=(a^-,b^-,c^-,d^-)$，则有

$$\psi^- \leqslant \text{TrFNPMSM}^{(K)}(\psi_1,\psi_2,\cdots,\psi_n) \leqslant \psi^+ \tag{7-28}$$

如果让 $k$ 取不同的值，则可以得到 $\text{TrFNPMSM}^{(K)}$ 算子的一些特例。

(1) 令 $k=1$，式（7-25）就变成了梯形模糊数幂平均算子：

$$\text{TrFNPMSM}^{(1)}(\psi_1,\psi_2,\cdots,\psi_n)=\left[\frac{\overset{n}{\underset{i=1}{\oplus}} n\lambda_i\psi_i}{C_n^1}\right]^1=\overset{n}{\underset{i=1}{\oplus}}\lambda_i\psi_i \tag{7-29}$$

(2) 令 $k=n$，式（7-25）就变成下列式子：

$$\text{TrFNPMSM}^{(n)}(\psi_1,\psi_2,\cdots,\psi_n)=\left[\frac{\overset{n}{\underset{j=1}{\otimes}} n\lambda_i\psi_i}{C_n^n}\right]^{\frac{1}{n}}=\left(\overset{n}{\underset{j=1}{\otimes}} n\lambda_i\psi_i\right)^{\frac{1}{n}} \tag{7-30}$$

此外，假设所有的条件都是相同的，也就是 $\text{Sup}(\psi_i,\psi_j)=c$ （常数），$i\neq j$。在此基础上，有 $n\lambda_{i_j}=\dfrac{n(1+T(\psi_{i_j}))}{\sum\limits_{l=1}^{n}(1+T(\psi_l))}=1$。式（7-25）就是梯形模糊数几何平均（trapezoidal fuzzy number geometric averaging，TrFNGM）算子。

$$\text{TrFNGM}^{(n)}(\psi_1,\psi_2,\cdots,\psi_n)=\left(\overset{n}{\underset{j=1}{\otimes}}\psi_i\right)^{\frac{1}{n}} \tag{7-31}$$

评价者和指标的权重向量在模糊群多指标评价问题中非常重要。相应地，引入了加权梯形模糊数幂麦克劳林对称平均集成（weighted trapezoidal fuzzy number power Maclaurin symmetric mean operator，WTrFNPMSM）算子。

**定义 7-2** 对于梯形模糊数的集合 $\{\psi_1,\psi_2,\cdots,\psi_n\}$，映射

$$\text{WTrFNPMSM}^{(k)}(\psi_1,\psi_2,\cdots,\psi_n) = \left[ \frac{\underset{1\leqslant i_1<\cdots<i_k\leqslant n}{\oplus} \overset{k}{\underset{j=1}{\otimes}} \frac{nw_l\left(1+T(\psi_{i_j})\right)}{\sum_{l=1}^{n} w_l\left(1+T(\psi_l)\right)} \psi_{i_j}}{C_n^k} \right]^{\frac{1}{k}} \quad (7\text{-}32)$$

称为 WTrFNPMSM 算子。其中，$(i_1,i_2,\cdots,i_k)$ 是 $(1,2,\cdots,n)$ 的任意 $k$ 元组组合，$T(\psi_i)=\sum_{l=1,l\neq i}^{n}\text{Sup}(\psi_i,\psi_l)$，$\text{Sup}(\psi_i,\psi_j)$ 是来自 $\psi_j$ 对梯形模糊数 $\psi_i$ 的支持措施，$w=(w_1,w_2,\cdots,w_n)(0\leqslant w_l\leqslant 1)$，$\sum_{l=1}^{n}w_l=1$。

## （二）风暴潮应急方案评价方法

风暴潮应急方案的选择是一个包含混合信息的多指标综合评价问题。此处将主要介绍该评价的具体步骤，采用了提出的主观定权方法确定专家权重，根据层次分析法确定指标权重，并且运用 TrFNPMSM 算子来选择最优的方案。评价流程如图 7-1 所示。

假设该评价问题邀请了 $q$ 个专家组成应急评价群体，记为 $E=\{e_1,e_2,\cdots,e_q\}$，$e_l(l=1,2,\cdots,q)$ 为第 $l$ 个专家；$q$ 个专家的权重记为 $w^e=\left(w_1^e,w_2^e,\cdots,w_q^e\right)^T$，$w_l^e(l=1,2,\cdots,q)$ 为第 $l$ 个专家的权重，满足 $0\leqslant w_l^e\leqslant 1$ 且 $\sum_{l=1}^{q}w_l^e=1$；有 $m$ 个应急方案，记为 $F=\{f_1,f_2,\cdots,f_m\}$，$f_i(i=1,2,\cdots,m)$ 为第 $i$ 个备选方案；每个应急方案有 $n$ 个指标，记 $S=\{s_1,s_2,\cdots,s_n\}$，$s_j(j=1,2,\cdots,n)$ 为第 $j$ 个指标；$n$ 个指标的权重记为 $w^s=\left(w_1^s,w_2^s,\cdots,w_n^s\right)^T$，$w_j^s(j=1,2,\cdots,n)$ 为第 $j$ 个指标的权重，满足 $0\leqslant w_j^p\leqslant 1$ 且 $\sum_{j=1}^{n}w_j^p=1$；专家 $e_l$ 给出应急方案 $f_i$ 关于指标 $s_j$ 的评价值，记为 $v_{ij}^l$，$V_i^l=(v_{i1}^l,v_{i2}^l,\cdots,v_{in}^l)$ 为专家 $e_l$ 给出应急方案 $f_i$ 关于 $n$ 个指标的评价向量，$V^l=[v_{ij}^l]_{m\times n}$ 为专家 $e_l$ 给出各应急方案的评价矩阵。

基于上述理论，具体应急评价方法步骤如下。

第一步，根据应急评价问题和指标体系，收集专家的混合信息评价矩阵 $V^l=[v_{ij}^l]_{m\times n}$，并将混合信息评价矩阵 $V^l=[v_{ij}^l]_{m\times n}$ 根据各类模糊数的转换公式式（7-33）~式（7-35）统一化为梯形模糊数评价矩阵 $X^l=[x_{ij}^l]_{m\times n}$。

第七章 混合情形下的模糊综合评价方法及应用

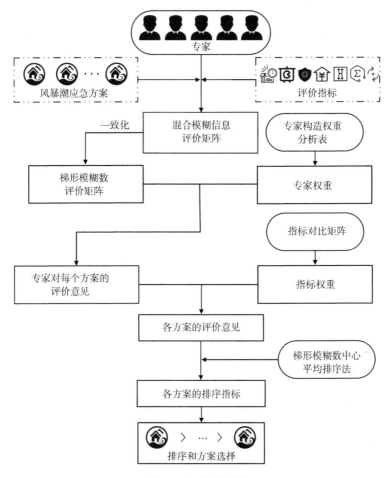

图 7-1 评价流程图

记语言标度 $S=\{s_t, t=0,1,\cdots,\tau\}$（其中 $\tau$ 为正偶数）为一般语言信息的表达形式。若将语言型数据转换成[0,1]区间（等分为 $\tau+1$ 段）上的梯形模糊数，则语言标度上的每个元素有与之对应的梯形模糊数，其转换公式为

$$\ddot{x} = (x_a, x_b, x_c, x_d) \in \left\{ s_0\left(0, 0, \frac{1}{t+1}, \frac{1}{t+1}\right), s_1\left(\frac{1}{t+1}, \frac{1}{t+1}, \frac{2}{t+1}, \frac{2}{t+1}\right), \cdots, s_t\left(\frac{t}{t+1}, \frac{t}{t+1}, 1, 1\right) \right\} \quad (7\text{-}33)$$

若将三角模糊数 $a = [a^L, a^M, a^U]$ 转换成梯形模糊数，则其转换公式为

$$\ddot{x} = (x_a, x_b, x_c, x_d) = (a^L, a^M, a^M, a^U) \quad (7\text{-}34)$$

若将直觉模糊数 $A = \{(x, \mu_A(x), \nu_A(x)) \mid x \in X\}$ 转换成梯形模糊数，则其转换公式为

$$\bar{x}=(x_a,x_b,x_c,x_d)=(\mu_{x_{ij}}-\pi_{x_{ij}},\mu_{x_{ij}}-\pi_{x_{ij}},1-\nu_{x_{ij}},1-\nu_{x_{ij}}) \qquad (7\text{-}35)$$

然后，根据梯形模糊数的规范化公式（7-36）对梯形模糊数评价矩阵进行规范化处理，得到规范化的梯形模糊数评价矩阵 $R_{ij}^l=[r_{ij}^l]_{m\times n}$。

梯形模糊数矩阵 $X^l=[x_{ij}^l]_{m\times n}$，$x_{ij}^l=\left(a_{ij}^l,b_{ij}^l,c_{ij}^l,d_{ij}^l\right)$ 的规范化公式为

$$r_{ij}^l=\begin{cases}\left(\dfrac{a_{ij}^l}{u_{ij}^l},\dfrac{b_{ij}^l}{u_{ij}^l},\dfrac{c_{ij}^l}{u_{ij}^l},\dfrac{d_{ij}^l}{u_{ij}^l}\right),& s_j\text{ 为效益型指标}\\[2mm] \left(\dfrac{v_{ij}^l}{d_{ij}^l},\dfrac{v_{ij}^l}{c_{ij}^l},\dfrac{v_{ij}^l}{b_{ij}^l},\dfrac{v_{ij}^l}{a_{ij}^l}\right),& s_j\text{ 为成本型指标}\end{cases} \qquad (7\text{-}36)$$

其中，$u_{ij}^l=\max\limits_{i}\{d_{ij}^l\}$，当 $s_j$ 为效益型指标时；$v_{ij}^l=\max\limits_{i}\{a_{ij}^l\}$，当 $s_j$ 为成本型指标时。

第二步，根据专家构造权重分析表，获取专家知识、经验、能力、水平的有关信息，得到专家的信息得分表，用式（7-19）和式（7-20）得到专家的权重 $w^e=\left(w_1^e,w_2^e,\cdots,w_q^e\right)^T$。再根据层次分析法，由专家给出的评价指标对比矩阵，使用行算术平均法，利用式（7-21）和式（7-22）确定指标权重 $w^s=\left(w_1^s,w_2^s,\cdots,w_n^s\right)^T$。

第三步，为了使该过程具有普遍性，使用 WTrFNPMSM[(2)] 算子和各指标权重 $w_j^s(j=1,2,\cdots,n)$，集成专家对各方案的评价指标信息，得到专家对每个方案的评价意见。

第四步，根据 WTrFNPMSM[(2)] 算子和专家权重 $w_l^e(l=1,2,\cdots,q)$，对各方案下每位专家的评价意见进行集成，得到各方案的评价值。

第五步，根据梯形模糊数的中心平均排序方法，由式（2-18）～式（2-19）得到各方案的排序指标 $K_1(f_1)$（$i=1,2,\cdots,m$），对各方案的评价值进行排序，得到最优应急方案。

## 四、案例分析

### （一）背景

风暴潮是一种灾害性的自然现象，产生原因为剧烈的大气扰动（如强风和气压骤变，通常指台风和温带气旋等灾害性天气系统）导致海水异常升降和天文潮（通常指潮汐）叠加，特别地，如果这种叠加恰好是强烈的低气压风暴涌浪形成的高涌浪与天文高潮叠加则会形成更强的破坏力，又可称"风暴增水"、"风暴海啸"、"气象海啸"或"风潮"。

现以一个真实事件为背景说明本节提出的方法。2020年9月15日19时，台

风中心位于某沿海城市的东偏南方向 690 km 的南海东北部海面上。根据气象局的估计，该台风将以 10 km/h 左右的速度向西北方向移动，于 16 日下午正面登陆该城市沿海地带。对此，该城市发布风暴潮红色预警，启动 I 级应急响应，立即召集了五位专家讨论应急方案，采取相关减灾措施来尽可能降低风暴潮给城市带来的损失。根据风暴潮的变化和灾害现场的情况，专家结合自己的经验初步制订了四种应急方案。

（1）应急方案 1。通知居民减少外出，主要使用人工方式，通过土料、块石、沙包以及模袋混凝土等物料填塞铺盖防渗，抢修溃堤口、加固堤坝，并针对背水坡堤脚的渗水点，在堤防后侧新建围堰。

（2）应急方案 2。紧急疏散、转移危险区人员，主要使用人工方式，通过土料、块石、沙包以及模袋混凝土等物料填塞铺盖防渗，抢修溃堤口、加固堤坝，并针对背水坡堤脚的渗水点，在堤防后侧新建围堰。

（3）应急方案 3。紧急疏散、转移危险区人员，人工和大型机械设备结合，通过机械化施工，使土工合成材料、铅丝等新型工程材料与土料、块石等当地材料有机结合，抢修溃堤口、加固堤坝，并针对背水坡堤脚的渗水点，在堤防后侧新建围堰。

（4）应急方案 4。紧急疏散、转移危险区人员，人工和大型机械设备结合，通过机械化施工，使土工合成材料、铅丝等新型工程材料与土料、块石等当地材料有机结合，抢修溃堤口、加固堤坝；针对背水坡堤脚的渗水点，在堤防后侧新建围堰；通过挖掘机、水泵等设备及时疏通堤坝溢洪道、排水渠道和野外排水沟，排除积水、防止内涝。

不同风暴潮应急处置方案的区别主要在于应急搜救行动中用到的资源的类型、数量以及来源不同，这会影响应急搜救方案整体消耗的成本，还直接关系到相应活动持续时间的长短。根据风暴潮应急方案评估框架五位专家对各个应急方案的应急处置能力给出了评价信息。

（二）评价过程

根据混合信息的评价模型，确定最优的应急处置方案。该评价过程主要分为三个部分：混合评价信息的一致化与规范化、专家和指标权重的确定、基于 WTrFNPMSM 算子的评价信息集成。具体内容如下。

第一步，根据应急处置方案和评价指标体系，收集专家的混合信息评价矩阵 $V^l = [v_{ij}^l]_{m \times n}$（附表 A-9），并将混合信息评价矩阵 $V^l = [v_{ij}^l]_{m \times n}$ 根据各类模糊数的转换公式（7-33）～式（7-35）统一化为梯形模糊数评价矩阵 $X^l = [x_{ij}^l]_{m \times n}$。然后根据梯形模糊数的规范化公式（7-36）对梯形模糊数评价矩阵进行规范化处理，得到规范化的梯形模糊数评价矩阵 $R_{ij}^l = [r_{ij}^l]_{m \times n}$。

第二步，根据专家构造权重分析表，获取专家知识、经验、能力、水平的有关信息，见表 7-11；进一步，可求得五位专家的信息得分表，见表 7-12。由式（7-19）和式（7-20）得到五位专家的权重为 $= \left(w_1^e, w_2^e, w_3^e, w_4^e, w_5^e\right)^T = (0.4, 0.2, 0.1, 0.2, 0.1)^T$。根据专家给出的评价指标对比矩阵，见表 7-13（表中计算结果保留两位小数）。使用层次分析法中的行算术平均法，由式（7-21）和式（7-22）得到指标权重依次为 $(0.2521, 0.1485, 0.1933, 0.0812, 0.1345, 0.1092, 0.0812)^T$。

表 7-11 专家信息

| 专家编号 | 部门 | 职位 | 工作经验/年 |
| --- | --- | --- | --- |
| $e_1$ | 省应急管理厅 | 一级巡视员 | 23 |
| $e_2$ | 省水利厅 | 工程师 | 20 |
| $e_3$ | 省自然资源厅 | 一级巡视员 | 21 |
| $e_4$ | 省气象局 | 主任 | 18 |
| $e_5$ | 省海洋监测预报中心 | 主任 | 16 |

表 7-12 专家信息得分表

| 专家编号 | 知名度（$a_i$） | 职称（$b_i$） | 对指标的熟悉程度（$c_i$） | 对评审的自信度（$d_i$） |
| --- | --- | --- | --- | --- |
| $e_1$ | 5 | 10 | 10 | 10 |
| $e_2$ | 5 | 10 | 5 | 10 |
| $e_3$ | 5 | 10 | 5 | 5 |
| $e_4$ | 5 | 5 | 10 | 10 |
| $e_5$ | 5 | 5 | 10 | 5 |

表 7-13 评价指标对比矩阵

| | $s_1$ | $s_2$ | $s_3$ | $s_4$ | $s_5$ | $s_6$ | $s_7$ |
| --- | --- | --- | --- | --- | --- | --- | --- |
| $s_1$ | 1.00 | 1.00 | 1.00 | 1.00 | 2.00 | 2.00 | 3.00 |
| $s_2$ | 1.00 | 1.00 | 1.00 | 1.00 | 2.00 | 2.00 | 2.00 |
| $s_3$ | 1.00 | 1.00 | 1.00 | 1.00 | 2.00 | 2.00 | 2.00 |
| $s_4$ | 1.00 | 1.00 | 1.00 | 1.00 | 0.33 | 0.33 | 1.00 |
| $s_5$ | 0.50 | 0.50 | 0.50 | 3.00 | 1.00 | 1.00 | 1.00 |
| $s_6$ | 0.50 | 0.50 | 0.50 | 3.00 | 1.00 | 1.00 | 3.00 |
| $s_7$ | 0.33 | 0.50 | 0.50 | 1.00 | 1.00 | 0.33 | 1.00 |

第三步，根据 WTrFNPMSM[(2)] 算子和各指标权重 $w_j^s (j = 1, 2, \cdots, 7)$，集成专家对各方案的评价指标信息，得到专家对每个方案的评价意见，见表 7-14（计算结果保留两位小数）。

表 7-14 专家对各方案的评价信息

| 方案 | $e_1$ | $e_2$ | $e_3$ | $e_4$ | $e_5$ |
|---|---|---|---|---|---|
| $f_1$ | (0.68, 0.70, 0.86, 0.87) | (0.81, 0.83, 0.96, 0.97) | (0.64, 0.65, 0.77, 0.78) | (0.60, 0.61, 0.75, 0.76) | (0.83, 0.85, 0.96, 1.00) |
| $f_2$ | (0.75, 0.77, 0.90, 0.92) | (0.85, 0.87, 0.98, 1.00) | (0.65, 0.65, 0.77, 0.78) | (0.84, 0.86, 0.96, 0.98) | (0.86, 0.87, 1.02, 1.03) |
| $f_3$ | (0.85, 0.86, 0.96, 0.97) | (0.77, 0.78, 0.88, 0.89) | (0.88, 0.89, 0.99, 1.00) | (0.89, 0.90, 1.02, 1.03) | (0.85, 0.86, 1.00, 1.02) |
| $f_4$ | (0.85, 0.86, 0.96, 0.97) | (0.79, 0.81, 0.91, 0.92) | (0.82, 0.83, 0.94, 0.96) | (0.79, 0.80, 0.91, 0.92) | (0.83, 0.84, 0.96, 0.97) |

第四步,根据 WTrFNPMSM$^{(2)}$ 算子和专家权重 $w_l^e(l=1,2,\cdots,5)$,对各方案下每位专家的评价意见进行集成,得到各方案的评价值,见表 7-15(表中计算结果保留两位小数)。

表 7-15 各方案的评价信息

| 方案 | 评价信息 |
|---|---|
| $f_1$ | (0.63, 0.64, 0.77, 0.78) |
| $f_2$ | (0.74, 0.76, 0.87, 0.89) |
| $f_3$ | (0.79, 0.81, 0.91, 0.92) |
| $f_4$ | (0.77, 0.78, 0.88, 0.89) |

第五步,根据梯形模糊数的中心平均排序方法,由式(2-25)~式(2-27),得到各方案的排序指标 $K_1(f_1)=0.6006$, $K_1(f_2)=0.6678$, $K_1(f_3)=0.6984$, $K_1(f_4)=0.6805$。所以可得到最优应急方案是方案 3。

## 五、比较分析

为了验证本节采用的 WTrFNPMSM 算子的有效性与优越性,采用了梯形模糊有序加权平均算子(trapezoidal fuzzy numbers ordered weighted averaging,TrFNOWA)与梯形模糊数加权麦克劳林对称平均集成(trapezoidal fuzzy number weighted Maclaurin symmetric mean operator,TrFNWMSM)算子与之进行比较。排序结果如表 7-16 所示(计算结果保留四位小数)。

表 7-16 不同算子下的排序结果

| 算子 | $K_1(f_1)$ | $K_1(f_2)$ | $K_1(f_3)$ | $K_1(f_4)$ | 排序结果 |
|---|---|---|---|---|---|
| WTrFNPMSM | 0.6006 | 0.6678 | 0.6984 | 0.6805 | $f_3 \succ f_4 \succ f_2 \succ f_1$ |
| TrFNWMSM | 0.2503 | 0.2462 | 0.2547 | 0.2512 | $f_3 \succ f_4 \succ f_1 \succ f_2$ |

续表

| 算子 | $K_1(f_1)$ | $K_1(f_2)$ | $K_1(f_3)$ | $K_1(f_4)$ | 排序结果 |
|---|---|---|---|---|---|
| TrFNPOWA | 0.6921 | 0.6945 | 0.6913 | 0.6938 | $f_2 \succ f_4 \succ f_1 \succ f_3$ |
| TrFNOWA | 0.7028 | 0.7335 | 0.7532 | 0.7314 | $f_3 \succ f_2 \succ f_4 \succ f_1$ |

从表 7-16 可以发现，WTrFNPMSM、TrFNWMSM、TrFNOWA 算子均认为 $f_3$ 为最优方案，但是后面三个方案的排序各有不同。根据 TrFNPOWA 算子所得结果，$f_2$ 为最优方案。应急方案 2 在降低风暴潮给城市带来的损失的过程中，主要采用人工方式，用土料、块石、沙包以及模袋混凝土等物料填塞铺盖防渗，抢修溃堤口、加固堤坝。由于人工方式的机动性较高、传统的填充物料易获取性较高以及成本较低，方案 2 的应急措施在资源消耗程度和财产损失程度上相对较小。

应急方案 3 在降低风暴潮给城市带来损失的过程中，主要是人工和大型机械设备结合，通过机械化施工，使土工合成材料、铅丝等新型工程材料与土料、块石等当地材料有机结合，抢修溃堤口、加固堤坝。大型机械设备和新型工程填充物料的引入，加快了风暴潮的减灾救援速度，提高了抢修溃堤口和加固堤坝的效率，所以方案 3 的应急措施在时效性、灵活性和抗风险性等方面较好。相较于方案 2，方案 3 的应急措施虽成本较高，但更符合风暴潮应急方案的可行性要求，更能提高风暴潮灾害的应对能力，最大限度地减少损失。所以方案 3 优于方案 2，这一结果也较为合理。

不同算子所得结果不同的主要原因如下：WTrFNPMSM 算子与 TrFNWMSM 算子的区别在于评价指标之间的相互支持效应的处理，WTrFNPMSM 算子多加入了幂平均算子，可以有效消除评价指标之间的负效应，因此该算子在进行评价信息集成时加大了评价结果的区分，所得的排序值也会有所不同，也较为合理。而 TrFNPOWA 算子在对评价信息集成时通常倾斜于指标支持度较高和位置较前的一方，TrFNOWA 算子对评价信息集成时通常会倾斜于指标位置较前的一方，因此根据两者所计算的排序结果各有不同。本节所提出的 WTrFNPMSM 算子能够综合考虑指标之前的相互关系，协调支持度较高和位置较前的指标信息。所以在这四个算子中，WTrFNPMSM 算子最适合本节的案例。

## 第三节 混合情形下模糊动态综合评价方法及应用

风暴潮灾害持续时间很长，在风暴潮应急救援行动的过程中，人员组织、资源调配以及天气变化均具有动态性和复杂性。即在风暴潮应急管理过程中，不仅涉及人财物的可行性、经济性与社会性，还需要考虑风暴潮灾害大小随台风路径、大风速度、大气压强等强烈天气系统的影响呈现阶段性的动态变化。因此，本节将在上一节的基础上，引入时间因素，考察多时段、不同外部条件下风暴潮应急方案的评价问题。

## 一、混合情形下的模糊动态评价方法

### （一）时间权重的确定

因本节考虑动态情形下的综合评价问题，故需要在专家权重和指标权重的基础上，引入时间权重的确定方法。根据郭亚军（2007）提出的时间度和时间熵来反映不同时段评价信息的重要性差异，即确定各个时间段的权重。设 $\lambda_t(t=1,2,\cdots,z)$ 为第 $t$ 期的时间权重，$z$ 个时间权重记为 $\lambda=(\lambda_1,\lambda_2,\cdots,\lambda_z)$，满足 $0\leqslant\lambda_t\leqslant 1$ 且 $\sum_{t=1}^{z}\lambda_t=1$。

时间度 $\gamma$ 的公式为

$$\gamma=\sum_{t=1}^{z}(\frac{z-t}{z-1}\lambda_t),\quad 0\leqslant\lambda_t\leqslant 1, t=1,2,\cdots,z \tag{7-37}$$

时间熵 $I$ 的公式为

$$I=-\sum_{t=1}^{z}\lambda_t\ln\lambda_t,\quad 0\leqslant\lambda_t\leqslant 1, t=1,2,\cdots,z \tag{7-38}$$

建立如下非线性规划模型：

$$\max\quad I(\lambda^*)=-\sum_{t=1}^{z}\lambda_t^*\ln\lambda_t^*$$

$$\text{s.t.}\begin{cases}\gamma=\sum_{t=1}^{z}\left(\dfrac{z-t}{z-1}\lambda_t^*\right)\\ \sum_{t=1}^{z}\lambda_t=1,\ 0\leqslant\lambda_t\leqslant 1\end{cases} \tag{7-39}$$

其中，时间度 $\gamma$ 为对不同时段下专家给出的评价信息的重视程度。显然当 $\lambda=(1,0,\cdots,0)^{\mathrm{T}}$ 时，$\gamma=1$；当 $\lambda=(0,\cdots,0,1)^{\mathrm{T}}$ 时，$\gamma=0$；当 $\lambda=(1/z,1/z,\cdots,1/z)^{\mathrm{T}}$ 时，$\gamma=0.5$。时间度 $\gamma$ 表示不同时段评价数据对集成结果的影响：当 $\gamma$ 趋于 0 时，表明评价者认为后期时间的评价数据对集成结果的影响更大，体现"厚今薄古"的思想；当 $\gamma$ 趋于 1 时，表明评价者认为前期时间的评价数据对集成结果的影响更大，体现"厚古薄今"的思想；当 $\gamma=0.5$ 时，表明评价者认为各期时间的评价数据对集成结果的影响程度一样，体现各时段评价信息的重要性一致。根据非线性规划模型，代入已确定的时间度 $\gamma$ 和时期数 $t$，可求解得到时间权重 $\lambda$。

## （二）混合情形下风暴潮应急方案的动态评价方法

风暴潮应急方案的选择是一个考虑多个时间段的包含混合信息的多指标综合评价问题。本节将主要介绍该评价的具体步骤，采用前面提出的主观定权方法确定专家权重，采用了层次分析法确定指标权重，选用了时间度和时间熵确定时间权重，并且运用 TrFNPMSM 算子来选择最优的方案。评价流程如图 7-2 所示。

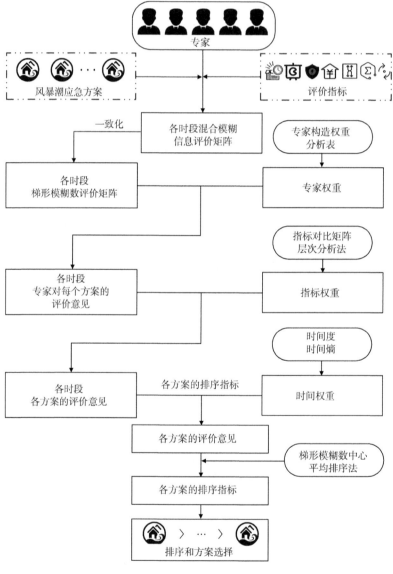

图 7-2　评价流程图

假设该评价问题邀请了 $q$ 个专家组成应急评价群体，记为 $E=\{e_1,e_2,\cdots,e_q\}$，$e_l(l=1,2,\cdots,q)$ 为第 $l$ 个专家；$q$ 个专家的权重记为 $w^e=\left(w_1^e,w_2^e,\cdots,w_q^e\right)^T$；$w_l^e(l=1,2,\cdots,q)$ 为第 $l$ 个专家的权重，满足 $0 \leqslant w_l^e \leqslant 1$ 且 $\sum_{l=1}^{q} w_l^e=1$；有 $m$ 个应急方案，记 $F=\{f_1,f_2,\cdots,f_m\}$，$f_i(i=1,2,\cdots,m)$ 为第 $i$ 个备选方案；每个应急方案有 $n$ 个指标，记 $S=\{s_1,s_2,\cdots,s_n\}$，$s_j(j=1,2,\cdots,n)$ 为第 $j$ 个指标；$n$ 个指标的权重，记为 $w^s=\left(w_1^s,w_2^s,\cdots,w_n^s\right)^T$，$w_j^s(j=1,2,\cdots,n)$ 为第 $j$ 个指标的权重，满足 $0 \leqslant w_j^s \leqslant 1$ 且 $\sum_{j=1}^{n} w_j^s=1$；有 $z$ 个时间段，记为 $P=\{p_1,p_2,\cdots,p_z\}$，$p_t(t=1,2,\cdots,z)$ 为第 $t$ 个时间段；$z$ 个时段的权重，记为 $w^*=\left(w_1^*,w_2^*,\cdots,w_z^*\right)^T$，$w_t^*(t=1,2,\cdots,z)$ 为第 $t$ 个时段的权重，满足 $0 \leqslant w_t^* \leqslant 1$ 且 $\sum_{t=1}^{z} w_t^*=1$；专家 $e_l$ 在第 $t$ 个时段下给出应急方案 $f_i$ 关于指标 $s_j$ 的评价值，记为 $v_{ij}^l(t)$，$V_i^l(t)=(v_{i1}^l(t),v_{i2}^l(t),\cdots,v_{in}^l(t))$ 表示专家 $e_l$ 在第 $t$ 个时段下给出应急方案 $f_i$ 关于 $n$ 个指标的评价信息向量，$V^l(t)=[v_{ij}^l(t)]_{m\times n}$ 表示专家 $e_l$ 在第 $t$ 个时段下给出各应急方案的评价矩阵。

基于上述理论，具体应急评价方法步骤如下。

第一步，根据应急评价问题和指标体系，收集各时段专家的混合信息评价矩阵 $V^l(t)=[v_{ij}^l(t)]_{m\times n}$，并将各时段混合信息评价矩阵 $V^l(t)=[v_{ij}^l(t)]_{m\times n}$ 根据各类模糊数的转换公式（7-33）~式（7-35）统一化为各时段梯形模糊数评价矩阵 $X^l(t)=[x_{ij}^l(t)]_{m\times n}$。然后根据梯形模糊数的规范化公式（7-40）对梯形模糊数评价矩阵进行规范化处理，得到各时段规范化的梯形模糊数评价矩阵 $R_{ij}^l(t)=[r_{ij}^l(t)]_{m\times n}$。

设梯形模糊数评价矩阵 $X^l=[x_{ij}^l]_{m\times n}$，其中，$x_{ij}^l=\left(a_{ij}^l,b_{ij}^l,c_{ij}^l,d_{ij}^l\right)$，则其规范化公式为

$$r_{ij}^l=\begin{cases}\left(\dfrac{a_{ij}^l}{u_{ij}^l},\dfrac{b_{ij}^l}{u_{ij}^l},\dfrac{c_{ij}^l}{u_{ij}^l},\dfrac{d_{ij}^l}{u_{ij}^l}\right),& s_j\text{ 为效益型指标}\\[2ex]\left(\dfrac{v_{ij}^l}{d_{ij}^l},\dfrac{v_{ij}^l}{c_{ij}^l},\dfrac{v_{ij}^l}{b_{ij}^l},\dfrac{v_{ij}^l}{a_{ij}^l}\right),& s_j\text{ 为成本型指标}\end{cases} \quad (7\text{-}40)$$

其中，当 $s_j$ 为效益型指标时，$u_{ij}^l=\max\limits_{i}\{d_{ij}^l\}$；当 $s_j$ 为成本型指标时，$v_{ij}^l=\max\limits_{i}\{a_{ij}^l\}$。

第二步，根据专家构造权重分析表，获取专家知识、经验、能力、水平的有

关信息，得到专家的信息得分表，用式（7-19）和式（7-20）得到专家的权重 $w^e = \left(w_1^e, w_2^e, \cdots, w_q^e\right)^T$。再根据层次分析法，由专家给出的评价指标对比矩阵，使用行算术平均法，利用式（7-21）和式（7-22）确定指标权重 $w^s = \left(w_1^s, w_2^s, \cdots, w_n^s\right)^T$。采用"厚古薄今"的思想，根据已确定的时间度 $\gamma$ 和时期数 $t$，求解非线性规划模型公式（7-39）得到时间权重 $w_t^*(t=1,2,\cdots,z)$。

第三步，为了使该过程具有普遍性，使用 WTrFNPMSM$^{(2)}$ 算子，并根据确定的各指标权重 $w_j^s(j=1,2,\cdots,n)$ 集成各时段专家对各方案的评价指标信息，得到各时段专家对每个方案的评价意见。

第四步，根据 WTrFNPMSM$^{(2)}$ 算子和专家权重 $w_l^e(l=1,2,\cdots,q)$，对各时段各方案下每位专家的评价意见进行集成，得到各时段各方案的评价值。

第五步，根据 WTrFNPMSM$^{(2)}$ 算子和时间权重 $w_t^*(t=1,2,\cdots,z)$，对各时段下各方案的评价意见进行集成，得到各方案的评价值。

第六步，根据梯形模糊数的中心平均排序方法，由式（2-25）～式（2-27）得到各方案的排序指标 $K_1(f_i)$ $(i=1,2,\cdots,m)$，对各方案的评价值进行排序，得到最优应急方案。

## 二、案例分析

### （一）背景介绍

根据前面的案例，专家根据风暴潮的变化和灾害现场的情况，结合自己的经验初步制订了以下四种应急方案。

（1）应急方案 1。通知居民减少外出，主要使用人工方式，通过土料、块石、沙包以及模袋混凝土等物料填塞铺盖防渗，抢修溃堤口、加固堤坝，并针对背水坡堤脚的渗水点，在堤防后侧新建围堰。

（2）应急方案 2。紧急疏散、转移危险区人员，主要使用人工方式，通过土料、块石、沙包以及模袋混凝土等物料填塞铺盖防渗，抢修溃堤口、加固堤坝，并针对背水坡堤脚的渗水点，在堤防后侧新建围堰。

（3）应急方案 3。紧急疏散、转移危险区人员，人工和大型机械设备结合，通过机械化施工，使土工合成材料、铅丝等新型工程材料与土料、块石等当地材料有机结合，抢修溃堤口、加固堤坝，并针对背水坡堤脚的渗水点，在堤防后侧新建围堰。

（4）应急方案 4。紧急疏散、转移危险区人员，人工和大型机械设备结合，通过机械化施工，使土工合成材料、铅丝等新型工程材料与土料、块石等当地材料有机结合，抢修溃堤口、加固堤坝；针对背水坡堤脚的渗水点，在堤防后侧新建围堰；通过挖掘机、水泵等设备及时疏通堤坝溢洪道、排水渠道和野外排水沟，排除积水、防止内涝。

不同风暴潮应急处置方案的区别主要在于应急搜救行动中用到的资源的类型、数量以及来源不同，这会影响应急搜救方案整体消耗的成本，还直接关系到相应活动持续时间的长短。由于地区的风暴潮灾害极易受台风中心气压、风速以及风向等天气变化的影响，还需要专家考虑不同时期下的天气状况，再根据风暴潮应急方案评估框架对各个应急方案的应急处置能力给出评价信息。假设根据气象台对台风中心气压、风速以及风向的预测，得知在未来 100 小时内可能遇到以下三个时段的情况。

（1）$t_1$ 阶段，偏北风，风速从 7 级逐渐增强到 10 级，气压明显下降，预测潮位缓慢上升，可能会出现潮水漫溢，海堤溃决，风暴潮的影响范围在 20 km 以内。

（2）$t_2$ 阶段，偏东风，风速达 12 级以上，气压出现最低值，预测潮位急剧上升并达到最高，出现溃堤、海水倒灌以及洪水等次生灾害，风暴潮的影响范围在 30～50 km。

（3）$t_3$ 阶段，东南风，风速下降到 6～7 级，气压回升，预测潮位慢慢回落，风暴潮的影响范围逐渐缩小。

（二）评价过程

根据混合信息的动态评价模型，确定最优的应急处置方案。该评价过程主要分为三个部分：混合评价信息的一致化与规范化，专家、指标和时间权重的确定，基于 WTrFNPMSM 算子的评价信息集成。具体内容如下。

第一步，根据应急处置方案和评价指标体系，收集各时段专家的混合信息评价矩阵 $V^l(t)=[v_{ij}^l(t)]_{m\times n}$（见附表 A-10 的各时段专家评分表），并将各时段混合信息评价矩阵 $V^l(t)=[v_{ij}^l(t)]_{m\times n}$ 根据各类模糊数的转换公式（7-33）~式（7-35）统一化为各时段梯形模糊数评价矩阵 $X^l(t)=[x_{ij}^l(t)]_{m\times n}$。然后根据梯形模糊数的规范化公式（7-39）对各时段梯形模糊数评价矩阵进行规范化处理，得到各时段规范化的梯形模糊数评价矩阵 $R_{ij}^l(t)=[r_{ij}^l(t)]_{m\times n}$。

第二步，根据专家构造权重分析表，获取专家知识、经验、能力、水平的有关信息，见表 7-11。进一步求得五位专家的信息得分表，见表 7-12。由式（7-19）和式（7-20）得到五位专家的权重为 $w^e=(w_1^e,w_2^e,w_3^e,w_4^e,w_5^e)^T=(0.4,0.2,0.1,0.2,0.1)^T$。

根据专家给出的评价指标对比矩阵，见表 7-13（表中计算结果保留两位小数），使用层次分析法中的行算术平均法，由式（7-21）和式（7-22）得到指标权重依次为 $(0.2521, 0.1485, 0.1933, 0.0812, 0.1345, 0.1092, 0.0812)^T$。

采用"厚古薄今"的思想，根据已确定的时间度（$\gamma=0.7$）和时期数（$t=3$），求解非线性规划模型公式（7-39），得到三期的时间权重系数 $\lambda = (0.554, 0.292, 0.154)^T$。当时间度 $\gamma$ 取不同值时，得到各时段的权重，见表 7-17（为确保结果精确，此表中计算结果保留四位小数）。

表 7-17　不同时间度 $\gamma$ 下的时间权重

| $\gamma$ | $\lambda_1$ | $\lambda_2$ | $\lambda_3$ |
| --- | --- | --- | --- |
| 0 | 0.0000 | 0.0000 | 1.0000 |
| 0.1 | 0.0260 | 0.1470 | 0.8260 |
| 0.2 | 0.0820 | 0.2360 | 0.6820 |
| 0.3 | 0.1540 | 0.2920 | 0.5540 |
| 0.4 | 0.2380 | 0.3230 | 0.4380 |
| 0.5 | 0.3330 | 0.3330 | 0.3330 |
| 0.6 | 0.4380 | 0.3230 | 0.2380 |
| 0.7 | 0.5540 | 0.2920 | 0.1540 |
| 0.8 | 0.6820 | 0.2360 | 0.0820 |
| 0.9 | 0.8260 | 0.1470 | 0.0260 |
| 1 | 1.0000 | 0.0000 | 0.0000 |

第三步，根据 WTrFNPMSM$^{(2)}$ 算子和各指标权重 $w_j^s (j=1,2,\cdots,7)$，集成各时段专家对各方案的评价指标信息，得到各时段专家对每个方案的评价意见，见表 7-18（表中计算结果保留两位小数）。

表 7-18　各时段专家对各方案的评价信息

| 时段 | 方案 | $e_1$ | $e_2$ | $e_3$ | $e_4$ | $e_5$ |
| --- | --- | --- | --- | --- | --- | --- |
| $t_1$ | $f_1$ | (0.68, 0.70, 0.86, 0.87) | (0.81, 0.83, 0.96, 0.97) | (0.64, 0.65, 0.77, 0.78) | (0.60, 0.61, 0.75, 0.76) | (0.83, 0.85, 0.99, 1.00) |
|  | $f_2$ | (0.75, 0.77, 0.90, 0.92) | (0.85, 0.87, 0.98, 1.00) | (0.65, 0.65, 0.77, 0.78) | (0.84, 0.86, 0.96, 0.98) | (0.89, 0.87, 1.02, 1.03) |
|  | $f_3$ | (0.85, 0.86, 0.96, 0.97) | (0.77, 0.78, 0.88, 0.89) | (0.88, 0.89, 0.99, 1.00) | (0.89, 0.90, 1.02, 1.03) | (0.85, 0.86, 1.00, 1.02) |
|  | $f_4$ | (0.85, 0.86, 0.96, 0.97) | (0.79, 0.81, 0.91, 0.92) | (0.82, 0.83, 0.94, 0.96) | (0.79, 0.80, 0.91, 0.92) | (0.83, 0.84, 0.96, 0.97) |
| $t_2$ | $f_1$ | (0.58, 0.59, 0.76, 0.77) | (0.67, 0.68, 0.82, 0.83) | (0.68, 0.69, 0.82, 0.83) | (0.67, 0.67, 0.82, 0.83) | (0.65, 0.67, 0.78, 0.80) |
|  | $f_2$ | (0.66, 0.67, 0.80, 0.82) | (0.78, 0.80, 0.91, 0.93) | (0.67, 0.68, 0.80, 0.81) | (0.85, 0.86, 0.99, 1.00) | (0.71, 0.72, 0.83, 0.83) |

续表

| 时段 | 方案 | $e_1$ | $e_2$ | $e_3$ | $e_4$ | $e_5$ |
|---|---|---|---|---|---|---|
| $t_2$ | $f_3$ | (0.85, 0.87, 0.97, 0.98) | (0.81, 0.83, 0.94, 0.95) | (0.89, 0.89, 0.99,1.00) | (0.86, 0.87,1.01,1.03) | (0.77, 0.78, 0.89, 0.90) |
|  | $f_4$ | (0.86, 0.87, 0.97, 0.99) | (0.86, 0.87, 0.98, 0.99) | (0.82, 0.83, 0.94, 0.95) | (0.87, 0.89,1.01,1.02) | (0.87, 0.88, 0.99,1.00) |
| $t_3$ | $f_1$ | (0.68, 0.70, 0.86, 0.87) | (0.81, 0.83, 0.96, 0.97) | (0.71, 0.72, 0.84, 0.85) | (0.75, 0.76, 0.87, 0.88) | (0.85, 0.87, 0.99,1.01) |
|  | $f_2$ | (0.83, 0.85, 0.98,1.00) | (0.85, 0.87, 0.98,1.00) | (0.75, 0.76, 0.88, 0.89) | (0.84, 0.86, 0.98,1.00) | (0.86, 0.88,1.01,1.02) |
|  | $f_3$ | (0.85, 0.86, 0.96, 0.97) | (0.79, 0.80, 0.91, 0.92) | (0.89, 0.90,1.00,1.01) | (0.87, 0.89,1.01,1.02) | (0.85, 0.86, 0.99,1.01) |
|  | $f_4$ | (0.85, 0.86, 0.96, 0.97) | (0.79, 0.81, 0.91, 0.92) | (0.81, 0.82, 0.94, 0.95) | (0.78, 0.79, 0.90, 0.91) | (0.81, 0.82, 0.95, 0.96) |

第四步，根据 WTrFNPMSM$^{(2)}$ 算子和专家权重 $w_l^e (l=1,2,\cdots,5)$，对各时段各方案下每位专家的评价意见进行集成，得到各时段各方案的评价值，见表 7-19（计算结果保留两位小数）。

表 7-19　各时段各方案的评价信息

| 方案 | 时段 $t_1$ 评价信息 | 时段 $t_2$ 评价信息 | 时段 $t_3$ 评价信息 |
|---|---|---|---|
| $f_1$ | (0.63, 0.64, 0.77, 0.78) | (0.58, 0.59, 0.73, 0.74) | (0.67, 0.69, 0.81, 0.82) |
| $f_2$ | (0.74, 0.76, 0.87, 0.89) | (0.69, 0.71, 0.82, 0.83) | (0.78, 0.80, 0.91, 0.93) |
| $f_3$ | (0.79, 0.81, 0.91, 0.92) | (0.80, 0.81, 0.92, 0.93) | (0.80, 0.81, 0.91, 0.92) |
| $f_4$ | (0.77, 0.78, 0.88, 0.89) | (0.81, 0.82, 0.92, 0.94) | (0.76, 0.78, 0.88, 0.89) |

第五步，根据 WTrFNPMSM$^{(2)}$ 算子和时间权重 $w_j^* (j=1,2,3)$，对各时段下各方案的评价意见进行集成，得到各方案的评价值，见表 7-20（计算结果保留两位小数）。

表 7-20　各方案的评价信息

| 方案 | 评价信息 |
|---|---|
| $f_1$ | (0.54, 0.55, 0.66, 0.67) |
| $f_2$ | (0.69, 0.70, 0.81, 0.82) |
| $f_3$ | (0.75, 0.76, 0.85, 0.86) |
| $f_4$ | (0.73, 0.74, 0.84, 0.85) |

第六步，根据梯形模糊数的中心平均排序方法，由式（2-25）～式（2-27）得到各方案的排序指标，即 $K_1(f_1)$=0.5346、$K_1(f_2)$=0.6291、$K_1(f_3)$=0.6635、

$K_1(f_1)$ =0.6538，所以 $f_3 \succ f_4 \succ f_2 \succ f_1$，得到最优应急方案是方案3。

## 三、比较分析

为了验证本节所采用的 WTrFNPMSM 算子的有效性与优越性，采用了 TrFNOWA、TrFNPOWA 和 TrFNWMSM 算子与之进行比较。排序结果如表 7-21 所示。

**表 7-21 不同算子下的排序结果**

| 算子 | 时段 $t_1$ 排序结果 | 时段 $t_2$ 排序结果 | 时段 $t_3$ 排序结果 | 排序总结果 |
|---|---|---|---|---|
| WTrFNPMSM | $f_3 \succ f_4 \succ f_2 \succ f_1$ | $f_4 \succ f_3 \succ f_2 \succ f_1$ | $f_3 \succ f_2 \succ f_4 \succ f_1$ | $f_3 \succ f_4 \succ f_2 \succ f_1$ |
| TrFNWMSM | $f_3 \succ f_4 \succ f_1 \succ f_2$ | $f_1 \succ f_3 \succ f_2 \succ f_4$ | $f_3 \succ f_4 \succ f_1 \succ f_2$ | $f_1 \succ f_3 \succ f_4 \succ f_2$ |
| TrFNPOWA | $f_3 \succ f_2 \succ f_1 \succ f_4$ | $f_4 \succ f_3 \succ f_2 \succ f_1$ | $f_2 \succ f_3 \succ f_1 \succ f_4$ | $f_3 \succ f_2 \succ f_4 \succ f_1$ |
| TrFNOWA | $f_1 \succ f_3 \succ f_2 \succ f_4$ | $f_3 \succ f_4 \succ f_1 \succ f_2$ | $f_2 \succ f_1 \succ f_3 \succ f_4$ | $f_2 \succ f_1 \succ f_3 \succ f_4$ |

从表 7-21 可以发现，在排序总结果中，WTrFNPMSM 和 TrFNPOWA 算子均得到 $f_3$ 为最优方案、$f_1$ 为最差方案，但是 $f_2$ 和 $f_4$ 的排序相反；根据 TrFNWMSM 算子所得结果，$f_1$ 为最优方案；根据 TrFNOWA 算子所得结果，$f_2$ 为最优方案。在时段 $t_1$ 排序结果中，WTrFNPMSM、TrFNWMSM 和 TrFNPOWA 算子均得到 $f_3$ 为最优方案，但是 $f_1$、$f_2$ 和 $f_4$ 的排序略有差异；根据 TrFNOWA 算子所得结果，$f_1$ 为最优方案。在时段 $t_2$ 排序结果中，WTrFNPMSM 和 TrFNPOWA 算子均得到 $f_4$ 为最优方案，其他三个方案的排序也一样；根据 TrFNWMSM 算子所得结果，$f_1$ 为最优方案；根据 TrFNOWA 算子所得结果，$f_3$ 为最优方案。在时段 $t_3$ 排序结果中，WTrFNPMSM 和 TrFNWMSM 算子均得到 $f_3$ 为最优方案，但是 $f_1$、$f_2$ 和 $f_4$ 的排序不一样；TrFNPOWA 和 TrFNOWA 算子均得到 $f_2$ 为最优方案、$f_4$ 为最差方案，但是 $f_1$ 和 $f_3$ 的排序相反。

从以上评价结果来看，不管是分时段排序还是总排序，WTrFNPMSM 算子得到的最优方案可以得到其他算子排序结果的支持。而且相对其他算子，各时段该算子得到的最优、最差方案相差不大，可见该算子的评价结果比较稳定。此外，由于各应急方案是根据风暴潮灾害的程度依次增强其减灾救援力度，三个时段的情况也是根据风暴潮灾害危险度先提高再减小的变化规律而设计的，所以 WTrFNPMSM 算子得到的排序结果比较符合现实要求。

不同算子所得结果不同的主要原因如下：①WTrFNPMSM 算子在进行不同时段的评价信息集成时，考虑了时间的相互影响，加入的幂平均算子可以有效消除时间相互影响中的负效应，因此，该算子加大了评价结果的区分，所得的排序值也会有所不同，也较为合理。②WTrFNWMSM 算子在进行不同时段的评价信息集成时，虽然考虑了时间上的相互影响，但其时间负效应明显，得到的结果相差不大且稳定性不高，也易受极端值的影响。TrFNPOWA 算子在对不同时段的评价信息集成时通常倾斜于时间支持度较高和位置较前的一方，即靠近前期的评价结果；TrFNOWA 算子对不同时段的评价信息集成时通常会倾斜于时间位置较前的一方，即靠近后期的评价结果，因此，两者所计算的排序结果可能存在差异。

综上所述，本节所提出的 WTrFNPMSM 算子能够综合考虑时间的相互关系，协调支持度较高和位置较前的指标信息，故在这四个算子中，WTrFNPMSM 算子最适合本节的案例。

## 四、对策建议

基于本节，可以从不同的角度得出以下对策建议，这将对风暴潮应急方案的设计、应急处置的机制和应急管理部门具有重要意义。

1. 提高风暴潮应急方案的减灾救援能力的同时，需要加强灾区社会稳定性的维护

对比不同的应急方案，可以发现各方案在财产损失程度、社会舆论力等社会性方面的评价不高，说明风暴潮应急方案在设计时着重考虑爆发期应对措施的可行性和合理性，对灾区的灾后重建和灾民的人文关怀稍显不足。因此，在风暴潮应急措施中，应充分发挥基层群众自治组织和公益性社会组织的作用，提升社会互助能力。

2. 加快风暴潮应急方案的启动，提高应急处置的联动机能

属于自然灾害的风暴潮的爆发时间短、持续时间较长、破坏力较大，需要密切跟踪天气形势、灾害风险变化和发展趋势，及时做好应急方案的动态评估工作并快速开展应急行动。并且由公共管理部门、军事武装部队和相关组织组成的专业化程度较高、执行力强的队伍和由医院、学校、志愿者等人员组成应急行动的保障系统，将应急行动和各项物资及相关设施的后勤保障工作连续输出。

3. 健全风暴潮应急管理机制

风暴潮的发生需要应急管理部门及时启动紧急处置机制。应急管理部门的运行需要灾害信息的支持以及应急行动的咨询评价系统、指挥系统的执行与保障。对此，应急管理机制的建设需要对应急人员的明确分工、应急行动的合理分解以及执行力与保障力的充足分配，以提高风暴潮的应对能力。

# 参 考 文 献

曹清玮，戴丽芳，孙琪，等. 2020. 社会网络环境下基于分布式信任的在线评价方法[J]. 控制与决策，（7）：1697-1702.

陈晓红，张威威，徐选华. 2020. 社会网络环境下基于犹豫度和一致性的大群体决策方法[J]. 系统工程理论与实践，（5）：1178-1192.

陈志旺，王小飞，邵玉杰，等. 2016. 三参数区间数多属性决策的后悔理论方法[J]. 控制理论与应用，（9）：1214-1224.

董秀成，郭杰. 2016. 应对突发事件的动态多目标应急决策模型[J]. 统计与决策，（3）：43-46.

杜玉琴. 2017. 几类模糊多属性决策方法及其应用分析[D]. 北京理工大学博士学位论文.

郭亚军. 2007. 综合评价理论方法及应用[M]. 北京：科学出版社.

韩金，戴尔阜. 2021. 基于系统动力学的台风减灾决策研究[J]. 灾害学，（2）：220-227，234.

贺仲雄. 1983. 模糊数学及其应用[M]. 天津：天津科学技术出版社.

黄艳，蔡敏，严红梅. 2014. 浙江省太阳能资源分布特征及其初步区划研究[J]. 科技通报，（5）：78-85.

焦李成，杨淑媛，刘芳，等. 2016. 神经网络七十年：回顾与展望[J]. 计算机学报，（8）：1697-1716.

孔峰. 2005. 技术经济分析中的模糊多属性决策理论研究及其应用[D]. 华北电力大学博士学位论文.

李斌. 1998. 层次分析法和特尔菲法的赋权精度与定权[J]. 系统工程理论与实践，（12）：75-80.

李梦楠，贾振全. 2014. 社会网络理论的发展及研究进展评述[J]. 中国管理信息化，（3）：133-135.

李伟伟，易平涛，郭亚军. 2014. 混合评价信息的随机转化方法和应用[J]. 控制与决策，（4）：753-758.

梁亮，金南兰，倪勇强. 2013. 浙江省潮汐能资源调查及应用研究[J]. 浙江水利科技，41（4）：17-18，24.

林波. 2012. 温带风暴潮灾害应急管理专家系统研究[C]//中国科学技术协会、河北省人民政府. 第十四届中国科协年会第 14 分会场：极端天气事件与公共气象服务发展论坛论文集：196-200.

刘明，张培勇. 2018. 信息缺失环境下应急方案选择的序贯集成决策方法[J]. 系统工程，（2）：155-158.

刘卫锋，何霞. 2016. 毕达哥拉斯犹豫模糊集[J]. 模糊系统与数学，（4）：107-115.

刘小弟，朱建军，张世涛，等. 2017. 基于后悔理论与群体满意度的犹豫模糊随机多属性决策方法[J]. 中国管理科学，（10）：171-178.

乔铭. 2017. 不确定环境下突发事件应急处置方案评估方法研究[D]. 国防科技大学硕士学位论文.

谭春桥，张晓丹. 2019. 基于后悔理论的不确定风险型多属性决策 VIKOR 方法[J]. 统计与决策，（1）：47-51.

陶长琪, 凌和良. 2012. 基于 Choquet 积分的模糊数直觉模糊数多属性决策方法[J]. 控制与决策,（9）：1381-1386.

汪新凡, 王坚强. 2016. 基于后悔理论的具有期望水平的直觉语言多准则决策方法[J]. 控制与决策,（9）：1638-1644.

王博, 刘樑, 何婧, 等. 2011. 自然灾害类非常规突发事件应急方案效果评估指标体系初建[J]. 电子科技大学学报（社科版），（3）：29-31, 51.

王钦, 李贵春. 2017. 折线模糊数的重心定位及其排序方法[J]. 东北师大学报（自然科学版），（2）：25-29.

王硕, 费树岷, 夏安邦. 2000. 关键技术选择与评价的方法论研究[J]. 中国管理科学,（S1）：69-75.

卫贵武. 2008. 一种区间直觉模糊数多属性决策的 TOPSIS 方法[J]. 统计与决策,（1）：149-150.

吴跃进, 谢子远. 2009. 浙江省新能源开发潜力评价及政策选择[J]. 生态经济,（10）：98-101, 112.

武文颖, 李应, 金飞飞, 等. 2017. 基于概率犹豫信息集成方法的群决策模型[J]. 模式识别与人工智能, 30（2）：894-906.

徐选华, 刘洁, 陈晓红. 2018. 基于冲突风险熵和后悔规避的多属性大群体应急决策方法[J]. 信息与控制,（2）：214-222, 246.

徐选华, 张前辉. 2020a. 社会网络环境下保护少数意见的风险性大群体应急决策方法[J]. 运筹与管理,（10）：49-58.

徐选华, 张前辉. 2020b. 社会网络环境下基于共识的风险性大群体应急决策非合作行为管理研究[J]. 控制与决策,（10）：2497-2506.

薛元杰, 周建新, 刘铁民. 2015. 突发事件应急预案的评估研究[J]. 中国安全生产科学技术,（10）：127-132.

杨廉, 袁奇峰. 2010. 珠三角"三旧"改造中的土地整合模式——以佛山市南海区联滘地区为例[J]. 城市规划学刊,（2）：14-20.

杨叶勇. 2014. 基于模糊评价法的第三方物流企业核心竞争力影响因素分析[J]. 物流技术,（7）：142-144.

尹念红. 2016. 面向突发事件生命周期的应急决策研究[D]. 西南交通大学博士学位论文.

尤海浪, 钱锋, 黄祥为, 等. 2014. 基于大数据挖掘构建游戏平台个性化推荐系统的研究与实践[J]. 电信科学,（10）：27-32.

张笛, 孙涛, 陈洪转, 等. 2019. 多种形式不确定偏好信息下考虑后悔行为的双边匹配方法[J]. 系统工程与电子技术,（1）：118-123.

张浩. 2014. 考虑后悔与失望行为的应急方案选择与调整方法研究[D]. 东北大学硕士学位论文.

张文宇, 杨凤霞, 樊海燕, 等. 2019. 基于双层犹豫模糊语言 TOPSIS 方法的雾霾治理评估[J]. 统计与决策,（10）：36-41.

张晓, 樊治平, 陈发动. 2014. 考虑后悔规避的风险型多属性决策方法[J]. 系统管理学报,（1）：111-117.

章恒全, 涂俊玮. 2018. 基于后悔理论的模糊多准则群决策方法[J]. 统计与决策,（7）：46-50.

赵萌, 任嵘嵘, 李刚. 2013. 基于模糊熵-熵权法的混合多属性决策方法[J]. 运筹与管理,（6）：78-83.

周宏安. 2007. 模糊多属性决策方法研究[D]. 西安电子科技大学博士学位论文.

邹增家. 1996. 应用模糊数学[M]. 长春：东北师范大学出版社.

Afsordegan A, Sánchez M, Agell N, et al. 2016. Decision making under uncertainty using a qualitative TOPSIS method for selecting sustainable energy alternatives[J]. International Journal of Environmental Science and Technology, 13（6）: 1419-1432.

AI Garni H, Kassem A, Awasthi A, et al. 2016. A multicriteria decision making approach for evaluating renewable power generation sources in Saudi Arabia[J]. Sustainable Energy Technologies and Assessments, （16）: 137-150.

Albukhitan S. 2020. Developing digital transformation strategy for manufacturing[J]. Procedia Computer Science, 170: 664-671.

Alfaro-García V G, Merigó J M, Plata-Perez L, et al. 2019. Induced and logarithmic distances with multi-region aggregation operators. Technological and Economic Development of Economy, 25（4）: 664-692.

Alfaro-García V G, Merigó J M, Gil-Lafuente A M, et al. 2018. Logarithmic aggregation operators and distance measures[J]. International Journal of Intelligent Systems, 33（7）: 1488-1506.

Amer M, Daim T U. 2011. Selection of renewable energy technologies for a developing country: a case of Pakistan[J]. Energy for Sustainable Development, 15（4）: 420-435.

Anyaoha U, Zaji A, Liu Z. 2020. Soft computing in estimatingthe compressive strength for high-performance concrete viaconcrete composition appraisal[J]. Construction and Building Materials, 257: 119472.

Atanassov K T, Gargov G.1989. Interval valued intuitionistic fuzzy sets[J]. Fuzzy Sets and Systems, 31（3）: 343-349.

Atanassov K T. 1986. Intuitionistic fuzzy sets[J]. Fuzzy Sets and Systems, 20（1）: 87-96.

Baležentis T, Zeng S, Baležentis A. 2014. MULTIMOORA-IFN: a MCDM method based on intuitionistic Fuzzy numbers for performance management[J]. Economic Computation and Economic Cybernetics Studies and Research, 48（4）: 85-102.

Barin A, Canha L N, Da A, et al. 2011. Multiple criteria analysis for energy storage selection[J]. Energy and Power Engineering, 3: 557-564.

Batlle J V I, Aoyama M, Bradshaw C, et al. 2018. Marine radioecology after the Fukushima Dai-ichi nuclear accident: are we better positioned to understand the impact of radionuclides in marine ecosystems[J]. The Science of the Total Environment, 618: 80-92.

Bell D E. 1982. Regret in decision making under uncertainty[J]. Operations Research, 30（5）: 961-981.

Bernhard B, Missaoui R. 2014. Multi-criteria analysis of electricity generation mix scenarios in Tunisia[J]. Renewable and Sustainable Energy Reviews, 39（6）: 251-261.

Boran F E, Genç S, Kurt M, et al. 2009. A multi-criteria intuitionistic fuzzygroup decision making for supplier selection with TOPSIS method[J]. Expert Systems with Applications, 36（8）: 11363-11368.

Brauers W K M, Zavadskas E K. 2006. The MOORA method and its application to privatization in a transition economy[J]. Control and Cybernetics, 35: 445-469.

Brauers W K M, Zavadskas E K. 2010. Project management by MULTIMOORA asan instrument for transition economies[J]. Technological and Economic Development of Economy, 16(1): 5-24.

Bravo M, de Brito J, Evangelista L. 2017. Thermal performance of concrete with recycled aggregates from CDW plants[J]. Applied Sciences, 7(7): 740.

Bustince H, Burillo P. 1996. Vague sets are intuitionistic fuzzy sets[J]. Fuzzy Sets and Systems, 79(3): 403-405.

Butean C, Heghes B. 2020. Cost efficiency of a two layer reinforced concrete beam[J]. Procedia Manufacturing, 46: 103-109.

Büyüközkan G, Güleryüz S. 2017. Evaluation of renewable energy resources in Turkey using an integrated MCDM approach with linguistic interval fuzzy preference relations[J]. Energy, 123: 149-163.

Büyüközkan G, Göçerab F, Karabulut Y. 2019. A new group decision making approach with if AHP and if VIKOR for selecting hazardous waste carriers[J]. Measurement, 134: 66-82.

Campbell A M. 2020. An increasing risk of family violence during the Covid-19 pandemic: strengthening community collaborations to save lives[J]. Forensic Science International: Reports, 2: 100089.

Cavallaro F, Ciraolo L. 2005. A multi criteria approach to evaluate wind energy plants on an Italian island[J]. Energy Policy, 33(2): 235-244.

Chang S J, Huang S H, Lin Y J, et al. 2014. Antiviral activity of Rheum palmatum methanol extract and chrysophanol against Japanese encephalitis virus[J]. Archives of Pharmacal Research, 37(9): 1117-1123.

Chatzimouratidis A I, Pilavachi P A. 2009. Technological, economic and sustainability evaluation of power plants using the Analytic Hierarchy Process[J]. Energy Policy, 37(3): 778-787.

Chen C J, Michaelis M, Hsu H K, et al. 2008. Toona sinensis Roem tender leaf extract inhibits SARS coronavirus replication[J]. Journal of Ethnopharmacology, 120(1): 108-111.

Chen J D, Cheng S L, Nikic V, et al. 2018. Quo vadis? Major players in globalcoal consumption and emissions reduction[J]. Transformations in Business and Economics, 17(1): 112-132.

Chen J J, Zhang C H, Li P P, et al. 2020a. The ILHWLAD-MCDM framework for the evaluation of concrete materials under an intuitionistic linguistic fuzzy environment[J]. Journal of Mathematics, 2020: 8852842.

Chen X H, Zhang W W, Xu X H. 2020b. Large group decision making method based on hesitation and consistency under social network context[J]. Systems Engineering Theory & Practice, 40(5): 1178-1192.

Colak M, Kaya I. 2017. Prioritization of renewable energy alternatives by using an integrated fuzzy MCDM model: a real case application for Turkey[J]. Renewable and Sustainable Energy Reviews, 80: 840-853.

Cui N, Zou X G, Xu L. 2020. Preliminary CT findings of coronavirus disease 2019 (COVID-19)[J]. Clinical Imaging, 65: 124-132.

Daim T, Yates D, Peng Y, et al. 2009. Technology assessment for clean energy technologies: the case of the Pacific Northwest[J]. Technology in Society, 31（3）: 232-243.

Demirbas A. 2011. Waste management, waste resource facilities and waste conversion processes[J]. Energy Conversion and Management, 52（2）: 1280-1287.

Di P. 2021. The research and implementation in digital transformation of manufacturing enterprises[J]. Journal of Physics: Conference Series, 1820（1）: 1-6.

Ding J, Xu Z S, Zhao N. 2017. An interactive approach to probabilistichesitant fuzzy multi-attribute group decision making with incompleteweight information[J]. Journal of Intelligent & Fuzzy Systems, 32（3）: 2523-2536.

Dong Q X, Zhou X, Mart Qnz L. 2019. A hybrid group decision making framework for achieving agreed solutions based on stable opinions[J]. Information Sciences, 490: 227-243.

Dong Q X, Zhü K Y, Cooper O. 2017. Gaining consensus in a moderated group: a model with a twofold feedback mechanism[J]. Expert Systems with Applications, 71: 87-97.

Dong Y, Zha Q, Zhang H, et al. 2018. Consensus reaching in social network group decision making: Research paradigms and challenges[J]. Knowledge-Based Systems, 162: 3-13.

EASE/EERA. 2013. Joint EASE/EERA Recommendations for European Energy Storage Technology Development Roadmap Towards 2030[EB/OL]. https://www.eera-set.eu/component/ attachments/? task=download&id=312[2022-06-08].

Egor P. 2020. Digital Transformation of industrial companies: What is Management 4.0?[C]. ICEME 2020: 2020 The 11th International Conference on E-business.

Ejegwa P A. 2020. Modified Zhang and Xu's distance measure for Pythagorean fuzzy sets and its application to pattern recognition problems[J]. Neural Computing and Applications, 32: 10199-10208.

Fu G M, Sun Z D, Ji J. 2011. Construction of comprehensive evaluation system of island landscape energy resources[J]. China Science and Technology Information, 15: 215-216.

Fu Z G, Liao H C. 2019. Unbalanced double hierarchy linguistic term set: the TOPSIS method for multi-expert qualitative decision making involving green mine selection[J]. Information Fusion, 51: 271-286.

Galanakis C M. 2020. The food systems in the era of the coronavirus （COVID-19） pandemic crisis[J]. Foods, 9（4）: 523-532.

Gao J, Xu Z, Liao H. 2017. A dynamic reference point method for emergency response under hesitant probabilistic fuzzy environment[J]. International Journal of Fuzzy Systems, 19（5）: 1261-1278.

Gao X, Zhang A L, Sun Z L. 2020. How regional economic integration influence on urban land use efficiency? A case study of Wuhan metropolitan area, China[J]. Land Use Policy, 90: 104329.

Goletsis Y, Psarras J, Samouilidis J E. 2003. Project ranking in the Armenian energy sector using a multicriteria method for groups[J]. Annals of Operations Research, 120: 135-157.

Gou X J, Liao H C, Xu Z S, et al. 2017. Double hierarchy hesitant fuzzy linguistic term set and MULTIMOORA method: a case of study to evaluate the implementation status of haze controlling measures[J]. Information Fusion, 38: 22-34.

Gou X J, Liao H C, Xu Z S, et al. 2019. Group decision making with double hierarchy hesitant fuzzy linguistic preference relations: consistency based measures, index and repairing algorithms and decision model[J]. Information Sciences, 489: 93-112.

Gou X J, Xu Z S, Liao H C, et al. 2018. Multiple criteria decision making based on distance and similarity measures under double hierarchy hesitant fuzzy linguistic environment[J]. Computers & Industrial Engineering, 126: 516-530.

Gou X J, Xu Z S, Liao H C, et al. 2020. Consensus model handling minority opinions and noncooperative behaviors in large-scale group decision-making under double hierarchy linguistic preference relations[J]. IEEE Transactions on Cybernetics, 99: 1-14.

Gou X J, Xu Z S, Ren P J. 2016. The properties of continuous Pythagorean fuzzy information[J]. International Journal of Intelligent Systems, 31(5): 401-424.

Guan W J, Ni Z Y, Hu Y, et al. 2020. Clinical characteristics of coronavirus disease 2019 in China[J]. The New England Journal of Medicine, 382(18): 1708-1720.

Guo J. 2013. Hybrid multi attribute group decision making based on intuitionistic fuzzy information and GRA method[J]. ISRN Applied Mathematics, 6: 146026.

Guo Y R, Cao Q D, Hong Z S, et al. 2020. The origin, transmission and clinical therapies on coronavirus disease 2019 (COVID-19) outbreak-an update on the status[J]. Military Medical Research, 7(1): 93-103.

Haddad B, Liazid A, Ferreira P. 2017. A multi-criteria approach to rank renewables for the Algerian electricity system[J]. Renewable Energy, 107: 462-472.

Hammond G P, Jones C I. 2008. Embodied energy andcarbon in construction materials[J]. Proceedings of the Institution of Civil Engineers-Energy, 161(2): 87-98.

Hanneman R A, Riddle M. 2005. Introduction to Social Network Methods[M]. California: University of California.

He J, Lu L L, Wang H L. 2018. The win-win pathway of economic growth and co2emission reduction: a case study for China[J]. Chinese Journal of Population, Resources and Environment, 16(3): 220-231.

He Y, Xu Z S. 2018. Multi-attribute decision making methods based onreference ideal theory with probabilistic hesitant information[J]. Expert Systems with Application, 118: 459-469.

Herrera F, Martinez L. 2000. A 2-tuple fuzzy linguistic representation model for computing with words[J]. IEEE Transactions on Fuzzy Systems, 8(6): 746-752.

Hong Z L, Wu M H. 2013. An approach to TCM syndrome differentiation based on interval-valued intuitionistic fuzzy sets[J]. Advances in Intelligent Systems and Computing, 191: 77-81.

Hu J L, Chang M C, Tsay H W. 2018. Disaggregate energy efficiency of regionsin Taiwan[J]. Management of Environmental Quality: An International Journal, 29(1): 34-48.

Huang X, Pascal R W, Chamberlain K, et al. 2011. A miniature, high precision conductivity and temperature sensor system for ocean monitoring[J]. IEEE Sensors Journal, 11(12): 3246-3252.

Huber J, Payne J W, Puto C. 1982. Adding asymmetrically dominated alternatives: violations of regularity and the similarity hypothesis[J]. Journal of Consumer Research, 9(1): 90-98.

International Energy Agency. 2014a. Technology road map energy storage[R]. Paris.

International Energy Agency. 2014b. The power of transformation-wind, sun and the economics of flexible power systems[R]. Paris.

Iskin I, Daim T, Kayakutlu G, et al. 2012. Exploring renewable energy pricing with analytic network process-comparing a developed and a developing economy[J]. Energy Economics, 34（4）: 882-891.

Jin Y, Wang F, Carpenter M, et al. 2020. The effect of indoor thermal and humidity condition on the oldest-old people's comfort and skin condition in winter[J]. Building and Environment, 174: 106790.

Kandiri A, Golafshani E M, Behnood A. 2020. Estimation of the compressive strength of concretes containing ground granulated blast furnace slag using hybridized multi-objective ANN and salp swarm algorithm[J]. Construction and Building Materials,（248）: 118676.

Kao H Y, Huang C H, Kao T C, et al. 2008. Knowledge modeling in traditional Chinese medicine with fuzzy influence diagrams[J]. International Journal of Innovative Computing Information and Control, 4（8）: 2057-2067.

Kousksou T, Bruel P, Jamil A, et al. 2014. Energy storage: application and challenges[J]. Solar Energy Materials and Solar Cells, 120: 59-80.

Kumanayake R, Luo H B, Paulusz N. 2018. Assessment of material related embodied carbon of an office building in SriLanka[J]. Energy and Buildings, 166: 250-257.

Kyeongseok K, Hyoungbae P, Hyoungkwan K. 2017. Real options analysis for renewable energy investment decisions in developing countries[J]. Renewable and Sustainable Energy Reviews, 75: 918-926.

Li J, Wang J Q, Hu J H. 2019. Multi-criteria decision-making method based on dominance degree and BWM with probabilistic hesitant fuzzy information[J]. International Journal of Fuzzy Systems, 10（7）: 1671-1685.

Li J, Wang Z X. 2018. Consensus building for probabilistic hesitant fuzzy preference relations with expected additive consistency[J]. International Journal of Fuzzy Systems, 20（5）: 1495-1510.

Liang D C, Yi B C, Xu Z S. 2021. Opinion dynamics based on infectious disease transmission model in the non-connected context of Pythagorean fuzzy trust relationship[J]. Journal of the Operational Research Society, 72（12）: 2783-2803.

Lin K L. 2010. Determining key ecological indicators for urban land consolidation[J]. International Journal of Strategic Property Management, 14（2）: 89-103.

Liu X M, Zhang M M, He L, et al. 2012. Chinese herbs combined with Western medicine for severe acute respiratory syndrome（SARS）[J]. Cochrane Database of Systematic Reviews, 10（10）: CD004882.

Liu Y M, Zhu F, Jin L L. 2019. Multiple attribute decision making method based on probability hesitation fuzzy entropy[J]. Control and decision, 34（3）: 861-870.

Loomes G, Sugden R. 1982. Regret theory: an alternative theory of rational choice under uncertainty[J]. The Economic Journal, 92（368）: 805-824.

Lu H M, Guna J, Dansereau D G. 2017. Introduction to the special section on artificial intelligence and computer vision[J]. Computers & Electrical Engineering, 58: 444-446.

Ma X H, Zhou Y, Yang L Y, et al. 2021. A survey of marine coastal litters around Zhoushan island, China and their impacts[J]. Journal of Marine Science and Engineering, 9 (2): 183.

Ma Z M, Xu Z S. 2016. Symmetric Pythagorean fuzzy weighted geometric/averaging operators and their application in multicriteria decision-making problems[J]. International Journal of Intelligent Systems, 31 (12): 1198-1219.

Malkawi S, AI-Nimr M, Azizi D. 2017. A multi-criteria optimization analysis for Jordan's energy mix[J]. Energy, 127: 680-696.

Mata F, Martinez L, Herrera-Viedma E. 2009. An adaptive consensus support model for group decision-making problems in a multi granular fuzzy linguistic context[J]. IEEE Transactions on Fuzzy Systems, 17 (2): 279-290.

Merigó J M, Gil-Lafuente A M. 2010. New decision-making techniques and their application in the selection of financial products[J]. Information Sciences, 180 (11): 2085-2094.

Mu Z M, Zeng S Z, Wang P Y. 2021. Novel approach to multi-attribute group decision-making based on interval-valued Pythagorean fuzzy power Maclaurin symmetric mean operator[J]. Computers & Industrial Engineering, 155: 107049.

Muchová Z, Petrovič F. 2019. Prioritization and evaluation of land consolidation projects—Žitava River Basin in a Slovakian case[J]. Sustainability, 11 (7): 1-12.

Opricovic S, Tzeng G H. 2004. Compromise solution by MCDM methods: a comparative analysis of VIKOR and TOPSIS [J]. European Journal of Operational Research, 156 (2): 445-455.

Park J J, Kim K. 2007. Evaluation of calibrated salinity from profiling floats with high resolution conductivity-temperature-depth data in the East/Japan Sea[J]. Journal of Geophysical Research: Oceans, 112 (C5): 49-58.

Peng X D, Dai J G. 2017. Approaches to Pythagorean fuzzy stochastic multi-criteria decision making based on prospect theory and regret theory with new distance measure and score function[J]. International Journal of Intelligent Systems, 32 (11): 1187-1214.

Pittau F, Krause F, Lumia G, et al. 2018. Fast-growing bio-based materials as an opportunity for storing carbon in exterior walls[J]. Building and Environment, 129: 117-129.

Praseeda K I, Reddy B V V, Mani M. 2015. Embodied energy assessment of building materials in India using process and input-output analysis[J]. Energy and Buildings, (86): 677-686.

Rastler D. 2010. Electricity energy storage technology options: a white paper primer on applications, costs, and benefits[C]. Palo Alto.

Raza S S, Janajreh I, Ghenai C. 2014. Sustainability index approach as a selection criteria for energy storage system of an intermittent renewable energy source[J]. Applied Energy, 136: 909-920

Ren J. 2018. Sustainability prioritization of energy storage technologies forpromoting the development of renewable energy: a novel intuitionistic fuzzy combinative distance-based assessment approach[J]. Renewable Energy, 121: 666-676.

Ren R X, Tang M, Liao H C. 2019a. Managing minority opinions in micro-grid planning by a social network analysis-based large scale group decision making method with hesitant fuzzy linguistic information[J]. Knowledge-Based Systems, 189: 1-14.

Ren X, Shao X X, Li X X, et al. 2020. Identifying potential treatments of covid-19 from traditional Chinese medicine (TCM) by using a data-driven approach[J]. Journal of Ethnopharmacology, 258: 112932.

Ren Z L, Xu Z S, Wang H. 2019b. The strategy selection problem on artificial intelligence with integrated VIKOR and AHP method under probabilistic dual hesitant fuzzy information[J]. IEEE Access, 7: 103979-103999.

Rohan M. 2016. Cement and concrete industry integral part of thecircular economy[J]. Revista Romana de Materiale-Romanian Journal of Materials, 46: 253-258.

Sandia. 2013. DOE/EPRI 2013 Electricity Storage Handbook with NRECA[EB/OL]. https://www.energy.gov/sites/default/files/2013/08/f2/ElecStorageHndbk2013.pdf[2022-06-08].

SBC Energy Institute. 2013. Electricity storage[EB/OL]. https://www.epa.gov/energy/electricity-storage[2022-06-08].

Şengül Ü, Eren M, Shiraz S E, et al. 2015. Fuzzy TOPSIS method for ranking renewable energy supply systems in Turkey[J]. Renewable Energy, 75: 617-625.

Shaik S B, Karthikeyan J, Jayabalan P. 2020. Influence of using agro-waste as a partial replacement in cement on the compressive strength of concrete—a statistical approach[J]. Construction and Building Materials, 250: 118746.

Shan W, Ren J, Wang Y C, et al. 2019. Ecological environment quality assessment based on remote sensing data for land consolidation[J]. Journal of Cleaner Production, 239: 118126.

Sharma S, Singh S. 2019. On some generalized correlation coefficients of the fuzzy sets and fuzzy soft sets with application in cleanliness ranking of public health centres[J]. Journal of Intelligent & Fuzzy Systems, 36: 3671-3683.

Simić D, Kovačević I, Svirčević V, et al. 2016. 50 years of fuzzy set theory and models for supplier assessment and selection: a literature review[J]. Journal of Applied Logic, 24: 85-96.

Singh S, Sharma S, Ganie A H. 2020. On generalized knowledge measure and generalized accuracy measure with applications to madm and pattern recognition[J]. Computational and Applied Mathematics, 39(3): 1-44.

Solomon A, Hemalatha G. 2020. Characteristics of expanded polystyrene (EPS) and its impact on mechanical and thermalperformance of insulated concrete form (ICF) system[J]. Structures, 23: 204-213.

Song C Y, Xu Z S, Zhao H. 2019. New correlation coefficients between probabilistic hesitant fuzzy sets and their applications in cluster analysis[J]. International Journal of Fuzzy Systems, 21(2): 355-368.

Song M L, Peng J, Wang J L, et al. 2018a. Better resource management: an improved resource and environmental efficiency evaluation approach that considers undesirable outputs[J]. Resources, Conservation and Recycling, 128: 197-205.

Song M L, Peng J, Wang J L, et al. 2018b. Environmental efficiency and economic growth of China:

a ray slack-based model analysis[J]. European Journal of Operational Research, 8( 269 ): 51-63.

Song M, Wang S H. 2018. Market competition, green technologyprogress and comparative advantages in China[J]. Management Decision, 56（1）: 188-203.

Song X, Zhu Y. 2017. Research on the issues of the municipal solid waste classification and resource utilization in China[J]. Agro Food Industry Hi Tech, 28（1）: 188-192.

Sony M, Mekoth N. 2018. A qualitative study on electricity energy-saving behaviour, Manag[J]. Management of Environmental Quality: An International Journal, 29（5）: 961-977.

Su W H, Zhang D C, Zhang C H, et al. 2020. Sustainability assessment of energy sector development in China and European Union[J]. Sustainable Development, 28（5）: 1063-1076.

Su Z, Xu Z S, Zhao H, et al. 2019. Entropy measures for probabilistic hesitant fuzzy information[J]. IEEE Access, 7: 65714-65727.

Szmidt E, Kacprzyk J. 2001. Intuitionstic fuzzy sets in some medical applications[J]. Computational Intelligence: Theory and Applications, Proceedings, 2206: 148-151.

Taffese W Z, Abegaz K A. 2019, A. Embodied energy and CO2 emissions of widely used building materials: the Ethiopian context[J]. Buildings, 9: 136-151.

Talinli I, Topuz E, Akbay M U. 2010. Comparative analysis for energy production processes（EPP）: sustainable energy futures for Turkey[J]. Energy Policy, 38（8）: 4479-4488.

Tezcan A, Buyuktas K, Aslan S T A. 2020. A multi-criteria model for land valuation in the land consolidation[J]. Land Use Policy,（95）: 104572.

Theodorou S, Florides G, Tassou S. 2010. The use of multiple criteria decision making methodologies for the promotion of RES through funding schemes in Cyprus, a review[J]. Energy Policy, 38（12）: 7783-7792.

Tian S F, Hu W D, Niu L, et al. 2020. Pulmonary pathology of early-phase 2019 novel coronavirus（covid-19）pneumonia in two patients with lung cancer[J]. Journal of Thoracic Oncology, 15: 700-704.

Tong Y Q, Liu J F, Liu S Z. 2019. China is implementing "garbage classification" action[J]. Environmental Pollution, 259: 113707.

Torra V. 2010. Hesitant fuzzy sets[J]. International Journal of Intelligent Systems, 25（6）: 529-539.

Torriti J. 2012. Multiple-project discount rates for cost-benefit analysis in construction projects: a formal risk model for microgeneration renewable energy technologies[J]. Construction Management and Economics, 30（9）: 739-747.

Troldborg M, Healop S, Hough R L. 2014. Assessing the sustainability of renewable energy technologies using multi-criteria analysis: suitability of approach for national-scale assessments and associated uncertainties[J]. Renewable & Sustainable Energy Reviews , 39( 6 ): 1173-1184.

Varet M, Burel F, Petillon J. 2014. Can urban consolidation limit local biodiversity erosion? Responses from carabid beetle and spider assemblages in Western France[J]. Urban Ecosystems, 17（1）: 123-137.

Walker T R, Adebambo O, Del M C, et al. 2019. Environmental effects of marine transportation[C]// Sheppard C. World Seas: an Environmental Evaluation. the United Kingdom: Academic Press:

505-530.

Wang W D, Lu N, Zhang C J. 2018. Low-carbon technology innovation respondingto climate change from the perspective of spatial spillover effects[J]. Chinese Journal of Population, Resources and Environment, 16（2）: 120-130.

Wang X D, Gou X J, Xu Z S. 2020. Assessment of traffic congestion with ORESTE method under double hierarchy hesitant fuzzy linguistic environment[J]. Applied Soft Computing Journal, （86）: 105864.

Wang X L, Wu L H. 2017. Determinants of workers' attitude toward low-carbon technology adoption: empirical evidence from Chinese firms[J]. Chinese Journal of Population, Resources and Environment, 15（1）: 80-86.

Wimmler C, Hejazi G, Feranandes E, et al. 2015. Multi-criteria decision support methods for renewable energy systems on islands[J]. Journal of Clean Energy Technologies, 3(3): 313-324.

Wolfe A W. 1995. Social network analysis: methods and applications[J]. Contemporary Sociology, 91（435）: 219-220.

Wu J, Chang J L, Cao Q W, et al. 2019. A trust propagation and collaborative filtering based method for incomplete information in social network group decision making with type-2 linguistic trust[J]. Computers & Industrial Engineering, 127: 853-864.

Wu J, Chiclana F, Fujita H, et al. 2017. A visual interaction consensus model for social network group decision making with trust propagation[J]. Knowledge-Based Systems, 122: 39-50.

Wu J, Chiclana F, Herrera-Viedma E. 2015. Trust based consensus model for social network in an incomplete linguistic information context[J]. Applied Soft Computing, 35: 827-839.

Wu J, Chiclana F. 2014. A social network analysis trust consensus-based approach to group decision-making problems with interval-valued fuzzy reciprocal preference relations[J]. Knowledge-Based Systems, 59: 97-107.

Wu J, Xiong R Y, Chiclana F. 2016. Uninorm trust propagation and aggregation methods for group decision making in social network with four tuple information[J]. Knowledge-Based Systems, 96: 29-39.

Wu W Y, Li Y, Jin F, et al. 2017. Group decision model based on probability hesitation information integration[J]. Pattern Recognition and Artificial Intelligence, 30（10）: 894-906.

Wyatt P. 1996. The development of a property information system for valuation using geographical information system （GIS）[J]. Journal of Property Research, 13（4）: 317-336.

Xie J, Zhang H, Duan L, et al. 2020. Effect of nano metakaolin oncompressive strength of recycled concrete[J]. Construction and Building Materials, 256: 119393.

Xu X H, Cai C G, Wang P, et al. 2016. Complex large group-emergency decision making method oriented characteristic of multi-department and multi-index[J]. Control and Decision, 31（2）: 225-232.

Xu Z S. 2007. Multi-person multi-attribute decision making models under intuitionistic fuzzy environment[J]. Fuzzy Opitimization and Decision Making, 6（3）: 221-236.

Xu Z S, Xia M M. 2011. Distance and similarity measures for hesitant fuzzy sets[J]. Information

Science, 2011, 181（11）: 2128-2138.

Xu Z S, Yager R R. 2006. Some geometric aggregation operators based onintuitionistic fuzzy sets[J]. International Journal of General Systems, 35（4）: 417-433.

Xu Z S, Zhou W. 2017. Consensus building with a group of decision makers under the hesitant probabilistic fuzzy environment[J]. Fuzzy Optimization and Decision Making, 16（4）: 481-503.

Xu Z S. 2005. An overview of methods for determining OWA weights [J]. International Journal of Intelligent Systems, 20（8）: 843-865.

Xu Z S. 2013. Intuitionistic fuzzy aggregation operators[J]. IEEE Trans Fuzzy Syst, 15（6）: 1179-1187.

Yager R R. 2001. The power average operator[J]. IEEE Transactions on Systems, Man, and Cybernetics-Part A: Systems & Humans, 31（6）: 724-731.

Yager R R. 2013. Pythagorean fuzzy subsets[C]. 2013 Joint IFSA World Congress and NAFIPS Annual Meeting （IFSA/NAFIPS）.

Yager R R. 2014. Pythagorean membership grades in multicriteria decision making[J]. IEEE Transactions on Fuzzy Systems, 22（4）: 958-965.

Yang R C, Liu H, Bai C, et al. 2020. Chemical composition and pharmacological mechanism of QingfeiPaidu decoction and Ma Xing Shi Gan decoction against coronavirus disease 2019 （COVID-19）: in silico and experimental study[J]. Pharmacological Research, 157: 104820.

Yue Z. 2014. TOPSIS-based group decision-making methodology in intuitionisticfuzzy setting[J]. Information, 277: 141-153.

Zadeh L A. 1965. Fuzzy sets[J]. Information and Control, 8（3）, 338-353.

Zadeh L A. 1975.The concept of a linguistic variable and its application to approximate reasoning-Ⅲ [J]. Information Sciences, 9（1）: 43-80.

Zeng S Z, Hu Y J, Xie X Y. 2021. Q-rung orthopair fuzzy weighted induced logarithmic distance measures and their application in multiple attribute decision making[J]. Engineering Applications of Artificial Intelligence,（100）: 104167.

Zhang C H, Chen C, Streimikiene D et al. 2019a. Intuitionistic fuzzy MULTIMOORA approach for multicriteria assessment of the energy storage technologies[J]. Applied Soft Computing,（79）: 410-423.

Zhang C H, Hu Q Q, Zeng S Z, et al. 2021. IOWLAD-based MCDM model for the site assessment of a household waste processing plant under a Pythagorean fuzzy environment[J]. Environmental Impact Assessment Review, 89: 106579.

Zhang C H, Wang Q, Zeng S Z, et al. 2019b. Probabilistic multi-criteriaassessment of renewable micro-generation technologies in households[J]. Journal of Cleaner Production, 212: 582-592.

Zhang H, Wang F, Tang H, et al. 2019c. An optimization-based approach to social network group decision making with an application to earthquake shelter-site selection[J]. International Journal of Environmental Research and Public Health, 16（15）: 27-40.

Zhang M D, Ding C R, Cervero R. 2005. The integration of transportation and land use: the new urbanism and smart growth[J]. Urban Studies, 12（4）: 46-52.

Zhang M D, Wang X, Zhang Z X, et al. 2018. Assessing the potential of rural settlement land consolidation in China: a method based on comprehensive evaluation of restricted factors[J]. Sustainability, 10(9): 3102-3122.

Zhang S, Xu Z S, He Y. 2017. Operations and integrations of probabilistic hesitant fuzzy information in decision making[J]. Information Fusion, 38: 1-11.

Zhang X N, Tan Y, Ling Y, et al. 2020. Viral and host factors related to the clinic outcome of the SARS-CoV-2 infection[J]. Nature, 583: 437-440.

Zhang X, Xu Z S. 2014. Extension of TOPSIS to multiple criteria decision making with Pythagorean fuzzy sets[J]. International Journal of Intelligent Systems, 29(12): 1061-1078.

Zhang Z H. 2004. Application of traditional Chinese medicine in treating acute infection of throat[J]. Journal of Chinese Integrative Medicine, 2(1): 52-74.

Zhao N, Xu Z S, Liu F. 2015. Uncertainty measures for hesitant fuzzy information[J]. International Journal of Intelligent Systems, 30(7): 818-836.

Zheng Y F, Xu J. 2018. A trust transitivity model for group decision making in social network with intuitionistic fuzzy information[J]. Faculty of Sciences and Mathematics, 32(5): 1937-1945.

Zhou L G, Chen H Y, Liu J P. 2012. Generalized logarithmic proportional averaging operators and their applications to group decision making[J]. Knowledge-Based Systems, 36: 268-279.

Zhu B, Xu Z S, Xia M M. 2012. Dual hesitant fuzzy sets[J]. Journal of Applied Mathematics, 2012: 879629.

Zhu W N, Feng W, Li X D, et al. 2020. Analysis of the embodied carbon dioxide in the building sector: a case of China[J]. Journal of Cleaner Production, 269: 122438.

# 附　　录

**附表 A-1　专家信息**

| 专家编号 | 部门 | 职位 | 工作经验（年） |
|---|---|---|---|
| $e_1$ | 海洋研究所 | 主任 | 19 |
| $e_2$ | 国家海洋技术中心 | 高级研究员 | 16 |
| $e_3$ | 生态与环境研究中心 | 主任 | 18 |
| $e_4$ | 浙江省海洋局 | 局长 | 23 |
| $e_5$ | 浙江海洋科学研究院 | 高级研究员 | 12 |

**附表 A-2　专家评分表**

| $e_1$ | $C_1$ | | | $C_2$ | | | $C_3$ | | | $C_4$ | | | $C_5$ | | |
|---|---|---|---|---|---|---|---|---|---|---|---|---|---|---|---|
|  | $u$ | $v$ | $l$ | $u$ | $v$ | $l$ | $u$ | $v$ | $l$ | $u$ | $v$ | $l$ | $u$ | $v$ | $l$ |
| $A_1$ | 0.9 | 0.1 | 0.9 | 0.8 | 0.2 | 0.9 | 0.8 | 0.2 | 0.9 | 0.8 | 0.1 | 0.8 | 0.5 | 0.1 | 0.8 |
| $A_2$ | 0.8 | 0.3 | 0.7 | 0.8 | 0.1 | 0.8 | 0.7 | 0.1 | 0.8 | 0.7 | 0.2 | 0.9 | 0.8 | 0.1 | 0.9 |
| $A_3$ | 0.8 | 0.2 | 0.9 | 0.6 | 0.3 | 0.7 | 0.8 | 0.3 | 0.7 | 0.8 | 0.3 | 0.8 | 0.7 | 0.3 | 0.8 |
| $A_4$ | 0.7 | 0.3 | 0.8 | 0.7 | 0.2 | 0.8 | 0.8 | 0.2 | 0.6 | 0.9 | 0.1 | 0.7 | 0.7 | 0.1 | 0.9 |

| $e_1$ | $C_6$ | | | $C_7$ | | | $C_8$ | | | $C_9$ | | | $C_{10}$ | | |
|---|---|---|---|---|---|---|---|---|---|---|---|---|---|---|---|
|  | $u$ | $v$ | $l$ | $u$ | $v$ | $l$ | $u$ | $v$ | $l$ | $u$ | $v$ | $l$ | $u$ | $v$ | $l$ |
| $A_1$ | 0.8 | 0.2 | 0.8 | 0.6 | 0.2 | 0.8 | 0.6 | 0.5 | 0.9 | 0.7 | 0.2 | 0.8 | 0.7 | 0.2 | 0.7 |
| $A_2$ | 0.7 | 0.1 | 0.8 | 0.8 | 0.2 | 0.7 | 0.6 | 0.4 | 0.8 | 0.7 | 0.5 | 0.8 | 0.8 | 0.3 | 0.7 |
| $A_3$ | 0.8 | 0.3 | 0.9 | 0.6 | 0.3 | 0.8 | 0.8 | 0.4 | 0.9 | 0.8 | 0.3 | 0.8 | 0.9 | 0.1 | 0.7 |
| $A_4$ | 0.8 | 0.2 | 0.7 | 0.8 | 0.1 | 0.9 | 0.8 | 0.1 | 0.8 | 0.7 | 0.2 | 0.9 | 0.8 | 0.2 | 0.8 |

| $e_2$ | $C_1$ | | | $C_2$ | | | $C_3$ | | | $C_4$ | | | $C_5$ | | |
|---|---|---|---|---|---|---|---|---|---|---|---|---|---|---|---|
|  | $u$ | $v$ | $l$ | $u$ | $v$ | $l$ | $u$ | $v$ | $l$ | $u$ | $v$ | $l$ | $u$ | $v$ | $l$ |
| $A_1$ | 0.8 | 0.1 | 0.8 | 0.9 | 0.2 | 0.8 | 0.8 | 0.1 | 0.9 | 0.7 | 0.2 | 0.8 | 0.6 | 0.2 | 0.9 |
| $A_2$ | 0.8 | 0.2 | 0.8 | 0.8 | 0.2 | 0.8 | 0.7 | 0.1 | 0.9 | 0.8 | 0.1 | 0.8 | 0.9 | 0.1 | 0.8 |
| $A_3$ | 0.7 | 0.2 | 0.7 | 0.8 | 0.1 | 0.7 | 0.8 | 0.3 | 0.6 | 0.7 | 0.3 | 0.8 | 0.8 | 0.1 | 0.8 |
| $A_4$ | 0.7 | 0.1 | 0.6 | 0.7 | 0.1 | 0.7 | 0.9 | 0.2 | 0.8 | 0.8 | 0.1 | 0.8 | 0.7 | 0.3 | 0.9 |

| $e_2$ | $C_6$ | | | $C_7$ | | | $C_8$ | | | $C_9$ | | | $C_{10}$ | | |
|---|---|---|---|---|---|---|---|---|---|---|---|---|---|---|---|
|  | $u$ | $v$ | $l$ | $u$ | $v$ | $l$ | $u$ | $v$ | $l$ | $u$ | $v$ | $l$ | $u$ | $v$ | $l$ |
| $A_1$ | 0.7 | 0.3 | 0.9 | 0.8 | 0.3 | 0.9 | 0.8 | 0.5 | 0.8 | 0.6 | 0.3 | 0.7 | 0.7 | 0.2 | 0.8 |
| $A_2$ | 0.8 | 0.3 | 0.8 | 0.7 | 0.2 | 0.8 | 0.6 | 0.3 | 0.8 | 0.7 | 0.5 | 0.8 | 0.7 | 0.1 | 0.7 |
| $A_3$ | 0.7 | 0.2 | 0.8 | 0.9 | 0.1 | 0.8 | 0.8 | 0.2 | 0.7 | 0.8 | 0.4 | 0.9 | 0.8 | 0.1 | 0.8 |
| $A_4$ | 0.8 | 0.1 | 0.9 | 0.8 | 0.2 | 0.7 | 0.7 | 0.3 | 0.8 | 0.8 | 0.4 | 0.9 | 0.8 | 0.3 | 0.7 |

续表

| $e_3$ | $C_1$ | | | $C_2$ | | | $C_3$ | | | $C_4$ | | | $C_5$ | | |
|---|---|---|---|---|---|---|---|---|---|---|---|---|---|---|---|
| | $u$ | $v$ | $l$ | $u$ | $v$ | $l$ | $u$ | $v$ | $l$ | $u$ | $v$ | $l$ | $u$ | $v$ | $l$ |
| $A_1$ | 0.9 | 0.1 | 0.8 | 0.8 | 0.1 | 0.9 | 0.8 | 0.2 | 0.8 | 0.8 | 0.1 | 0.9 | 0.5 | 0.3 | 0.8 |
| $A_2$ | 0.8 | 0.2 | 0.8 | 0.9 | 0.1 | 0.8 | 0.7 | 0.1 | 0.7 | 0.7 | 0.3 | 0.7 | 0.7 | 0.2 | 0.8 |
| $A_3$ | 0.8 | 0.1 | 0.9 | 0.7 | 0.2 | 0.8 | 0.7 | 0.2 | 0.7 | 0.7 | 0.2 | 0.6 | 0.8 | 0.2 | 0.9 |
| $A_4$ | 0.7 | 0.1 | 0.8 | 0.8 | 0.3 | 0.9 | 0.8 | 0.3 | 0.7 | 0.6 | 0.3 | 0.7 | 0.6 | 0.2 | 0.9 |

| $e_3$ | $C_6$ | | | $C_7$ | | | $C_8$ | | | $C_9$ | | | $C_{10}$ | | |
|---|---|---|---|---|---|---|---|---|---|---|---|---|---|---|---|
| | $u$ | $v$ | $l$ | $u$ | $v$ | $l$ | $u$ | $v$ | $l$ | $u$ | $v$ | $l$ | $u$ | $v$ | $l$ |
| $A_1$ | 0.7 | 0.3 | 0.8 | 0.7 | 0.4 | 0.9 | 0.8 | 0.3 | 0.8 | 0.7 | 0.1 | 0.7 | 0.7 | 0.1 | 0.8 |
| $A_2$ | 0.7 | 0.1 | 0.8 | 0.7 | 0.4 | 0.8 | 0.9 | 0.1 | 0.8 | 0.8 | 0.3 | 0.7 | 0.8 | 0.2 | 0.7 |
| $A_3$ | 0.9 | 0.1 | 0.7 | 0.7 | 0.2 | 0.8 | 0.8 | 0.2 | 0.8 | 0.7 | 0.5 | 0.9 | 0.9 | 0.2 | 0.8 |
| $A_4$ | 0.7 | 0.3 | 0.8 | 0.8 | 0.1 | 0.9 | 0.9 | 0.1 | 0.9 | 0.8 | 0.2 | 0.8 | 0.8 | 0.3 | 0.8 |

| $e_4$ | $C_1$ | | | $C_2$ | | | $C_3$ | | | $C_4$ | | | $C_5$ | | |
|---|---|---|---|---|---|---|---|---|---|---|---|---|---|---|---|
| | $u$ | $v$ | $l$ | $u$ | $v$ | $l$ | $u$ | $v$ | $l$ | $u$ | $v$ | $l$ | $u$ | $v$ | $l$ |
| $A_1$ | 0.8 | 0.2 | 0.8 | 0.9 | 0.2 | 0.7 | 0.8 | 0.3 | 0.8 | 0.8 | 0.3 | 0.8 | 0.6 | 0.2 | 0.7 |
| $A_2$ | 0.8 | 0.2 | 0.8 | 0.7 | 0.1 | 0.8 | 0.8 | 0.2 | 0.7 | 0.8 | 0.2 | 0.8 | 0.8 | 0.2 | 0.8 |
| $A_3$ | 0.6 | 0.1 | 0.7 | 0.7 | 0.3 | 0.8 | 0.9 | 0.1 | 0.9 | 0.6 | 0.2 | 0.7 | 0.8 | 0.2 | 0.9 |
| $A_4$ | 0.7 | 0.3 | 0.9 | 0.8 | 0.2 | 0.8 | 0.7 | 0.3 | 0.7 | 0.7 | 0.4 | 0.6 | 0.6 | 0.1 | 0.8 |

| $e_4$ | $C_6$ | | | $C_7$ | | | $C_8$ | | | $C_9$ | | | $C_{10}$ | | |
|---|---|---|---|---|---|---|---|---|---|---|---|---|---|---|---|
| | $u$ | $v$ | $l$ | $u$ | $v$ | $l$ | $u$ | $v$ | $l$ | $u$ | $v$ | $l$ | $u$ | $v$ | $l$ |
| $A_1$ | 0.8 | 0.2 | 0.7 | 0.6 | 0.4 | 0.8 | 0.9 | 0.2 | 0.7 | 0.8 | 0.3 | 0.8 | 0.6 | 0.3 | 0.8 |
| $A_2$ | 0.8 | 0.1 | 0.7 | 0.7 | 0.2 | 0.9 | 0.8 | 0.2 | 0.8 | 0.9 | 0.1 | 0.8 | 0.7 | 0.1 | 0.9 |
| $A_3$ | 0.7 | 0.3 | 0.8 | 0.8 | 0.4 | 0.8 | 0.8 | 0.3 | 0.9 | 0.8 | 0.3 | 0.9 | 0.8 | 0.2 | 0.8 |
| $A_4$ | 0.7 | 0.6 | 0.9 | 0.8 | 0.1 | 0.9 | 0.8 | 0.2 | 0.8 | 0.9 | 0.1 | 0.8 | 0.8 | 0.2 | 0.9 |

| $e_5$ | $C_1$ | | | $C_2$ | | | $C_3$ | | | $C_4$ | | | $C_5$ | | |
|---|---|---|---|---|---|---|---|---|---|---|---|---|---|---|---|
| | $u$ | $v$ | $l$ | $u$ | $v$ | $l$ | $u$ | $v$ | $l$ | $u$ | $v$ | $l$ | $u$ | $v$ | $l$ |
| $A_1$ | 0.9 | 0.1 | 0.8 | 0.8 | 0.2 | 0.8 | 0.7 | 0.1 | 0.9 | 0.7 | 0.3 | 0.6 | 0.7 | 0.3 | 0.9 |
| $A_2$ | 0.9 | 0.1 | 0.7 | 0.9 | 0.1 | 0.8 | 0.8 | 0.1 | 0.7 | 0.8 | 0.2 | 0.6 | 0.9 | 0.1 | 0.8 |
| $A_3$ | 0.8 | 0.2 | 0.7 | 0.8 | 0.2 | 0.8 | 0.7 | 0.2 | 0.6 | 0.9 | 0.1 | 0.8 | 0.9 | 0.2 | 0.8 |
| $A_4$ | 0.7 | 0.1 | 0.8 | 0.7 | 0.2 | 0.9 | 0.8 | 0.3 | 0.9 | 0.7 | 0.1 | 0.8 | 0.7 | 0.1 | 0.8 |

| $e_5$ | $C_6$ | | | $C_7$ | | | $C_8$ | | | $C_9$ | | | $C_{10}$ | | |
|---|---|---|---|---|---|---|---|---|---|---|---|---|---|---|---|
| | $u$ | $v$ | $l$ | $u$ | $v$ | $l$ | $u$ | $v$ | $l$ | $u$ | $v$ | $l$ | $u$ | $v$ | $l$ |
| $A_1$ | 0.7 | 0.2 | 0.8 | 0.8 | 0.1 | 0.7 | 0.7 | 0.3 | 0.7 | 0.8 | 0.2 | 0.7 | 0.8 | 0.2 | 0.7 |
| $A_2$ | 0.8 | 0.1 | 0.7 | 0.6 | 0.3 | 0.9 | 0.9 | 0.1 | 0.7 | 0.6 | 0.2 | 0.8 | 0.8 | 0.1 | 0.9 |
| $A_3$ | 0.8 | 0.2 | 0.9 | 0.7 | 0.3 | 0.8 | 0.6 | 0.4 | 0.8 | 0.8 | 0.1 | 0.9 | 0.7 | 0.2 | 0.8 |
| $A_4$ | 0.8 | 0.1 | 0.8 | 0.8 | 0.1 | 0.9 | 0.9 | 0.1 | 0.7 | 0.7 | 0.2 | 0.8 | 0.8 | 0.3 | 0.8 |

注：$u$ 代表隶属度，$v$ 代表非隶属度，$l$ 代表置信水平

附表 A-3 相对后悔值与相对欣喜值矩阵

| | | | | | | | | | | |
|---|---|---|---|---|---|---|---|---|---|---|
| | 0.0000 | 0.0000 | 0.0000 | 0.0000 | 0.0000 | 0.0000 | 0.0000 | 0.0000 | 0.0000 | 0.0000 |
| $R_1$ | 0.0000 | −0.0012 | 0.0000 | −0.0055 | −0.0167 | −0.0011 | −0.0011 | −0.0071 | −0.0018 | 0.0000 |
| | 0.0000 | 0.0000 | 0.0000 | −0.0043 | −0.0144 | −0.0051 | −0.0014 | −0.0061 | 0.0000 | 0.0000 |
| | 0.0000 | 0.0000 | 0.0000 | −0.0036 | −0.0080 | −0.0004 | −0.0113 | −0.0117 | 0.0000 | 0.0000 |
| | −0.0086 | 0.0000 | −0.0048 | 0.0000 | 0.0000 | 0.0000 | 0.0000 | 0.0000 | 0.0000 | −0.0045 |
| $R_2$ | 0.0000 | 0.0000 | 0.0000 | 0.0000 | 0.0000 | 0.0000 | 0.0000 | 0.0000 | 0.0000 | 0.0000 |
| | −0.0012 | 0.0000 | 0.0000 | 0.0000 | 0.0000 | −0.0040 | −0.0003 | 0.0000 | 0.0000 | 0.0000 |
| | 0.0000 | 0.0000 | −0.0002 | 0.0000 | 0.0000 | 0.0000 | −0.0102 | −0.0068 | 0.0000 | 0.0000 |
| | −0.0074 | −0.0109 | −0.0052 | 0.0000 | 0.0000 | 0.0000 | 0.0000 | 0.0000 | −0.0025 | −0.0105 |
| $R_3$ | 0.0000 | −0.0122 | −0.0003 | −0.0011 | −0.0022 | 0.0000 | 0.0000 | −0.0010 | −0.0043 | −0.0059 |
| | 0.0000 | 0.0000 | 0.0000 | 0.0000 | 0.0000 | 0.0000 | 0.0000 | 0.0000 | 0.0000 | 0.0000 |
| | 0.0000 | −0.0048 | −0.0005 | 0.0000 | 0.0000 | 0.0000 | −0.0098 | −0.0077 | 0.0000 | −0.0049 |
| | −0.0139 | −0.0061 | −0.0046 | 0.0000 | 0.0000 | 0.0000 | 0.0000 | 0.0000 | −0.0046 | −0.0056 |
| $R_4$ | −0.0053 | −0.0073 | 0.0000 | −0.0019 | −0.0086 | −0.0006 | 0.0000 | 0.0000 | −0.0063 | −0.0011 |
| | −0.0065 | 0.0000 | 0.0000 | −0.0007 | −0.0064 | −0.0047 | 0.0000 | 0.0000 | −0.0020 | 0.0000 |
| | 0.0000 | 0.0000 | 0.0000 | 0.0000 | 0.0000 | 0.0000 | 0.0000 | 0.0000 | 0.0000 | 0.0000 |
| | 0.0000 | 0.0000 | 0.0000 | 0.0000 | 0.0000 | 0.0000 | 0.0000 | 0.0000 | 0.0000 | 0.0000 |
| $G_1$ | 0.0085 | 0.0000 | 0.0048 | 0.0000 | 0.0000 | 0.0000 | 0.0000 | 0.0000 | 0.0000 | 0.0045 |
| | 0.0073 | 0.0108 | 0.0052 | 0.0000 | 0.0000 | 0.0000 | 0.0000 | 0.0000 | 0.0025 | 0.0104 |
| | 0.0137 | 0.0060 | 0.0046 | 0.0000 | 0.0000 | 0.0000 | 0.0000 | 0.0000 | 0.0046 | 0.0056 |
| | 0.0000 | 0.0012 | 0.0000 | 0.0055 | 0.0164 | 0.0011 | 0.0011 | 0.0070 | 0.0017 | 0.0000 |
| $G_2$ | 0.0000 | 0.0000 | 0.0000 | 0.0000 | 0.0000 | 0.0000 | 0.0000 | 0.0000 | 0.0000 | 0.0000 |
| | 0.0000 | 0.0120 | 0.0003 | 0.0011 | 0.0023 | 0.0000 | 0.0000 | 0.0009 | 0.0043 | 0.0059 |
| | 0.0052 | 0.0072 | 0.0000 | 0.0019 | 0.0086 | 0.0006 | 0.0000 | 0.0000 | 0.0063 | 0.0010 |
| | 0.0000 | 0.0000 | 0.0000 | 0.0043 | 0.0142 | 0.0051 | 0.0014 | 0.0061 | 0.0000 | 0.0000 |
| $G_3$ | 0.0012 | 0.0000 | 0.0000 | 0.0000 | 0.0000 | 0.0040 | 0.0003 | 0.0000 | 0.0000 | 0.0000 |
| | 0.0000 | 0.0000 | 0.0000 | 0.0000 | 0.0000 | 0.0000 | 0.0000 | 0.0000 | 0.0000 | 0.0000 |
| | 0.0065 | 0.0000 | 0.0000 | 0.0007 | 0.0063 | 0.0046 | 0.0000 | 0.0000 | 0.0020 | 0.0000 |
| | 0.0000 | 0.0000 | 0.0000 | 0.0036 | 0.0079 | 0.0004 | 0.0112 | 0.0137 | 0.0000 | 0.0000 |
| $G_4$ | 0.0000 | 0.0000 | 0.0002 | 0.0000 | 0.0000 | 0.0101 | 0.0074 | 0.0067 | 0.0000 | 0.0000 |
| | 0.0000 | 0.0048 | 0.0006 | 0.0000 | 0.0000 | 0.0000 | 0.0097 | 0.0077 | 0.0000 | 0.0049 |
| | 0.0000 | 0.0000 | 0.0000 | 0.0000 | 0.0000 | 0.0000 | 0.0000 | 0.0000 | 0.0000 | 0.0000 |

附表 A-4 储能技术在不同指标下的表现情况

| 技术类别 | 可达性 | | | | | | | | 经济性 | | 环境友好性 |
|---|---|---|---|---|---|---|---|---|---|---|---|
| | 容量规模/MW | 放电时长/h | 响应时间长短 | 能源密度/(W·h/kg) | 存储时间/(%/天) | 往返效率/% | 寿命周期/年 | 操作周期数 | 功率成本/(Eur/kW) | 能源成本/[Eur/(kWh)] | 环境影响度 |
| | max | max | min | max | min | max | max | max | min | min | min |
| 氢 | (0.001, 50) | (0.0003, 24) | 中等 | (800, 10000) | (0.5, 2) | (20, 50) | (5, 15) | $(10^4, 10^4)$ | (550, 1600) | (1, 15) | 高 |
| 抽水蓄能 | (100, 5000) | (1, 24) | 中等 | (0.5, 1.5) | $(10^{-5}, 10^{-4})$ | (75, 85) | (50, 100) | (20000, 50000) | (500, 3600) | (50, 150) | 很高 |
| 压缩空气 | (100, 300) | (1, 24) | 长 | (30, 60) | (0.0001, 0.0001) | (42, 54) | (25, 40) | (5000, 50000) | (400, 1150) | (10, 120) | 很高 |
| 飞轮 | (0.002, 20) | (0.0042, 0.25) | 中等 | (5, 130) | (20, 100) | (85, 95) | (20, 20) | $(10^6)$ | (100, 300) | (1000, 3500) | 很低 |
| 超导磁储能 | (0.01, 10) | (0, 0.0833) | 短 | (0.5, 5) | (10, 15) | (95, 95) | (20, 20) | (10000, 10000) | (100, 400) | (700, 7000) | 很低 |
| 超级电容器 | (0.01, 1) | (0, 1) | 短 | (0.1, 15) | (2, 40) | (85, 98) | (20, 20) | $(10^4, 10^8)$ | (100, 400) | (300, 4000) | 低 |
| 铅酸 | (0.001, 50) | (0.0003, 3) | 很短 | (30, 50) | (0.1, 0.3) | (60, 95) | (3, 15) | (100, 1000) | (200, 650) | (50, 300) | 很高 |
| 镍镉 | (0.001, 40) | (0.0003, 1) | 很短 | (40, 60) | (0.2, 0.6) | (60, 91) | (15, 20) | (1000, 3000) | (350, 1000) | (200, 1000) | 很高 |
| 锂离子 | (0.001, 0.1) | (0.0167, 1) | 很短 | (75, 250) | (0.1, 0.3) | (85, 100) | (5, 15) | (1000, 10000) | (700, 3000) | (200, 1800) | 低 |
| 钠硫 | (0.5, 50) | (0.0003, 2) | 很短 | (150, 240) | (20, 20) | (85, 90) | (10, 15) | (2000, 4500) | (700, 2000) | (200, 900) | 低 |
| 钠-氯化镍 | (0.001, 1) | (0.0167, 1) | 短 | (125, 125) | (15, 15) | (90, 90) | (10, 14) | (2500, 2500) | (100, 200) | (70, 150) | 很低 |
| 钒氧化还原 | (0.03, 7) | (0.0003, 10) | 短 | (75, 75) | (0.0001, 10) | (85, 85) | (5, 20) | (10000, 10000) | (2500, 2500) | (100, 1000) | 很高 |
| 锌溴 | (0.05, 2) | (0.0003, 10) | 短 | (60, 80) | (1, 1) | (70, 75) | (5, 10) | (2000, 2000) | (500, 1800) | (100, 700) | 很低 |
| 熔融盐 | (1, 150) | (1, 24) | 长 | (80, 200) | (0.05, 1) | (50, 60) | (5, 15) | (10000, 10000) | (200, 300) | (30, 60) | 低 |

附表 A-5 直觉模糊评价矩阵

| | | 可达性 | | | | | | 经济性 | | 环境友好性 |
|---|---|---|---|---|---|---|---|---|---|---|
| 技术类别 | 容量规模/MW | 能源规模或放电时长/h | 响应时间 | 能源密度/(W·h/kg) | 存储或自放电时间/(%/天) | 往返效率/% | 寿命周期/年 | 操作周期数 | 功率成本/(Eur/kW) | 能源成本/[Eur/(k·Wh)] | 环境影响度 |
| | max | max | min | max | min | max | max | max | min | min | min |
| 氢 | (0, 0.99, 0.01) | (0, 0.5223, 0.4777) | (0.45, 0.5, 0.05) | (0.0796, 0.0046, 0.9158) | (0.9829, 0.0043, 0.0128) | (0.0477, 0.8808, 0.0715) | (0.0354, 0.8937, 0.0709) | (0.0001, 0.9999, 0) | (0.7731, 0.078, 0.1489) | (0.9984, 0.0001, 0.0015) | (0.2, 0.75, 0.05) |
| 抽水蓄能 | (0.0199, 0.0028, 0.9772) | (0.0199, 0.5223, 0.4578) | (0.45, 0.5, 0.05) | (0, 0.9999, 0.0001) | (1, 0, 0) | (0.1788, 0.7973, 0.0238) | (0.3544, 0.2912, 0.3544) | (0.0002, 0.9995, 0.0003) | (0.4895, 0.0709, 0.4396) | (0.9838, 0.0054, 0.0108) | (0.1, 0.9, 0) |
| 压缩空气 | (0.0199, 0.9402, 0.0399) | (0.0199, 0.5223, 0.4578) | (0.2, 0.75, 0.05) | (0.003, 0.994, 0.003) | (1, 0, 0) | (0.1001, 0.8712, 0.0286) | (0.1772, 0.7165, 0.1063) | (0, 0.9995, 0.0004) | (0.8369, 0.0567, 0.1064) | (0.987, 0.0011, 0.0119) | (0.1, 0.9, 0) |
| 飞轮 | (0, 0.996, 0.004) | (0.0001, 0.995, 0.0049) | (0.45, 0.5, 0.05) | (0.0005, 0.9871, 0.0124) | (0.1452, 0.171, 0.6838) | (0.2027, 0.7735, 0.0238) | (0.1418, 0.8582, 0) | (0.001, 0.9005, 0.0985) | (0.9575, 0.0142, 0.0284) | (0.6219, 0.108, 0.2701) | (0.9, 0.1, 0) |
| 超导磁储能 | (0, 0.998, 0.002) | (0, 0.9983, 0.0017) | (0.6, 0.35, 0.05) | (0, 0.9995, 0.0004) | (0.8718, 0.0855, 0.0427) | (0.2265, 0.7735, 0.0238) | (0.1418, 0.8582, 0) | (0.0001, 0.9999, 0) | (0.9433, 0.0142, 0.0425) | (0.2437, 0.0756, 0.6806) | (0.1, 0.9, 0) |
| 超级电容器 | (0, 0.9998, 0.0002) | (0, 0.9801, 0.0199) | (0.6, 0.35, 0.05) | (0, 0.9985, 0.0015) | (0.6581, 0.0171, 0.3248) | (0.2027, 0.7663, 0.031) | (0.1418, 0.8582, 0) | (0.0001, 0.005, 0.9949) | (0.9433, 0.0142, 0.0425) | (0.5678, 0.0324, 0.3997) | (0.6, 0.35, 0.05) |
| 铅酸 | (0, 0.99, 0.01) | (0, 0.9403, 0.0597) | (0.9, 0.1, 0) | (0.003, 0.995, 0.002) | (0.9974, 0.0009, 0.0017) | (0.1431, 0.7735, 0.0835) | (0.0213, 0.8937, 0.0851) | (0, 1, 0) | (0.9078, 0.0284, 0.0638) | (0.9676, 0.0054, 0.027) | (0.1, 0.9, 0) |

续表

| 技术类别 | 可达性 | | | | | | | | 经济性 | | 环境友好性 |
|---|---|---|---|---|---|---|---|---|---|---|---|
| | 容量规模/MW | 能源规模或放电时长/h | 响应时间 | 能源密度/(W·h/kg) | 存储或自放电时间/(%/天) | 往返效率/% | 寿命周期/年 | 操作周期数 | 功率成本/(Eur/kW) | 能源成本/[Eur/(k·Wh)] | 环境影响度 |
| | max | max | min | max | min | max | max | max | min | min | min |
| 镍镉 | (0, 0.992, 0.008) | (0, 0.9801, 0.0199) | (0.9, 0.1, 0) | (0.004, 0.994, 0.002) | (0.9949, 0.0017, 0.0034) | (0.1431, 0.783, 0.0739) | (0.1063, 0.8582, 0.0354) | (0, 1, 0) | (0.8582, 0.0496, 0.0922) | (0.892, 0.0216, 0.0864) | (0.9, 0.1, 0) |
| 锂离子 | (0, 1, 0) | (0.0003, 0.9801, 0.0196) | (0.9, 0.1, 0) | (0.0075, 0.9751, 0.0174) | (0.9974, 0.0009, 0.0017) | (0.2027, 0.7616, 0.0358) | (0.0354, 0.8937, 0.0709) | (0, 0.9999, 0.0001) | (0.5746, 0.0993, 0.3262) | (0.8055, 0.0216, 0.1729) | (0.6, 0.35, 0.05) |
| 钠硫 | (0.0001, 0.99, 0.0099) | (0, 0.9602, 0.0398) | (0.9, 0.1, 0) | (0.0149, 0.9761, 0.009) | (0.829, 0.171, 0) | (0.2027, 0.7854, 0.0119) | (0.0709, 0.8937, 0.0354) | (0, 1, 0) | (0.7164, 0.0993, 0.1843) | (0.9028, 0.0216, 0.0756) | (0.6, 0.35, 0.05) |
| 钠-氯化镍 | (0, 0.9998, 0.0002) | (0.0003, 0.9801, 0.0196) | (0.9, 0.1, 0) | (0.0124, 0.9876, 0) | (0.8718, 0.1282, 0) | (0.2146, 0.7854, 0) | (0.0709, 0.9008, 0.0284) | (0, 1, 0) | (0.9716, 0.0142, 0.0142) | (0.9838, 0.0076, 0.0086) | (0.9, 0.1, 0) |
| 钒氧化还原 | (0, 0.9986, 0.0014) | (0, 0.801, 0.199) | (0.6, 0.35, 0.05) | (0.0075, 0.9925, 0) | (0.9145, 0, 0.0855) | (0.2027, 0.7973, 0) | (0.0354, 0.8582, 0.1063) | (0.0001, 0.9999, 0) | (0.6455, 0.3545, 0) | (0.892, 0.0108, 0.0972) | (0.1, 0.9, 0) |
| 锌溴 | (0, 0.9996, 0.0004) | (0, 0.801, 0.199) | (0.6, 0.35, 0.05) | (0.006, 0.992, 0.002) | (0.9915, 0.0085, 0) | (0.1669, 0.8212, 0.0119) | (0.0354, 0.9291, 0.0354) | (0, 1, 0) | (0.7448, 0.0709, 0.1843) | (0.9244, 0.0108, 0.0648) | (0.9, 0.1, 0) |
| 熔融盐 | (0.0002, 0.9701, 0.0297) | (0.0199, 0.5223, 0.4578) | (0.2, 0.75, 0.05) | (0.008, 0.9801, 0.0119) | (0.9915, 0.0004, 0.0081) | (0.1192, 0.8569, 0.0238) | (0.0354, 0.8937, 0.0709) | (0.0001, 0.9999, 0) | (0.9575, 0.0284, 0.0142) | (0.9935, 0.0032, 0.0032) | (0.6, 0.35, 0.05) |

附表 A-6　不同的 MCDM 方法所呈现的效用得分和排名的相关性（重技术法）

| | | MULTIMOORA-IFN2 | TOPSIS | TOPSIS | VIKOR |
|---|---|---|---|---|---|
| 效用得分 | MULTIMOORA-IFN2 | 1 | | | |
| | TOPSIS | 0.91 | 1 | | |
| | TOPSIS | 0.96 | 0.95 | 1 | |
| | VIKOR | −0.78 | −0.63 | −0.80 | 1 |
| 排名 | MULTIMOORA-IFN2 | 1 | | | |
| | TOPSIS | 0.78 | 1 | | |
| | TOPSIS | 0.90 | 0.93 | 1 | |
| | VIKOR | 0.88 | 0.57 | 0.77 | 1 |

注：除 VIKOR 外，所有方法的效用得分越高越好

附表 A-7　不同的 MCDM 方法所呈现的效用得分和排名的相关性（重经济法）

| | | MULTIMOORA-IFN2 | TOPSIS | TOPSIS | VIKOR |
|---|---|---|---|---|---|
| 效用得分 | MULTIMOORA-IFN2 | 1 | | | |
| | TOPSIS | 0.89 | 1 | | |
| | TOPSIS | 0.91 | 0.97 | 1 | |
| | VIKOR | −0.76 | −0.69 | −0.82 | 1 |
| 排名 | MULTIMOORA-IFN2 | 1 | | | |
| | TOPSIS | 0.89 | 1 | | |
| | TOPSIS | 0.92 | 0.95 | 1 | |
| | VIKOR | 0.78 | 0.67 | 0.84 | 1 |

注：除 VIKOR 外，所有方法的效用得分越高越好

附表 A-8　不同的 MCDM 方法所呈现的效用得分和排名的相关性（重环境法）

| | | MULTIMOORA-IFN2 | TOPSIS | TOPSIS | VIKOR |
|---|---|---|---|---|---|
| 效用得分 | MULTIMOORA-IFN2 | 1 | | | |
| | TOPSIS | 0.96 | 1 | | |
| | TOPSIS | 0.98 | 0.97 | 1 | |
| | VIKOR | −0.90 | −0.79 | −0.90 | 1 |
| 排名 | MULTIMOORA-IFN2 | 1 | | | |
| | TOPSIS | 0.89 | 1 | | |
| | TOPSIS | 0.98 | 0.91 | 1 | |
| | VIKOR | 0.94 | 0.81 | 0.93 | 1 |

注：除 VIKOR 外，所有方法的效用得分越高越好

附表 A-9  专家评分表

| 专家 | 方案 | $s_1$ | $s_2$ | $s_3$ | $s_4$ | $s_5$ | $s_6$ | $s_7$ |
|---|---|---|---|---|---|---|---|---|
| $e_1$ | $f_1$ | 较好 | 一般 | (0.65, 0.20) | (0.615, 0.665, 0.706) | (0.74, 0.22) | (0.615, 0.65, 0.700) | (0.665, 0.695, 0.725, 0.755) |
| | $f_2$ | 较好 | 较好 | (0.70, 0.20) | (0.633, 0.671, 0.712) | (0.84, 0.12) | (0.635, 0.665, 0.706) | (0.695, 0.716, 0.735, 0.782) |
| | $f_3$ | 好 | 好 | (0.80, 0.16) | (0.768, 0.798, 0.835) | (0.78, 0.20) | (0.644, 0.674, 0.714) | (0.735, 0.765, 0.805, 0.825) |
| | $f_4$ | 好 | 好 | (0.84, 0.12) | (0.803, 0.825, 0.856) | (0.76, 0.22) | (0.663, 0.691, 0.748) | (0.725, 0.745, 0.795, 0.815) |
| $e_2$ | $f_1$ | 好 | 好 | (0.68, 0.22) | (0.444, 0.471, 0.509) | (0.85, 0.10) | (0.768, 0.798, 0.835) | (0.730, 0.743, 0.779, 0.799) |
| | $f_2$ | 好 | 较好 | (0.88, 0.09) | (0.464, 0.521, 0.558) | (0.88, 0.07) | (0.615, 0.665, 0.706) | (0.725, 0.755, 0.787, 0.827) |
| | $f_3$ | 较好 | 一般 | (0.90, 0.06) | (0.598, 0.629, 0.671) | (0.82, 0.15) | (0.672, 0.686, 0.708) | (0.725, 0.744, 0.775, 0.801) |
| | $f_4$ | 较好 | 较好 | (0.92, 0.04) | (0.628, 0.653, 0.686) | (0.8, 0.18) | (0.615, 0.65, 0.700) | (0.726, 0.769, 0.788, 0.808) |
| $e_3$ | $f_1$ | 一般 | 一般 | (0.55, 0.40) | (0.645, 0.668, 0.706) | (0.68, 0.28) | (0.644, 0.674, 0.714) | (0.654, 0.674, 0.687, 0.727) |
| | $f_2$ | 一般 | 较好 | (0.60, 0.35) | (0.856, 0.892, 0.912) | (0.78, 0.18) | (0.773, 0.807, 0.836) | (0.659, 0.679, 0.697, 0.718) |
| | $f_3$ | 好 | 好 | (0.85, 0.12) | (0.882, 0.926, 0.956) | (0.85, 0.12) | (0.678, 0.702, 0.722) | (0.737, 0.757, 0.795, 0.819) |
| | $f_4$ | 好 | 较好 | (0.80, 0.15) | (0.868, 0.904, 0.927) | (0.80, 0.15) | (0.721, 0.762, 0.798) | (0.724, 0.74, 0.763, 0.803) |
| $e_4$ | $f_1$ | 一般 | 一般 | (0.63, 0.30) | (0.464, 0.501, 0.536) | (0.72, 0.20) | (0.862, 0.885, 0.917) | (0.746, 0.758, 0.798) |
| | $f_2$ | 较好 | 较好 | (0.75, 0.20) | (0.638, 0.674, 0.714) | (0.85, 0.12) | (0.633, 0.671, 0.712) | (0.820, 0.842, 0.874, 0.894) |
| | $f_3$ | 好 | 好 | (0.90, 0.06) | (0.768, 0.798, 0.835) | (0.88, 0.05) | (0.615, 0.665, 0.706) | (0.802, 0.823, 0.848, 0.879) |
| | $f_4$ | 好 | 好 | (0.88, 0.08) | (0.862, 0.886, 0.912) | (0.85, 0.10) | (0.768, 0.798, 0.835) | (0.810, 0.831, 0.859, 0.889) |
| $e_5$ | $f_1$ | 较好 | 较好 | (0.80, 0.15) | (0.615, 0.641, 0.698) | (0.74, 0.20) | (0.615, 0.65, 0.700) | (0.723, 0.753, 0.786, 0.809) |
| | $f_2$ | 较好 | 好 | (0.82, 0.10) | (0.644, 0.674, 0.723) | (0.85, 0.07) | (0.645, 0.668, 0.706) | (0.801, 0.810, 0.849, 0.853) |
| | $f_3$ | 较好 | 好 | (0.82, 0.10) | (0.667, 0.698, 0.723) | (0.86, 0.05) | (0.715, 0.762, 0.798) | (0.802, 0.823, 0.844, 0.850) |
| | $f_4$ | 较好 | 好 | (0.80, 0.15) | (0.715, 0.762, 0.798) | (0.84, 0.12) | (0.868, 0.904, 0.927) | (0.803, 0.822, 0.855, 0.864) |

附表 A-10　各时段专家评分表

| 时段 | 专家 | 方案 | $s_1$ | $s_2$ | $s_3$ | $s_4$ | $s_5$ | $s_6$ | $s_7$ |
|---|---|---|---|---|---|---|---|---|---|
| $t_1$ | $e_1$ | $f_1$ | 较好 | 一般 | (0.65, 0.20) | (0.615, 0.665, 0.706) | (0.74, 0.22) | (0.615, 0.65, 0.700) | (0.665, 0.695, 0.725, 0.755) |
| | | $f_2$ | 较好 | 较好 | (0.70, 0.20) | (0.633, 0.671, 0.712) | (0.84, 0.12) | (0.635, 0.665, 0.706) | (0.695, 0.716, 0.735, 0.782) |
| | | $f_3$ | 好 | 好 | (0.80, 0.16) | (0.768, 0.798, 0.835) | (0.78, 0.20) | (0.644, 0.674, 0.714) | (0.735, 0.765, 0.805, 0.825) |
| | | $f_4$ | 好 | 好 | (0.84, 0.12) | (0.803, 0.825, 0.856) | (0.76, 0.22) | (0.663, 0.691, 0.748) | (0.725, 0.745, 0.795, 0.815) |
| | $e_2$ | $f_1$ | 好 | 好 | (0.68, 0.22) | (0.444, 0.471, 0.509) | (0.85, 0.10) | (0.768, 0.798, 0.835) | (0.730, 0.743, 0.779, 0.799) |
| | | $f_2$ | 好 | 较好 | (0.88, 0.09) | (0.464, 0.521, 0.558) | (0.88, 0.07) | (0.615, 0.665, 0.706) | (0.725, 0.755, 0.787, 0.827) |
| | | $f_3$ | 较好 | 一般 | (0.90, 0.06) | (0.598, 0.629, 0.671) | (0.82, 0.15) | (0.672, 0.686, 0.708) | (0.725, 0.744, 0.775, 0.801) |
| | | $f_4$ | 较好 | 较好 | (0.92, 0.04) | (0.628, 0.653, 0.686) | (0.8, 0.18) | (0.615, 0.65, 0.700) | (0.726, 0.769, 0.788, 0.808) |
| | $e_3$ | $f_1$ | 一般 | 一般 | (0.55, 0.40) | (0.645, 0.668, 0.706) | (0.68, 0.28) | (0.644, 0.674, 0.714) | (0.654, 0.674, 0.687, 0.727) |
| | | $f_2$ | 一般 | 一般 | (0.60, 0.35) | (0.856, 0.892, 0.912) | (0.78, 0.18) | (0.773, 0.807, 0.836) | (0.659, 0.679, 0.697, 0.718) |
| | | $f_3$ | 好 | 好 | (0.85, 0.12) | (0.882, 0.926, 0.956) | (0.85, 0.12) | (0.678, 0.702, 0.722) | (0.737, 0.757, 0.795, 0.819) |
| | | $f_4$ | 好 | 较好 | (0.80, 0.15) | (0.868, 0.904, 0.927) | (0.80, 0.15) | (0.721, 0.762, 0.798) | (0.724, 0.74, 0.763, 0.803) |
| | $e_4$ | $f_1$ | 一般 | 好 | (0.63, 0.30) | (0.464, 0.501, 0.536) | (0.72, 0.20) | (0.862, 0.885, 0.917) | (0.746, 0.758, 0.798) |
| | | $f_2$ | 好 | 较好 | (0.75, 0.20) | (0.638, 0.674, 0.714) | (0.85, 0.12) | (0.633, 0.671, 0.712) | (0.820, 0.842, 0.874, 0.894) |
| | | $f_3$ | 好 | 较好 | (0.90, 0.06) | (0.768, 0.798, 0.835) | (0.88, 0.05) | (0.615, 0.665, 0.706) | (0.802, 0.823, 0.848, 0.879) |
| | | $f_4$ | 好 | 好 | (0.88, 0.08) | (0.862, 0.886, 0.912) | (0.85, 0.10) | (0.768, 0.798, 0.835) | (0.810, 0.831, 0.859, 0.889) |
| | $e_5$ | $f_1$ | 较好 | 好 | (0.80, 0.15) | (0.615, 0.641, 0.698) | (0.74, 0.20) | (0.615, 0.65, 0.700) | (0.723, 0.753, 0.786, 0.809) |
| | | $f_2$ | 较好 | 好 | (0.82, 0.10) | (0.644, 0.674, 0.714) | (0.85, 0.07) | (0.645, 0.668, 0.706) | (0.801, 0.810, 0.849, 0.853) |
| | | $f_3$ | 较好 | 好 | (0.82, 0.10) | (0.667, 0.698, 0.723) | (0.86, 0.05) | (0.715, 0.762, 0.798) | (0.802, 0.823, 0.844, 0.850) |
| | | $f_4$ | 较好 | 好 | (0.80, 0.15) | (0.715, 0.762, 0.798) | (0.84, 0.12) | (0.868, 0.904, 0.927) | (0.803, 0.822, 0.855, 0.864) |

续表

| 时段 | 专家 | 方案 | $s_1$ | $s_2$ | $s_3$ | $s_4$ | $s_5$ | $s_6$ | $s_7$ |
|---|---|---|---|---|---|---|---|---|---|
| $t_2$ | $e_1$ | $f_1$ | 较差 | 一般 | (0.65, 0.20) | (0.788, 0.818, 0.835) | (0.68, 0.24) | (0.615, 0.650, 0.700) | (0.665, 0.695, 0.725, 0.755) |
| | | $f_2$ | 一般 | 一般 | (0.70, 0.20) | (0.778, 0.798, 0.825) | (0.74, 0.22) | (0.635, 0.665, 0.706) | (0.695, 0.716, 0.735, 0.782) |
| | | $f_3$ | 好 | 好 | (0.80, 0.16) | (0.758, 0.788, 0.805) | (0.82, 0.15) | (0.644, 0.674, 0.714) | (0.735, 0.765, 0.805, 0.825) |
| | | $f_4$ | 好 | 好 | (0.84, 0.12) | (0.783, 0.805, 0.823) | (0.80, 0.18) | (0.625, 0.671, 0.705) | (0.745, 0.785, 0.815, 0.835) |
| | $e_2$ | $f_1$ | 一般 | 一般 | (0.68, 0.22) | (0.568, 0.592, 0.612) | (0.85, 0.10) | (0.768, 0.798, 0.835) | (0.730, 0.743, 0.779, 0.799) |
| | | $f_2$ | 较好 | 较好 | (0.88, 0.09) | (0.602, 0.624, 0.656) | (0.88, 0.07) | (0.615, 0.665, 0.706) | (0.725, 0.755, 0.787, 0.827) |
| | | $f_3$ | 较好 | 较好 | (0.90, 0.06) | (0.598, 0.629, 0.671) | (0.82, 0.15) | (0.672, 0.686, 0.708) | (0.725, 0.744, 0.775, 0.801) |
| | | $f_4$ | 较好 | 较好 | (0.92, 0.04) | (0.628, 0.653, 0.686) | (0.800, 0.18) | (0.615, 0.650, 0.700) | (0.726, 0.769, 0.788, 0.808) |
| | $e_3$ | $f_1$ | 一般 | 一般 | (0.72, 0.20) | (0.645, 0.668, 0.706) | (0.68, 0.28) | (0.644, 0.674, 0.714) | (0.654, 0.674, 0.687, 0.727) |
| | | $f_2$ | 一般 | 一般 | (0.72, 0.20) | (0.856, 0.892, 0.912) | (0.78, 0.18) | (0.773, 0.807, 0.836) | (0.659, 0.679, 0.697, 0.718) |
| | | $f_3$ | 好 | 好 | (0.85, 0.12) | (0.856, 0.884, 0.914) | (0.85, 0.12) | (0.678, 0.702, 0.722) | (0.737, 0.757, 0.795, 0.819) |
| | | $f_4$ | 好 | 较好 | (0.80, 0.15) | (0.868, 0.904, 0.927) | (0.80, 0.15) | (0.721, 0.762, 0.798) | (0.724, 0.740, 0.763, 0.803) |
| | $e_4$ | $f_1$ | 一般 | 一般 | (0.63, 0.30) | (0.678, 0.702, 0.744) | (0.72, 0.20) | (0.862, 0.885, 0.917) | (0.746, 0.758, 0.774, 0.798) |
| | | $f_2$ | 较好 | 较好 | (0.75, 0.20) | (0.702, 0.741, 0.763) | (0.85, 0.12) | (0.652, 0.671, 0.712) | (0.820, 0.842, 0.874, 0.894) |
| | | $f_3$ | 较好 | 较好 | (0.84, 0.08) | (0.754, 0.778, 0.821) | (0.88, 0.08) | (0.615, 0.665, 0.706) | (0.802, 0.823, 0.848, 0.879) |
| | | $f_4$ | 较好 | 较好 | (0.88, 0.08) | (0.788, 0.802, 0.835) | (0.88, 0.08) | (0.623, 0.644, 0.685) | (0.810, 0.831, 0.859, 0.889) |
| | $e_5$ | $f_1$ | 一般 | 一般 | (0.65, 0.30) | (0.688, 0.729, 0.756) | (0.74, 0.21) | (0.615, 0.650, 0.700) | (0.723, 0.753, 0.786, 0.809) |
| | | $f_2$ | 一般 | 较好 | (0.78, 0.18) | (0.702, 0.722, 0.742) | (0.78, 0.18) | (0.645, 0.668, 0.706) | (0.801, 0.810, 0.849, 0.853) |
| | | $f_3$ | 较好 | 较好 | (0.80, 0.15) | (0.698, 0.732, 0.776) | (0.82, 0.14) | (0.715, 0.762, 0.798) | (0.802, 0.823, 0.844, 0.850) |
| | | $f_4$ | 好 | 好 | (0.88, 0.08) | (0.715, 0.762, 0.798) | (0.84, 0.12) | (0.654, 0.687, 0.722) | (0.803, 0.822, 0.855, 0.864) |

续表

| 时段 | 专家 | 方案 | $s_1$ | $s_2$ | $s_3$ | $s_4$ | $s_5$ | $s_6$ | $s_7$ |
|---|---|---|---|---|---|---|---|---|---|
| $t_3$ | $e_1$ | $f_1$ | 较好 | 一般 | (0.65, 0.20) | (0.615, 0.665, 0.706) | (0.74, 0.220) | (0.615, 0.650, 0.700) | (0.665, 0.695, 0.725, 0.755) |
| | | $f_2$ | 好 | 好 | (0.70, 0.20) | (0.633, 0.671, 0.712) | (0.84, 0.120) | (0.635, 0.665, 0.706) | (0.725, 0.745, 0.795, 0.815) |
| | | $f_3$ | 好 | 好 | (0.80, 0.16) | (0.768, 0.798, 0.835) | (0.78, 0.200) | (0.644, 0.674, 0.714) | (0.735, 0.765, 0.805, 0.825) |
| | | $f_4$ | 好 | 好 | (0.84, 0.12) | (0.803, 0.825, 0.856) | (0.76, 0.220) | (0.663, 0.691, 0.748) | (0.725, 0.745, 0.795, 0.815) |
| | $e_2$ | $f_1$ | 好 | 好 | (0.68, 0.22) | (0.444, 0.471, 0.509) | (0.85, 0.10) | (0.768, 0.798, 0.835) | (0.730, 0.743, 0.779, 0.799) |
| | | $f_2$ | 好 | 较好 | (0.88, 0.09) | (0.464, 0.521, 0.558) | (0.88, 0.07) | (0.615, 0.665, 0.706) | (0.725, 0.755, 0.787, 0.827) |
| | | $f_3$ | 较好 | 较好 | (0.90, 0.06) | (0.598, 0.629, 0.671) | (0.82, 0.15) | (0.672, 0.686, 0.708) | (0.725, 0.744, 0.775, 0.801) |
| | | $f_4$ | 较好 | 较好 | (0.92, 0.04) | (0.628, 0.653, 0.686) | (0.80, 0.18) | (0.615, 0.650, 0.700) | (0.726, 0.769, 0.788, 0.808) |
| | $e_3$ | $f_1$ | 较好 | 好 | (0.55, 0.40) | (0.645, 0.668, 0.706) | (0.68, 0.28) | (0.644, 0.674, 0.714) | (0.654, 0.674, 0.687, 0.727) |
| | | $f_2$ | 较好 | 较好 | (0.60, 0.35) | (0.856, 0.892, 0.912) | (0.83, 0.10) | (0.773, 0.807, 0.836) | (0.659, 0.679, 0.697, 0.718) |
| | | $f_3$ | 好 | 较好 | (0.85, 0.12) | (0.802, 0.822, 0.852) | (0.85, 0.12) | (0.678, 0.702, 0.722) | (0.737, 0.757, 0.795, 0.819) |
| | | $f_4$ | 好 | 较好 | (0.80, 0.15) | (0.868, 0.904, 0.927) | (0.80, 0.15) | (0.721, 0.762, 0.798) | (0.724, 0.740, 0.763, 0.803) |
| | $e_4$ | $f_1$ | 较好 | 好 | (0.78, 0.20) | (0.504, 0.542, 0.558) | (0.72, 0.20) | (0.862, 0.885, 0.917) | (0.746, 0.758, 0.798) |
| | | $f_2$ | 好 | 好 | (0.80, 0.12) | (0.638, 0.674, 0.714) | (0.85, 0.12) | (0.633, 0.671, 0.712) | (0.820, 0.842, 0.874, 0.894) |
| | | $f_3$ | 好 | 较好 | (0.85, 0.10) | (0.768, 0.798, 0.835) | (0.88, 0.05) | (0.615, 0.665, 0.706) | (0.802, 0.823, 0.848, 0.879) |
| | | $f_4$ | 较好 | 较好 | (0.80, 0.15) | (0.782, 0.804, 0.845) | (0.85, 0.10) | (0.768, 0.798, 0.835) | (0.810, 0.831, 0.859, 0.889) |
| | $e_5$ | $f_1$ | 较好 | 好 | (0.80, 0.15) | (0.615, 0.641, 0.698) | (0.80, 0.15) | (0.615, 0.650, 0.700) | (0.802, 0.823, 0.844, 0.850) |
| | | $f_2$ | 较好 | 好 | (0.85, 0.10) | (0.644, 0.674, 0.714) | (0.85, 0.07) | (0.645, 0.668, 0.706) | (0.801, 0.810, 0.849, 0.853) |
| | | $f_3$ | 较好 | 好 | (0.86, 0.10) | (0.667, 0.698, 0.723) | (0.85, 0.05) | (0.715, 0.762, 0.798) | (0.752, 0.784, 0.804, 0.832) |
| | | $f_4$ | 较好 | 好 | (0.78, 0.15) | (0.715, 0.762, 0.798) | (0.84, 0.12) | (0.802, 0.824, 0.855) | (0.702, 0.724, 0.785, 0.814) |